U0276494

著 者

（苏）维·比安基（1894—1959）

　　苏联著名儿童科普作家，一生大部分时间都是在森林中度过的。他从事创作三十多年，写下了大量科普作品、童话和小说，代表作有《森林报》《森林中的真事和传说》等。

译 者

周　露

　　浙江大学外国语言文化与国际交流学院硕士生导师。俄罗斯语言文学专业硕士，比较文学与世界文学专业博士。从事俄罗斯语言文学教学与科研工作多年，出版学术专著《巴拉丁斯基哲理诗歌研究》、译著《森林报》《青年近卫军》《罪与罚》等。获得过多项科研资助，如：国家社科基金后期资助项目"巴拉丁斯基哲理抒情诗研究"，国家社科基金中华学术著作外译项目"文学伦理学批评导论"，浙江省社科规划基金项目"俄罗斯布克文学奖获奖作品研究"。

无障碍阅读 名家名译版

森林报

（苏）维·比安基 著

周　露 译

春

旅游教育出版社

责任编辑：何玲

图书在版编目（CIP）数据

森林报．春 ／（苏）维·比安基著；周露译．-- 北京：旅游教育出版社，2019.4
ISBN 978-7-5637-3938-7

Ⅰ．①森… Ⅱ．①维… ②周… Ⅲ．①森林—青少年读物 Ⅳ．① S7-49

中国版本图书馆 CIP 数据核字（2019）第 068704 号

森林报 春

（苏）维·比安基 著
周　露译

出版单位： 旅游教育出版社
地　　址： 北京市朝阳区定福庄南里 1 号
邮　　编： 100024
发行电话： （010）65778403　65728372　65767462（传真）
本社网址： www.tepcb.com
E-mail： tepfx@163.com
印刷单位： 北京欣睿虹彩印刷有限公司
经销单位： 新华书店
开　　本： 170×240　　1/16
印　　张： 56
字　　数： 600 千字
版　　次： 2019 年 4 月第 1 版
印　　次： 2019 年 9 月第 2 次印刷
定　　价： 140.00 元（全 4 册）

译本序

1894年2月11日，维·比安基出生于俄罗斯的圣彼得堡市。他动听的名字与艺术天赋来源于其意大利祖先。他的父亲是位著名的鸟类学家，在俄罗斯科学院动物博物馆工作。他从小住在博物馆对面，经常和两个兄弟到那里玩耍。在博物馆的玻璃橱窗里陈列着采自世界各地的动物标本，而比安基的家简直就是个小小的动物园，里面饲养着猫、狗、小刺猬以及其他各式各样的小动物。

每年夏天，比安基全家都在列别施耶的乡村度过。比安基还不到五岁的时候，就与森林中的大自然有了第一次亲密接触。从此他深深迷恋上了森林和森林中的居住者，动物世界成为他心中珍藏的乐园。比安基兴趣广泛，受过各种各样的教育。从彼得堡大学自然科学系毕业后，他继续在艺术史研究院深造。但是比安基自始至终都着迷于动物世界、森林和森林中的居住者，因此他认为父亲瓦连京·里沃维奇·比安基是他一生中最重要的老师。父亲使他养成了观察和记录动物生活习性的好习惯，这让他受益终身。

在20世纪20年代初，比安基在远东阿尔泰地区的比斯克市地方志博物馆工作，同时担任中学生物课教师。他一边仔细观察神奇的动物世界和浩瀚无边的原始森林,一边不停地做记录。当时,这些记录毫无用处,只不过是躺在书桌抽屉里的一堆废纸,但是他坚持记录下所见所闻。几年之后,比安基凭借着这些素材,创作出许多有关大自然及其居住者的引人入胜的神奇故事和小说。

1922年秋,比安基返回彼得堡。在那里,他结识了一批著名的儿童文学作家,从此走上了文学创作之路。很快他在儿童文学杂志《麻雀》上发表了第一篇短篇小说《红脑袋麻雀的旅行》,1923年出版了第一本小册子《谁的鼻子更好》。

比安基一生写过三百多篇有关动物世界的作品,但是其中最著名和最优秀的无疑是我们手头的这部《森林报》。就形式的原创性和内容的丰富性而言,这部书至今也是不可逾越的杰作。在《森林报》上可以读到每月每日在自然界发生的最有趣、最不寻常的事。《森林报》一书由杂志的专栏文章扩充而成,从1924年起至生命的最后一刻,比安基一直孜孜不倦地修改此书,不断增补新的内容。从1928年起,该书多次重版,翻译成多国文字在世界各地出版,受到各国读者的喜爱。

比安基一生写森林写了三十五年。在他创作的中短篇小说和童话故事里,他巧妙地把精确的科学知识和优美的诗意融合在一起,成功地找到了诠释神秘的森林世界的神奇语言。比安基是迄今为止最杰出的描写和塑造动物形象的作家之一,他把自己和其他从事动物世界创作的作家称为"无声语言的翻译者"。他把鸟的啾啾声和其他动物的多重声音翻译成了人类易懂的语言,引导小朋友们走进多姿多彩的动物世界。通过阅读《森林报》,孩子们可以学到课堂上学不到的知识，激发对大自然的热爱与关心，从而培养起科学研究的兴趣。

本书的中译本根据俄罗斯苏维埃联邦教育部儿童文学国家出版社1958年的版本译成。作者于1959年6月10日因脑出血不幸去世，因此该版本是作者生前最后一次的修订版，也是目前俄罗斯国内最流行的版本。

本译本第一次收录了《哥伦布俱乐部》和《基特·韦利卡诺夫的故事》两个章节。这两部分一共将近八万字，在我国首次被译成中文并收录进中译本，因此该译本是国内目前对《森林报》1958年俄文版（终结版）最完整、最忠实的翻译。《哥伦布俱乐部》讲述了《森林报》编辑部下设的少年自然科学家研究小组不同寻常的发现和奇遇，孩子们可以从中了解到俄罗斯少年儿童丰富多彩的课余生活以及他们对大自然的热爱与探索。《基特·韦利卡诺夫的故事》由四个独立的故事组成，每个故事都巧妙地融入了十个事实或现象，需要读者朋友们开动脑筋，做出判断。作者以这种新颖独特的形式设计，促使读者朋友们不是被动地接受知识，而是积极主动地思考问题。

衷心希望本书能够成为我国广大少年朋友的良师益友，从中发现动植物世界的生态美，从小得到良好的生态美学教育！

周　露

目 录

第 2 期　返回故乡月（春季第二月）

第 3 期　唱歌跳舞月（春季第三月）

写给读者的话

在普通报纸上，只报道人的消息和活动。可是，孩子们非常想了解动物、鸟儿和昆虫的生活情形。

在森林里发生的奇闻逸事和城里的一样多。那里动物们也在劳动，也存在着愉快的节日和不幸的事件，也有英雄和强盗。不过，城里的报纸很少报道此类消息，因此无人知晓森林中的新闻。

比如，有谁听说过，在我们列宁格勒州（即如今的圣彼得堡），没有翅膀的小蚊子在冰雪季节从泥里钻出来，赤着脚在雪地上奔跑？有谁在报纸上读到过诸如林中巨人麋（mí）鹿打群架、候鸟大搬迁和长脚秧鸡徒步穿越欧洲大陆这类趣闻？

在《森林报》上你就可以读到这类奇闻逸事。

《森林报》按月编排，共有十二期，我们把这十二期汇编成一本书。每期森林报均包含以下内容：编辑部文章、森林报记者发来的电报、信件以及打猎途中发生的趣事。

谁是我们的森林报记者呢？他们是小朋友、猎人、科学家和护林员，他们经常到森林里去，了解动物、鸟儿和昆虫的生活状况，记录下各类林中趣事，并寄给我们编辑部。

《森林报》单行本最早发行于 1927 年。从那时起经历了八次再版，每次都增添了新的栏目。

我们派出特派记者，去采访大名鼎鼎的猎人萨索伊其。他们一起打猎，在篝火旁休息的时候，萨索伊其经常讲起他的奇特遭遇。特派记者记下他讲的奇特故事，寄给我们编辑部。

每一期《森林报》后都附带了问答部分，我们称之为"打靶场"。在"打靶场"里，读者可以比一比，谁答得更准确。只要认真阅读森林报，很容易答对绝大多数问题。回答正确可以得两分。

建议读者以小组为单位玩"打靶场"游戏。请大声朗读问题，参赛者把答案写在纸上。请不要马上回答全部问题。例如，有关长脚秧鸡的身高问题，最好过几天，商量之后再做出回答。在这几天里，可以去一趟草地，跟踪长脚秧鸡，亲眼看一看，它们到底长什么样。

《森林报》在列宁格勒州诞生和出版，这是一份州报。它报道的事件几乎都发生在列宁格勒州，或者就在列宁格勒市。

可是我国地域辽阔，常常出现这样的情形：在北方边境，狂风暴雪，人们冻得全身发抖；在南部边疆，却已阳光灿烂，鲜花怒放；在西部边陲，孩子们刚刚准备睡觉；在东部边疆，孩子们却已睡醒、准备起床了。因此，《森林报》的读者希望在《森林报》上不仅可以读到在列宁格勒州发生的事，还能了解到在祖国各地发生的事。为了满足读者的需求，《森林报》开辟了由本报记者主持的"祖国各地播报"栏目。

我们转载了塔斯社有关孩子们参加劳动和取得成绩的报道。

我们开办了"通知"栏目，举办了"锐眼"竞赛。"锐眼"特指读者中最优秀的猎人侦察员。

我们特地邀请生物学博士、植物学家和作家尼娜·米哈依娜弗娜·芭芙洛娃为《森林报》写文章，谈谈各种有趣的植物。

我们的读者必须熟悉大自然的生活，只有这样，才能改造大自然，才能自如地管理动植物的生活。

因为《森林报》的读者长大后，将亲手培育优质的植物新品种，亲自管理森林的生活，让森林为祖国造福……不过，为了不把好事变成坏事、造成不可弥补的损失，首先必须热爱和熟悉祖国的土地，必须了解祖国的动物和植物、了解它们的生活。

新版（即第九版）《森林报》经过了重新审阅和补订。我们刊登了"太阳史诗"栏目。我们采用了生物学博士尼·米·芭芙洛娃的大批报道，充实了"集体农庄纪事"栏目。我们发表了战地记者发自林中巨兽鏖（áo）战现场的报道。我们为喜欢钓鱼的读者开辟了"祝你一钓一个准！"专栏。我们还刊登了年轻记者基特·韦利卡诺夫新编的四个游戏故事，答案刊登在本书的末尾。最后，为少年读者增加了《哥伦布俱乐部》章节，这一部分主要讲述《森林报》编辑部下设的少年自然科学家研究小组不同寻常的发现和奇遇。

我们的第一位森林记者

在过去的岁月里，列宁格勒人，列斯诺伊的居民，经常会在公园里碰到一位戴着眼镜、头发灰白的教授。他长着一对异常犀利的眼睛。他倾听鸟的每一声啼鸣，观察每一只飞过的蝴蝶或苍蝇。

大城市的居民通常不会仔细地观察每一只新孵出的小鸟，或者春天里出现的每一只蝴蝶。可是春季森林中每一件新鲜事都逃不过他的眼睛。

这位教授名叫德米特里·尼基诺维齐·凯戈诺德夫。他连续五十年观察城市和近郊的生物自然界。在这五十年里，他亲眼见证了冬去春来，春去夏来，夏尽秋始，秋尽冬来，鸟儿飞去又飞回，树木花卉开了又谢。凯戈诺德夫教授仔细地记录下他观察到的每件事，然后把这些记录发表在报刊上。

他还号召其他人，尤其是年轻人观察大自然，记观察笔记，然后寄给他。人们积极响应他的号召。于是，他那支观察大自然的记者队伍，逐年壮大起来。

直到今天，那些爱好大自然的人，比如我国的地方志专家、科学家、少先队员和小学生们，还在以他为表率，继续做观察工作，收集观察记录。

在五十年的时间里，凯戈诺德夫教授亲手积累起许多观察笔记。他整理、归纳了这些资料。多亏了他坚持不懈、耐心细致的工作，也多亏了许多其他我们读者连名字也不知道的科学家的劳动，我们今天才能知道：春天，鸟类什么时候飞到我们这里来；秋天，鸟类什么时候飞离我们；才能了解树木花草的生长过程。

凯戈诺德夫教授为孩子们和大人们写了许多谈论鸟禽、森林和田野的书。他本人曾经在学校里教书，并且一再表示：孩子们不应该只依赖书本来了解祖国的大自然，他们应该走到森林和田野里去。

1924 年 2 月 11 日，凯戈诺德夫教授在久病之后，没能等到第二年春天的到来，就与世长辞了。

我们将永远怀念他。

森林年

读者也许会认为《森林报》上刊登的森林新闻和城市新闻，都是些旧新闻。事实并非如此。的确，每年都有春天。但是，每年的春天都是崭新的，无论你活多少岁，都不会看见两个完全相同的春天。

一年，好比一只带有十二根辐条（即十二个月）的车轮，十二根辐条滚过去了，就等于车轮滚了一圈；接着，又该轮到第一根辐条转了。不过，这时车轮已经不在原地，它已经滚到较远的地方去了。

春回大地。森林苏醒了，熊从熊窝里爬出来，春水淹没了动物的地下洞穴。鸟儿飞过来，重新开始嬉戏和跳舞，野兽们又开始繁衍后代。读者们可以在《森林报》上读到森林里最新发生的事件。

我们在这儿刊登了每年的森林日历。它与普通的日历不太相像，这丝毫不令人奇怪。因为，鸟兽并不像我们人类那样生活啊！它们的日历别具一格，它们根据太阳的转动过日子。

太阳在天上转一大圈，就是一年。太阳走过一个星座，走过黄道带的一宫，就是一个月。十二个星座的总称即为黄道带（又称黄道宫，指日月和行星在天空中运行的轨迹。天文学家把它分成 12 宫，每宫长 30 度，从春分起，依次为：白羊宫、金牛宫、双子宫、巨蟹宫、狮子宫、室女宫、天秤宫、天蝎宫、人马宫、摩羯宫、宝瓶宫、双鱼宫）。

森林日历上的新年开始于春天，而不是冬天，即太阳转入白羊宫的日子。森林里，每逢迎接太阳的日子，就是愉快的节日；每逢送别太阳的日子，就预示着愁闷的岁月即将开始。

我们按照普通日历的样子，把森林日历上的一年分成十二个月。但是，我们按照森林里的情形，给每个月取了另外的名字。

每年的森林日历

春

1 月 冬眠苏醒月（春季第一月）——从 3 月 21 日到 4 月 20 日

2 月 返回故乡月（春季第二月）——从 4 月 21 日到 5 月 20 日

3 月 唱歌跳舞月（春季第三月）——从 5 月 21 日到 6 月 20 日

夏

4 月 鸟儿筑巢月（夏季第一月）——从 6 月 21 日到 7 月 20 日

5 月 小鸟出生月（夏季第二月）——从 7 月 21 日到 8 月 20 日

6 月 成群结队月（夏季第三月）——从 8 月 21 日到 9 月 20 日

秋

7 月 告别故乡月（秋季第一月）——从 9 月 21 日到 10 月 20 日

8 月 储粮过冬月（秋季第二月）——从 10 月 21 日到 11 月 20 日

9 月 冬客降临月（秋季第三月）——从 11 月 21 日到 12 月 20 日

冬

10 月 冬雪初现月（冬季第一月）——从 12 月 21 日到 1 月 20 日

11 月 饥寒交迫月（冬季第二月）——从 1 月 21 日到 2 月 20 日

12 月 苦等春天月（冬季第三月）——从 2 月 21 日到 3 月 20 日

森 林 报

冬眠苏醒月

（春季第一月）

第 1 期

3 月 21 日到 4 月 20 日　　太阳转入白羊宫

太阳史诗——3月

恭贺新禧

3月21日是春分。这天，白昼和黑夜一样长：一半时间是白天，一半时间是夜晚。这天，森林里在庆祝新年：春天就在眼前了。

民间有句谚语：3月是温室，3月是滴管。太阳开始战胜冬天：积雪变松软了，出现了许多小孔眼，雪变得灰不溜秋的，已经不像冬天那么洁白，它屈服了！只要看看雪的颜色，就知道冬天即将结束。一根根小冰柱从屋檐上垂下来，亮晶晶的水一滴接一滴地顺着冰柱往下流，渐渐积聚成水洼。街头巷尾的麻雀兴高采烈地在水洼里扑腾，想洗去羽毛上积聚了一冬的污垢。山雀欢快的、银铃般的歌声在花园里响起。

春天乘着阳光的翅膀降临人间。它制定了严格的工作程序。首先，它解放大地：雪开始慢慢融化了，而冰下的水还在沉睡，雪下的森林也睡得正香。

3月21日清晨，人们按照古老的俄罗斯民俗，做"百灵鸟"吃。这是一种小面包，用面粉捏成小鸟嘴，用两粒葡萄干做鸟眼睛。这天，我们把鸣禽放生。根据新习俗，飞禽月就从这一天开始。孩子们把这一天专门献给长着翅膀的小朋友们，往树上挂成千上万座"鸟房"：椋（liáng）鸟房、山雀房和人造树穴。他们把树枝编成鸟巢，向可爱的小客人们开放免费食堂。他们还在学校和俱乐部里召开报告会，专门讲述鸟类大军如何保护我国的森林、田野、果园和菜地，讲述应该如何爱护和吸引那些快乐的、长着翅膀的歌唱家们。

　　3月，母鸡在家门口就可以把水喝个饱了。

森林中的大事

发自森林的第一封电报

——白嘴鸦揭开了春天的序幕

在冰雪融化的地方，出现了成群结队的白嘴鸦。

白嘴鸦在我国南方过冬。它们急匆匆地赶回故乡北方。一路上，它们遭遇了无数次残酷的暴风雪。成百上千只白嘴鸦精疲力竭，死在了半道上。

最先飞到的是那些身强力壮的鸟。现在它们在休息。它们在路上骄傲地迈着方步，用结实的嘴巴刨着泥土。

布满天空的沉甸甸、黑压压的乌云飘走了。大片大片的白云飘浮在蔚蓝的天空。第一批小野兽出生了。麋鹿和狍（páo）长出了新犄角。黄雀、山雀和戴菊莺在森林里唱起了歌。我们在等待椋鸟和百灵鸟的到来。在树根拱起的枞树下，我们找到了熊窝。我们轮流守候在熊窝旁，只要熊一出来，就向大家报告。一股股融化了的雪水悄悄地在冰下汇集。森林里到处可听见滴滴答答的滴水声，树上的雪也在渐渐融化。夜晚，严寒重新把水结成冰。

■发自本报记者

第一只鸟蛋

群鸟里面，就数乌鸦
下蛋下得最早。它把巢筑
在高大的枞树上，上面覆
盖着厚厚的积雪。母乌鸦
一直待在巢里，因为它生
怕蛋冻坏，生怕蛋里的小
乌鸦冻死。它吃的食物由雄乌鸦专门送来。

雪里的吃奶宝宝

兔妈妈生下了兔宝宝，这时田野上还覆盖着积雪呢。

兔宝宝一出世就睁开
了眼睛，身上穿着暖和的
皮袄。它们生下来就会跑，
吃饱了奶就四处跑开，躲
到灌木丛中和草丛下，静
静地躺在那儿，既不叫唤，
也不淘气。兔妈妈早已跑
得不知去向。

一连过去了三天。兔妈妈早就忘记了兔宝宝，在田野里蹦来蹦去。但是兔宝宝们依旧躺在那里，它们不敢乱跑。一乱跑，就会被老鹰发现，或者被狐狸觅到脚印。

瞧，终于有只兔妈妈跑过来了。咦，这不是它们的妈妈，是别人的妈妈，是位兔阿姨。兔宝宝跑到它跟前吱吱叫："喂喂我们吧！"行啊，吃吧，吃吧！兔阿姨把它们喂饱了，又朝前跑去。

兔宝宝又躺回到树丛里。这时，它们的妈妈正在别处给别家的兔宝宝喂奶呢。

原来兔妈妈们定下了这么一条规矩：所有的兔宝宝都是大家的孩子。不管兔妈妈在哪儿遇到兔宝宝，都要给它们喂奶。不管兔宝宝是亲生的，还是别人家的，都一样对待！

你们以为兔宝宝没有兔妈妈照顾，就过得不幸福吗？完全不是这么回事。它们穿着皮袄，身上暖洋洋的。兔妈妈们的奶香浓可口，兔宝宝吃上一顿，好几天都不饿呢。

等到第八九天，兔宝宝就开始吃草了。

第一批花

开出了第一批花。不过，地面还被雪覆盖着，在地上找不到它们。森林边的水在潺潺地流，沟里的水满到了边沿。瞧，就在这里，在这褐色的春水上面，在光秃秃的榛（zhēn）树枝上，第一批花开了。

从树枝上挂下来一根根柔软的灰色小尾巴，我们把它们叫作柔荑（tí）花序，实际上它们并不像柔荑花序。只要把小尾巴摇一摇，就会看见从上面飘落下许多花粉。

令人惊讶的是，就在这几根榛树枝上，还长出了别的花。这种花，三三两两地长在一起，很容易被人当作幼芽。只是在每个"幼芽"的尖上，长出一对颜色鲜红的，既像细线又像小舌头的带状物。原来这是雌花的柱头（花朵中雌蕊的尖头部分），它们吸收从其他榛树枝上随风飘来的花粉。

风毫无羁绊地在光秃秃的树枝间游荡，既没有树叶也没有其他物体阻止它去摇晃那些小尾巴，或者吸收花粉。

总有一天，榛子花会凋谢，柔荑花式的小尾巴会脱落，那些幼芽般的奇妙小花上的红线会干枯；到那时，每一朵这样的小花，都会长成榛子。

■发自尼·芭芙洛娃

春天的计谋

在森林里，凶猛的动物经常攻击和善的动物，无论在哪里看见小动物，它们都会猛扑上去。

冬天，在洁白的雪地上，人们很难迅速发现雪兔和白山鹑。可是现在雪正在融化，好多地方的地面已经露出来了。狼、狐狸、鹞鹰和猫头鹰，甚至像白鼬和银鼠这样的小食肉动物，都能隔老远就看见白兽皮和白羽毛，在冰雪融化后的黑土地上一闪一闪的。

因此，雪兔和白山鹑就要起计谋：它们开始脱毛，改换成其他颜色。雪兔变得灰不溜秋的；白山鹑脱掉了许多白羽毛，在原来长白羽毛的地方，长出了带黑条纹的褐色和红褐色的新羽毛。在兔子和山鹑换装之后，人们就不太容易发现它们了。

有些攻击型的食肉兽，也只得换装了。冬天，银鼠浑身上下一身白；白鼬也一样，只有尾巴尖是黑色的。那时，它们很容易在雪地上悄悄爬到和善的小动物跟前去，因为它们的毛皮和雪一样白，不容易被发现。不过现在它俩都换毛了，变成了灰色的。银鼠浑身灰色；白鼬也变成了灰色的，只有尾巴尖还是黑色的。不过，无论冬夏，皮毛上有个黑点都不会坏事，雪地上不也有黑点吗？那是垃圾和小枯枝呀。而在地面和草地上，这种黑斑点就更多啦。

冬天的客人准备上路了

可以看见一群群的小白鸟，飞在列宁格勒州各处的行车道上。它们长得很像鹀（wú）鸟。这是雪鹀和铁爪鹀，都是在我们这儿过冬的客人。

它们的家乡在北冰洋沿岸和岛屿上的冻原带。还要过上很多天，那里的泥土才会开冻。

雪　崩

森林里开始了可怕的雪崩。

松鼠正在温暖的巢里睡觉。它的巢搭在高大的枞树枝上。冷不丁就会有一团沉甸甸的雪从树梢上掉下来，正好砸中巢顶。松鼠慌忙逃了出来，可那些刚出世的无助的鼠宝宝，还留在巢里面。

松鼠赶紧扒开雪。幸好雪只压住用粗树枝搭的巢顶。里面那只由松软暖和的苔藓搭成的圆巢，依旧完好无损。巢里的小松鼠，甚至没有被惊醒。它们还很小，跟小老鼠一般大，又聋又瞎，浑身光秃秃的。

湿漉漉的住房

雪不停地融化。那些住
在森林"地窖"里的动物，
开始了艰难的生活。

鼹鼠、鼩鼱（qú jīng）、
野鼠、田鼠、狐狸，以及其他住在地洞里的各种野兽，现在都
觉得潮湿难耐。要是所有的雪都化了，它们可怎么过日子啊？

奇特的茸毛

沼泽地上的雪化开了，水在小草丘间
蔓延。小草丘下，银白色的小穗在光溜溜
的绿茎上摇曳着。难道这是去年秋天还没
来得及飞掉的种子吗？难道它们在雪底下
挨过了整个冬天？真是令人难以置信，它
们实在太干净、太新鲜了！

只要把小穗采下来，拨开茸毛看一看，谜团就解开了。原
来这就是花呀！金黄色的雄蕊和细线般的柱头，露在丝一般润
滑的白茸毛外面。羊胡子草就是这样开花的。由于夜里还很冷，
所以茸毛是给花保温的。

■发自尼·芭芙洛娃

在四季常绿的树林里

不仅在热带或者地中海沿岸可以看到四季常绿的植物，在北方的森林里也长着常绿小灌木。现在，在新年的第一个月，到常绿树林里走一走，既看不见褐色的烂树叶，也看不见令人厌烦的枯草，心情会特别轻松。

隔老远就能看见绿中带灰的毛蓬蓬的小松树。在这里，在这些小树之间待一会儿，会令人心旷神怡。这里的一切都显得生机勃勃：有柔软的绿色苔藓，有叶子亮晶晶的越橘，还有优雅纤细的石楠。石楠树枝上还残留着去年开的淡紫色小花，枝上长满了小巧玲珑的树叶，像盖着小瓦片似的。

常绿灌木蜂斗叶，也长在沼泽地的边缘。它的叶子是暗绿色的，叶边向上卷起，叶子下部仿佛涂了一层白漆似的，所以又叫作"叶下白"。可是，假如现在有谁站在这株小灌木前，他不会一直盯着叶子看，因为他会瞧见更有趣的玩意儿——鲜花！美丽的粉红色钟形花，像极了越橘花。在早春，在森林里找到花，真让人惊喜万分！

要是你采一束带回家，没有人会相信这是从野外摘来的，准会说是从温室里采来的。

因为很少有人会在早春，就到常绿树林里散步啊。

■发自尼·芭芙洛娃

鹞鹰和白嘴鸦

"哔——哔！呱——呱——呱！"有只鸟从我头顶飞过。我回头一看，只见五只白嘴鸦正在追一只鹞鹰。鹞鹰来回躲闪，可还是被白嘴鸦追上了，头顶上被啄了一口，痛得"哇哇"直叫。最后，它终于逃脱了。

我站在大山上，极目远眺，只见一只鹞鹰停在树上休息。突然，不知从哪儿冒出来一群白嘴鸦，"呱呱"叫着朝它扑去。这下鹞鹰的处境糟糕透顶。它发疯似的大叫一声，扑向一只白嘴鸦。那只白嘴鸦害怕了，躲向一旁。鹞鹰趁机灵敏地冲向高空，谁也没来得及阻拦它。白嘴鸦丢失了俘虏，只好四散到田野里去了。

■发自森林记者 康·梅什列耶夫

发自森林的第二封电报

椋鸟和百灵鸟唱着歌飞过来了。

我们迫不及待地等待着熊从窝里爬出来，可是一点儿动静都没有。我们想，也许熊在里面冻死了吧？

突然，雪颤动起来。

可是，从雪底下爬出来的并非熊，而是一只从未见过的怪兽。它灰白色的头上长着两条黑斜纹，个头跟小猪一般大，浑身毛烘烘的，肚皮漆黑。

原来这不是熊窝，而是獾洞，从洞里钻出来的是獾。

从现在开始，獾不再睡懒觉了。每天晚上，它将到森林里去找蜗牛、幼虫和甲虫，啃植物根，抓野鼠。

我们在森林里再次四处寻找，终于找到一只熊窝：这才是真正的熊窝！

熊还在冬眠。

水升到冰面上来了。

雪崩塌了；松鸡在求偶；啄木鸟在笃笃地啄树。

飞来了会啄冰的小鸟白鹡鸰。

道路变得泥泞不堪，集体农庄庄员们不再乘雪橇了，他们驾起了马车。

■发自本报特派记者

城市新闻

屋顶音乐会

猫儿每天夜里都在屋顶召开音乐会,它们很喜欢开音乐会。可是,每次音乐会都以歌手们大打出手告终。

在顶楼的角落里

为了调查屋顶动物居民的生活状况,《森林报》的记者最近几天走访了市中心的许多住宅。

那些占据了顶楼角落的鸟儿们，对居住条件心满意足。谁要是觉得冷，可以紧挨着壁炉的烟囱，享用免费的暖气。母鸽子已经在孵蛋；麻雀和慈鸟到处搜集筑巢用的小稻草棍和做软垫子用的羽毛和绒毛。猫和一些男孩经常捣毁鸟儿的窝，所以鸟儿们对他们恨之入骨。

麻雀惊慌逃命

尖叫声和打架声在椋鸟房旁响成一片。绒毛、羽毛和稻草随风飘荡。

原来，椋鸟房的主人椋鸟回来了。它们抓住占据了其故居的麻雀，把它们往外赶，然后往外扔麻雀的羽毛褥子。它们不想留下麻雀的任何踪迹。

有个泥瓦匠正站在脚手架上抹屋顶下的裂缝。麻雀在屋檐上跳来跳去，瞧了瞧屋檐下，突然大吼一声，朝泥瓦匠的脸直扑过来。泥瓦匠用抹泥灰的小铲子不停地撵它们。他没想到，他把裂缝里的麻雀巢给糊上了。而麻雀已经在巢里下过蛋了。

一片尖叫声，一片打架声。绒毛和羽毛随风飘荡。

■发自森林报记者　尼·斯拉得克夫

睡眼惺忪的苍蝇

一群蓝里透绿、金光闪闪的
大苍蝇出现在街上。它们跟秋天
时一样，一副睡眼惺忪的模样。
它们还不会飞，只能勉勉强强、
摇摇晃晃地用细腿沿着墙壁爬。

白天，这群苍蝇在外面晒太阳；晚上，它们又爬回到墙壁
和篱笆的空隙和裂缝里。

苍蝇，请提防这群流浪汉！

一群流浪汉蜘蛛虎出现在列宁格勒的街上。俗话说，狼靠
跑得快活命。蜘蛛虎也一样。它们不像十字园蜘蛛那样巧妙地
编织细网，而是用力一跳，径直扑向苍蝇或者其他昆虫，吃掉
它们。

石　蚕

一些呆头呆脑的灰色小虫子，从河面冰块的细缝中爬出来。
它们爬上岸后，脱掉皮外套，变成了身材苗条匀称、长着翅膀
的小飞虫。它们既不是苍蝇，也不是蝴蝶，而是石蚕。

它们的翅膀很长，身子很轻，还不会飞，因为它们还很柔弱，还需要晒太阳。

它们在过马路。行人踩踏它们，马蹄践踏它们，车轮子碾压它们，麻雀也不住地啄它们。可是它们还是一个劲儿地朝前爬，爬呀爬。它们有几千、几万、几十万只呢。

爬过了马路的石蚕，就爬到房子的墙壁上晒太阳。

列斯诺伊观察站

自从举世闻名的自然科学家凯戈诺德夫教授第一个开始在列斯诺伊进行物候学（亦称"生物气候学"，为研究大自然季节变化的科学）观察以来，这种观察已连续进行了八十年。

现在在苏联，全苏地理协会下设一个以凯戈诺德夫为名的专门委员会，负责物候学观察者的工作。

物候学爱好者从全国各地把报道寄往委员会。根据多年观察到的鸟类飞来飞去、植物花开花谢、昆虫出现和灭绝的记录，可以编制一部"普通自然日历"。这有助于我们预报和确定各种农作物的生长日期。

现在，在列斯诺伊设立了全国中央物候学观测站。在全世界只有三个像这种超过五十年历史的观测站。

列宁格勒州集体农庄儿童第一次代表大会决议

我们向野鼠、家鼠、象鼻虫、草地螟等危害农作物的害虫宣战。我们将组织一千二百个小分队，与农田、果园、菜地、菜窖和谷仓里的害虫做斗争。我们将搭建三万个人造鸟巢——椋鸟房，用来消灭农田和菜地里的害虫。

列宁格勒州少年自然科学家代表大会决议

亲爱的朋友们！

我们农田里的麦子在抽穗，花园里百花盛开，社会主义经济正日益巩固和壮大。

我们少年自然科学家、农业实习生和大人们一起参加劳动。

少年自然科学家和农业实习生代表大会的参加者，在会上交流了少年自然科学工作的经验。现在我们向全州少先队员和学生朋友发出倡议：增强自然科学工作。

请在学校附属地块开辟花坛，培育果木、浆果园！

请你们每人至少种两棵果树，或者种两棵浆果灌木。

无论是在农作物育种的试验方面、珍贵新植物的栽培方面，还是在先进农业技术的试验和应用方面，都请你们提供宝贵的经验。

暑假里我们将全体参加直观教具的制作，为学校制作植物、动物和非生物的直观教具。

　　我们将在集体农庄的农田和菜地干活，在畜牧场劳动，在养蜂场帮忙。

　　为了使我们有益的工作进行得更加顺利，我们将经常向老师、农艺师、动物饲养家、蔬菜培育师和养蜂专家们咨询和请教，了解集体农庄农业先进工作者们的成就，向米丘林工作者们学习创收的新方法。

请准备住房

　　假如你想让椋鸟在花园里住下来，就必须赶紧给椋鸟准备住房！住房要干净整洁，门要开得足够小，好让椋鸟钻得进来，猫却钻不进来。

　　如果想让猫用爪子都够不到椋鸟，请在门里面钉上一块三角板。

群蚊飞舞

在温暖的、阳光灿烂的日子里，小蚊子已经开始在空中飞舞了。

不过，不用怕，这些蚊子不咬人，它们是蚊群。

蚊子聚成一团，像根圆柱子似的在空中飞舞着、推搡着。在蚊子密集的那一片天空中布满了黑点，仿佛人的脸上长满了雀斑。

第一批蝴蝶

蝴蝶飞出来透透气，在太阳底下晒晒翅膀。

在顶楼上过冬的黑里透红的荨（qián）麻蛱蝶和淡黄色的柠檬蝶，最先飞出来。

在公园里

在公园和花园里，长着雪青色胸脯、戴着淡蓝色帽子的雄燕雀歌声嘹亮。它们聚集在一起，等待雌燕雀的光临，雌燕雀总是姗姗来迟。

新森林

正在召开全苏植树造林会议。林务委员、造林专家以及农艺师们欢聚一堂。列宁格勒州代表也参加了此次会议。

为了在我国的草原地区造林，已经进行了一百多年的科学考察和实践工作，选定了三百种最适合草原种植的乔木和灌木。例如，在顿尼茨草原最适合种植与锦鸡儿、忍冬和其他灌木混种的橡树。

在我国工厂，研制出一种新机器，用这种机器可以迅速地、大面积地植树。现在已经在好几千平方千米的土地上种了树。

我国准备在最近几年再造几万平方千米的新森林。它们将提高我国田地的收成。

■发自列宁格勒塔斯社

春 花

在公园、花园和庭园里，盛开着
款冬的小黄花。街上有人在叫卖最早
的林中春花。虽然它们的颜色和香气
都不像紫罗兰，卖花人还是把它们叫
作"雪下紫罗兰"。这种花的学名唤作蓝花积雪草。

树木也从沉睡中醒来，白桦树汁开始在树干里奔流。

什么东西漂进了蓄水池

在列斯诺伊公园的峡谷里，春水在潺潺地流淌。我们的森
林记者在一条小溪上用石头和泥土垒了一道水坝，等在那里，
想看看什么东西会漂进蓄水池？他们等了好久，没看到一只生
物，只看到一些木片和小树枝，在水池里旋转着。

后来，他们看到一只死老鼠从溪底滚了过来。这不是灰颜
色的、长尾巴的普通家鼠，而是一只棕黄色的、短尾巴的野鼠。
原来是田鼠。这只死田鼠也许在雪底下躺了一整冬。现在雪化
成了水，把它冲到水池里来了。

接着，他们看见一只黑甲虫漂进了水池。它挣扎着，打着转，
怎么也爬不上岸。大家原以为这是一只水栖甲虫，捞起来一看，
却是一只陆上粪虫。也就是说，它也苏醒过来了。当然它不是

故意投进水里的。

然后，他们看见有个小动物
蹬着长长的后腿，自己游到水池
里来了。猜猜看，这是谁？这是
青蛙呀！周围还是白茫茫一片，
青蛙却已经在水里畅游了。它从
水池里爬上岸，蹦蹦跳跳地钻进
灌木丛里不见了。

最后，一只小兽游了过来。
它很像家鼠，长着褐色的皮肤，
不过尾巴短很多，原来这是只水
鼠。它储存了许多食物过冬。显然，快到春天的时候，它吃光
了所有的存货，现在出来找食物了。

款　冬

款冬的一丛丛细茎早已长在了小丘上。每一丛茎都组成了
一个小家庭。那些稍年长的茎苗条匀称，高昂着头；紧挨在高
茎身旁的是些肥硕的、参差不齐的茎，它们的年纪还小呢。

还有一种茎的样子十分可笑，它们低垂着头，弯着腰站在
那里，似乎因为刚刚看到这个世界，感到胆怯不安。

每个小家庭都由地下根茎生长而来。从去年秋天起，地下
根茎就开始储藏养料。现在养料被逐渐地消耗掉，不过这些养

料足够整个开花期的需要了。每个小脑袋很快就会变成辐射状的黄花，更确切地说，不是花，而是花序：一大束彼此紧挨在一起的小花。

当花开始凋谢的时候，叶子从根茎里长出来。这些叶子承担了帮助根茎储存新养料的任务。

■发自尼·芭芙洛娃

空中的喇叭声

从空中传来喇叭声，列宁格勒市民感到无比惊讶。清晨，当霞光初现的时候，城市还没有苏醒，街上也没有隆隆的汽车声，这声音听起来分外清晰。

只要仔细瞧上一瞧，那些视力好的人，就可以看见一队脖子细长的大白鸟，在白云下面飞翔。这是一群喜欢叫喊的野天鹅在列队飞行。

它们每年春天都从我们城市上空飞过，用喇叭似的大嗓门响亮地叫着："克鲁鲁！克鲁鲁！"可是，在喧嚣的街道上，在熙熙攘攘的人群中，人们很难听到它们的叫喊声。

现在天鹅正急匆匆地飞到科拉半岛阿尔汉格尔斯克附近，或者飞到北德维纳河沿岸去筑巢。

节日通行证

我们在恭候那些长着羽毛的朋友们。大队委员会交给每个少先队员一项任务，让每人搭一个椋鸟房。

现在大家都在忙着搭鸟巢。我们学校设有木工作坊。如果有谁不会搭椋鸟房，可以到那里去学习。

我们将在校园里挂上许多鸟巢，好让小鸟在我们学校住下来，保护苹果树、梨树和樱桃树不受青虫、甲虫等害虫的侵犯。等到学校里欢庆飞禽节的时候，每个少先队员都把人造椋鸟房带到庆祝集会上来。我们约定，人造椋鸟房就是我们的节日通行证。

■发自森林记者　伏洛加·诺维

任尼亚·科良金

发自森林的第三封加急电报

我们在熊窝附近蹲点守候。

冷不防，有什么东西从下面把积雪拱了起来，接着一只又大又黑的野兽脑袋露了出来。

原来，一只母熊钻出了窝，两只小熊也紧跟着钻了出来。

我们看见母熊张开嘴巴，悠然自得地打了个大哈欠，然后朝森林里走去。小熊活蹦乱跳地跟在后面。我们看见母熊身体消瘦，毛发蓬松。

现在它在森林里来回乱窜，这么长时间的冬眠之后，它变得饥不择食，把树根、去年的枯草和浆果统统塞进嘴里，连小兔子也不放过。

发生了水灾

冬天的统治崩塌了。百灵鸟和椋鸟在歌唱。大水击毁了冰制的"天花板"，涌向自由的天地，冲向广阔的田野。

田野里发生了火灾：雪在太阳底下燃烧。快乐的绿色小草从积雪下探出头来。

春水泛溢时，第一批野鸭和大雁飞过来了。

我们看见了第一只蜥蜴。它钻出树皮，爬上树墩晒太阳。

每天都发生新鲜事，我们甚至来不及记下来。

城市和乡村之间的交通被阻断了。发生了水灾。

我们将用飞鸟传信，在下一期的《森林报》上报道动物在水灾中的受损情况。

■发自本报特派记者

集体农庄纪事

集体农庄新闻

逃亡者被抓住了

雪水没有经过任何人的同意，就想从田里逃到浅沟里。

集体农庄庄员及时逮住了逃犯，他们用厚实的积雪在斜坡上筑了一道堤。

水被留在了田里，开始慢慢渗入泥土。

田里的绿色居民已经感觉到，水在慢慢潜入它们的根部，它们感到非常开心。

一百个新生宝宝

昨天夜里，"突击队员"集体农场养猪场里的值班饲养员一共接生了一百只小猪。这些猪宝宝一个个圆溜溜的，健康结实，吱吱尖叫。九位年轻的幸福母亲，在急不可耐地等待饲养员把粉嘟嘟的小宝宝送过来吃奶。这些小宝宝都长着翘鼻子、短尾巴。

搬到暖和的新房

马铃薯从寒冷的地窖搬到了暖和的新房。

它们对新环境很满意，准备发芽。

绿色新闻

商店里在出售新鲜黄瓜。这些黄瓜既不是出蜜蜂来授化粉，也不是由太阳来烤热它们生长的土地。

可是，它们还是真正的黄瓜，长满了小刺，肥硕厚实，汁多味甜。虽然它们在温室里长大，但散发出的味道还是黄瓜的清香。

帮助饥饿者

雪融化了。可以看见田野上长满了细小的青草。可是大地还未解冻，小草没什么可吃的，不幸的小草在挨饿。

可是，集体农庄庄员非常爱惜这些小草，原来这些瘦弱的小草是秋播小麦。集体农庄为小麦准备了营养丰富的食物，有草木灰、禽粪、粪汁、营养盐等。

集体农庄还将从空中食堂给挨饿的朋友们分发口粮。

飞机食堂将从田野上空飞过，撒下食物，让每一棵小苗都美美地吃上一顿。

■发自尼·芭芙洛娃

打猎

　　春天允许狩猎的时间很短。假如春天来得早，还可以早点儿去打猎。假如春天来得晚，只得推迟打猎了。

　　春天打猎，只准打树林里和水面上的飞禽，不准带猎狗，而且只准打雄的飞禽，比如公鸡和公鸭。

求偶飞行

　　猎人白天离开城，傍晚已经到达了森林里。

　　这是一个灰蒙蒙、没有风的黄昏，下着毛毛细雨，天气暖和，正适合鸟类求偶飞行。

　　猎人选好一块林中空地，站到一棵枞树旁。周围的树不高，都是些赤杨、白桦和枞树。离太阳下山还有十五分钟。还有时间，可以抽根烟，待会儿可就没工夫抽了。

猎人侧耳倾听着森林里各种鸟儿的鸣唱：鸫（dōng）鸟在枞树尖上啼啭鸣叫，红胸脯的欧鸲（qú）在密林里唧唧叫个不停。

太阳下山了。鸟儿们一个接一个地停止了歌唱。最后，连爱唱歌的鸫鸟和欧鸲也默不作声了。

现在得盯紧点儿，竖起耳朵听！突然从森林上空传来一阵轻轻的叫声：

"茨勒克，茨勒克，嗯尔——尔——尔！"

猎人打了个激灵，把猎枪往肩上靠了靠，站住不动了。这声音是从哪儿传来的呢？

"茨勒克，茨勒克，嗯尔——尔——尔！""茨勒克，茨勒克！"

啊，有两只丘鹬（yù）呢！

两只长嘴丘鹬，正在空中扑打着翅膀，急速地飞过森林上空。

它们一只跟着一只飞，并不是在打架。

看得出，雌的飞在前面，雄的跟在后面。

啪……后面那只丘鹬，像车轮似的在空中打着转，慢慢掉进灌木丛里。

猎人如离弦之箭朝它奔去。要是受伤的小鸟逃走，躲到灌木丛里，那就很难找到它了。

丘鹬羽毛的颜色一如枯萎的落叶。

就是它！正在灌木丛上挂着呢。

远处的某个地方，又响起了另外一只丘鹬的叫声。

太远了，霰（xiàn）弹打不到。

猎人又站到一棵枞树后面。他绷紧全身，仔细倾听。森林里寂静无声。

突然又传来了叫声：

"茨勒克，茨勒克，唿尔——尔——尔！"

在那儿，在那儿，太远了……

把它引过来吧？或许可以引过来？

猎人摘下帽子，朝空中一抛。

丘鹬正在黄昏的薄雾中机警地四处张望，它在寻找雌丘鹬。它看见一件黑乎乎的东西从地面一跃而起，又掉了下去。

是雌丘鹬吗？

它转了个弯，径直朝猎人这边飞过来。

砰！这只也一个倒栽葱摔了下来，重重地撞到地面，当场毙命。

天渐渐变黑了。丘鹬的叫声不时四处响起，一会儿在这边，一会儿在那边，猎人不知道该往哪边转身才好。

猎人激动得双手发抖。

砰！砰！没打中。

砰！砰！又没打中。

还是别开枪了，放过一两只丘鹬吧。需要定定神。

好了，手不抖了。

现在可以开火了。

在幽暗的森林深处，一只猫头鹰声音嘶哑地怪叫一声。一只睡眼蒙眬的鹬鸟吓得惊慌失措地尖叫起来。

天黑了，很快就不能开枪了。

终于又传来了叫声：

"茨勒克！茨勒克！"

在另外一边也响起了："茨勒克，茨勒克！"

两只丘鹬恰好在猎人的头顶上方碰到了，立刻打了起来。

"砰！砰！"这回放的是双筒枪，两只丘鹬都掉了下来。

一只蜷缩成一团，另一只转啊转，正好落到猎人脚旁。

现在该走啦。

趁还看得见小路，应该赶到鸟儿求偶鸣叫的地方去。

松鸡求雌鸣叫的地方

夜晚，猎人坐在森林里吃东西，喝水壶里的水。这时可不能生火，火光会把鸟儿吓跑的。

过不了多久天就亮了。松鸡很早（天亮之前）就开始求偶。

在寂静的黑夜里，一只猫头鹰闷声闷气地叫了两声。

该死的！你会把求偶的松鸡吓跑的！

东方露出了鱼肚白。在某个地方，一只松鸡用低得刚刚听得见的声音唱了起来。它"特克，特克"地叫着。

猎人一跃而起，侧耳细听。

又一只松鸡叫了起来。它就在附近，离猎人大概只有一百五十来步远。第三只……

猎人谨慎地移动着脚步，悄悄靠近。手里拿着枪，扣起扳机，双眼紧盯着高大的、黑黝黝的枞树。

"特克，特克"的叫声停住了，一只松鸡婉转地啼鸣起来。

猎人纵身跳离原先站着的地方，往前蹦了三大步，然后就纹丝不动了。

啼鸣声停止了。一片寂静。

现在松鸡警觉了，它在倾听。这家伙可灵了，只要稍微碰响树枝，它就会扑腾着翅膀冲开去，消失得无影无踪！

它什么也没听见，于是又"特克，特克！特克，特克"地叫了起来。仿佛两根响木相互轻轻击打似的。

猎人停止不动。

松鸡又啼鸣起来。

猎人向前一蹿。

松鸡嘎吱一声，啼啭声中断了。

猎人的一只脚还没落地，他再也不敢动了。松鸡默不作声，它在倾听。

然后，它又从头唱起来："特克，特克！特克，特克……"

如此反复了好几次。

现在猎人离松鸡已经很近了，松鸡就落在这几棵枞树上，离地不远，在树腰的位置。

它在忘情地唱着，稀里糊涂的，现在你哪怕是嚷，它也听不见了。

可是，它到底藏在哪里呀？在黑压压的针叶林里，什么也看不见呀！

哈哈！原来在这里！在一棵枝叶茂密的枞树枝上，就在猎人身旁，相距不过三十来步远。瞧，长长的黑脖子，长着山羊胡子的鸟脑袋……

声音停止了，现在绝不能动弹……

"特克，特克！特克，特克！"接着，又响起了啼啭声。

猎人举起枪。

瞄准黑色侧影，这是只长着山羊胡子的大鸟，它的尾巴像大扇子似的铺展着。

必须挑要害处打。

要是霰弹打在松鸡紧绷的翅膀上，会滑掉，伤不了这只结实的大鸟。最好是打它的脖子。

砰！

烟雾遮住了眼睛，什么也看不见，只听到松鸡沉重的身体落了下来，压断一根根树枝。

嘭的一声，它掉在了雪地上。

好大一只雄松鸡！身材硕大，通体乌黑，至少有五千克重！

眉毛通红，恰似浸透了血……

森林剧院

琴鸡求偶聚集场

剧院坐落在一块很大的林中空地上。太阳还没升起,却看得一清二楚,因为这是白夜〔指高纬度地区的"明亮的夜晚",是太阳处于地平线之下,"夜晚仍然明亮"的现象。这是由于大气对阳光的折射和散射作用。圣彼得堡市(即苏联的列宁格勒)每年夏至前后都会出现白夜,这种状况会一直持续到7月中旬左右〕。

身上长着麻斑的雌琴鸡们聚拢来看戏。它们有的在地上吃东西,有的老老实实地蹲在树上。

它们在等待演出开始。

瞧,一只雄琴鸡从树林里飞到了空地上。它通体乌黑,翅膀上长着几条白斜纹。它是求偶场上的男主角。

它用两只圆溜溜的黑眼睛,机警地打量着求偶场……空地上除了看戏的雌琴鸡,谁也不在。

咦,那边怎么冒出了矮树丛?昨天好像还没有啊?难道一天一夜的工夫,就会长出一米高的枞树来?真是胡扯。看样子是自己没记清楚……唉,人老了,记性也差了。

该开场啦。

男主角又打量了一下观众，然后朝地面微微垂下脖子，竖起华丽的大尾巴，翅膀斜斜地拖在地上。

它口中念念有词。

传来了以下话语：

"我要卖掉皮大衣，买件外套，买件外套！"

它挺直身子，看了看求偶场，又喃喃自语道：

"买件外套！买件外套！"

咚！又有一只雄琴鸡飞到求偶场上来了。

咚！咚！雄琴鸡接二连三地飞过来，结实的脚爪蹬得地面咚咚响。

哟呵，这下可把男主角气坏了！

它浑身羽毛直立，脑袋紧贴在地上，尾巴像扇子似的铺张开来，口里发出一连串怪叫：

"丘哎，丘！丘哎，哎！"

这是在挑战："不爱惜羽毛的家伙，请过来吧！"

在求偶场的另一端，一只雄琴鸡应答道："丘哎，丘！丘哎，哎！我们不是胆小鬼，不信就跑过来试试！"

"丘哎，丘！丘哎，哎！"瞧，这里有二三十只雄琴鸡，多得数不过来。任凭你挑，每只都做好了战斗准备。

雌琴鸡静悄悄地蹲在树枝上，似乎对演出丝毫不感兴趣。

多么狡猾的美人啊。戏是为它们开演的。这些尾巴似翅膀、眉毛红似火的黑色斗士们，也是为了它们才飞到这儿来的。

每一个黑色斗士，都想在美人面前展示自己的勇敢大胆。

瘦弱笨拙的胆小鬼滚到一边去吧！只有大胆机灵、勇猛无畏的斗士，才配得上美人儿。

战斗开始啦……

满场只听见雄琴鸡叽里呱啦、"丘呋，丘！丘呋，呋"的挑战声。

它们朝地面微微弯下脖子，蹦蹦跳跳地聚拢到一起……

两只雄琴鸡碰了头，嘴巴对着嘴巴，朝对手的脸上啄去。

"丘嘶，嘶！"相互恶狠狠地刺过去。

天慢慢变亮了。白夜的透明薄幕在舞台上冉冉升起。

枞树丛中闪烁着金属的亮光。这些求偶场上的枞树到底是从哪里来的呀？

这会儿，雄琴鸡可顾不上这些树丛。每只雄琴鸡都在忙于战斗。

男主角离枞树丛最近。它已经在跟第三个敌手对阵了。头两个早就被它打跑了。它是当之无愧的男主角，整个森林里也找不出比它更强悍的了。第三个敌手既勇敢大胆，又动作敏捷，它跳起来给了男主角迎面一击。

"丘嘶，嘶！"男主角用嘶哑的嗓音穷凶极恶地吼道。

树枝上的美人儿都伸长了脖子观看，这才叫演出，这才是真正的战斗！这只不会被吓跑，说什么也不会被吓跑。两只雄琴鸡又纵身跃起，结实的翅膀扑腾得噼啪作响，在空中扭成一团。

啄了一下，又一下，都来不及看清是谁啄谁。两只雄琴鸡一齐摔在地上，又都向旁边跳开了。年轻的那只，折断了两根翅膀上的硬翎，破碎的蓝色羽毛挂在身上；年长的那只，火红的眉毛上流着血，一只眼睛给啄瞎了。

树枝上的美人儿急得坐立不安。谁赢了？难道年轻的战胜了年长的？

多么英俊的小伙子啊！密集的羽毛闪着蓝光，尾巴色彩斑斓，翅膀上的斜条纹绚丽夺目！

瞧，它俩又一跃而起，扭作一团。年长的占了上风！

又摔倒了，向两边跳开了。

又鏖战在一起。年轻的占了上风！

决战的时刻到了。瞧……

逼拢了，又蹦开了！

又跳到一起，扭成一团。

砰！一声雷鸣似的枪声在森林里哄传着。一团白烟从小枞树丛里冒了出来。

求偶场上的搏斗暂时停止了。树上的雌琴鸡伸长脖子愣住了。

雄琴鸡惊讶地扬起红眉毛。

发生什么事了？

什么事也没发生，一切平安。

没看见陌生人。

万籁俱寂。小枞树上的烟雾散了。一只雄琴鸡一回头，正瞧见敌人站在面前。它一跃而起，照准敌人的脑门猛啄过去。

演出继续进行。雄琴鸡们成双成对地厮杀着。

可是树枝上的美人儿们看见，年长的男主角和它的年轻对手双双倒地而死。

难道它俩互相把对方打死了吗？

演出在继续。应该接着看舞台上的演出。现在哪一对最有趣？今天哪一个黑斗士会成为最终的胜利者？

当太阳升到森林上空、剧院里空无一人的时候，一个猎人从枞树枝搭成的小棚子里走出来。他首先捡起了老雄琴鸡和它的年轻对手。这两只雄琴鸡浑身浸透了血，从头到脚都被霰弹击中了。

猎人把它们塞入怀里，又捡起被他打死的三只雄琴鸡，背起枪，踏上了回家的路。

　　他穿过森林的时候，一直凝神细听，不时朝四周张望，生怕遇到人……今天他做了两件昧良心的事：第一，他在法律不允许的时间段，向求偶场上的雄琴鸡开了枪；第二，他打死了年长的男主角。

　　明天，森林空地上的戏演不成了。没有了男主角，谁来带头演戏呢？

　　求偶场上的生活被毁坏了。

　　　　　　　　　　　　　　　　　　■发自本报特约记者

无线电呼唤

请注意！请注意！

我们是列宁格勒《森林报》编辑部。

今天是 3 月 21 日，是春分。我们将举办一次祖国各地无线电播报。

呼叫东方、南方、西方、北方！

呼叫冻原带、原始森林、草原、大山、海洋和沙漠！

请报告你们那里的情况。

喂！喂！这里是北极

今天，我们这里在过节：经过无比、无比漫长的冬天之后，第一次出了太阳！

第一天，太阳只露出海面一个头，一个小圆顶。几分钟之后就躲了起来。

过了两天，太阳露出半边脸。

又过了两天，太阳终于升高了，整个脱离了海面。

现在，我们也可以过过短暂的白天了。虽然从早到晚总共只有一个小时，不过没关系，光明将会经常光顾：明天，白天会比今天长；后天，白天会更长。

我们这里的水面和陆地都覆盖着厚厚的雪和冰。白熊在冰洞（即熊窝）里酣睡。不管在什么地方，都长不出一棵绿芽，也见不到一只飞鸟。严寒与暴风雪肆虐。

这里是中亚

我们已经种完了土豆，开始种棉花了。我们这里的太阳很猛，晒得街上尘土飞扬。桃树、梨树和苹果树都开花了，而扁桃、干杏、白头翁和风信子的花已经凋谢了。开始了栽种防风林带的工作。

在我们这里过冬的乌鸦、白嘴鸦和百灵鸟，都飞到北方去了。在我们这里度夏的家燕和白肚皮的雨燕等都飞来了。红色的野鸭已经在树洞和土洞里孵出了小鸭。小野鸭跳出鸟巢，开始在水里游泳。

这里是远东

我们这里的狗已经从冬眠中醒来了。

不，不，你没有听错，说的就是狗，既不是熊，也不是土拨鼠，更不是獾。

你以为无论在什么地方狗都不会冬眠吧？可我们这里的狗就是要冬眠，冬天一直睡觉。

我们这儿有一种特殊的狗——野狗。它的个头比狐狸矮一点儿，双腿短小。棕色的狗毛浓密细长，把耳朵都遮住了。

冬天，它像獾一样钻进洞里睡觉。现在它睡醒了，开始抓老鼠和鱼。

它的学名叫浣熊狗，因为它长得很像美洲的小熊——浣熊。

在南部沿海，我们开始捕捉扁身子的鱼——比目鱼。在乌苏里边区的茂密森林里，小老虎出生了。它们已经睁开了眼睛。

最近我们在等待远道而来的"旅行鱼"，它们将从远洋游到我们这儿来产卵。

这里是乌克兰西部

我们在播种小麦。

白鹳从非洲南部飞回到了我们这里。我们希望它们住在房顶上，因此我们把沉重的旧轮胎拖到屋顶上，供它们筑巢。

现在，白鹳衔来大小不一的树枝，放到轮胎上，开始筑巢了。

养蜂人焦急不安，因为金黄色的蜂虎飞来了。这种体态优雅、色彩绚丽的小鸟专爱吃蜜蜂。

喂！喂！这里是冻原带，是雅马尔半岛

我们这里还是名副其实的冬天，嗅不到一点儿春天的气息。

一群驯鹿正在用蹄子扒开积雪，敲碎冰块，寻找苔藓吃。

乌鸦迟早会飞来的！每年 4 月 7 日，我们都庆祝"乌格嘉·亚列"节，即"乌鸦节"。我们把乌鸦飞来的这天当作春天的开始，就好比你们列宁格勒人把白嘴鸦飞来的这天当作春天的开始。

我们这里根本见不到白嘴鸦。

这里是新西伯利亚原始森林

我们这里的气候跟你们列宁格勒很相似，也位于原始林带，盛产针叶林和混合林。这种原始林带横贯我国国土。

白嘴鸦夏天才飞到我们这儿。这里的春天从慈鸟飞来那天算起：慈鸟冬天飞走，春天第一个飞回来。

我们这里的春天很舒服，但很短暂，一眨眼就过去了。

这里是外贝加尔草原

一群群脖子粗粗的羚羊往南方去了。它们离开这儿前往蒙古。

冰雪消融的头几天，对它们来说是真正的灾难。白天，雪化了；夜晚，水又冻成了冰。平坦的草原变成一个地地道道的溜冰场。羚羊光滑的蹄子踩在冰上滑溜溜的，仿佛踩在玻璃镜上一般，四只蹄子朝四个方向跑。

可是，像风一样快的羚羊腿是羚羊的立身之本呀！

现在，在这春冻时节，不知道有多少只羚羊会死在狼和其他猛兽的魔爪下！

这里是高加索山区

在我们这儿，春天先到低的地方，再到高的地方，一步一步地向冬天发起进攻。

山顶上雪花飘飘，山下的谷地里却雨水绵绵。小溪淙淙地流淌着，第一次春汛来临了。河水暴涨起来，冲出了河岸。湍急的浑浊的河水奔向大海，沿途卷走了一切。

在山下的谷地里，百花盛开，树叶舒展开身姿。绿色植被沿着阳光充足的暖和的南山坡，一天天朝山顶挺进。

飞禽、啮（niè）齿动物和食草动物，都跟随着绿色植被朝山顶进发。狼、狐狸、森林野猫和人人都害怕的雪豹，也追随着公鹿、母鹿、兔子、野绵羊和野山羊的足迹往山上跑。

冬天退居山顶，春天紧追不舍，所有的生物都跟随着春天上山了。

喂！喂！这里是大海，这里是结冰的海洋

在洋面上朝我们漂来冰块以及整块的冰原。一些两肋漆黑、通体呈浅灰色的海兽躺在冰上。这是格陵兰雌海豹，它们将在这里，在这寒冷刺骨的冰面上，产下雪白的小海豹。小海豹毛茸茸的，长着黑鼻子、黑眼睛。

小海豹得过段时间才能下海。因为它们还不会游泳，所以得在冰上待好多天。

黑脸黑腰的老格陵兰雄海豹，也爬上了冰原。它们那淡黄色的短毛硬邦邦的，纷纷往下掉。在换好毛之前，它们得躺在冰上漂流些日子。

瞧，侦察员们乘着飞机巡视海面，他们在侦察——哪里的冰原上有带着小海豹的雌海豹，哪里的冰原上躺着换毛的雄海豹。返航以后，他们向船长报告，哪里的海豹最多。海豹们密密麻麻地躺在一起，把身底下的冰都遮住了。

于是，一艘载满猎人的特制轮船朝那里开去。船只在一块块冰原之间迂回穿梭。他们捕捞海豹去了。

这里是黑海

我们这里没有土生土长的海豹。很少有人有幸看到这种海兽。它从水里露出长达三米的乌黑脊背，嗖的一下不见了。这是一只地中海海豹，经过博斯普鲁斯海峡，碰巧游到我们这里来了。

不过，我们这里盛产另外一种海兽——快乐的海豚。现在在巴统城附近，正是捕捞海豚的最佳季节。

猎人们乘坐小汽艇出海，仔细观察从四面八方飞来的海鸥的飞行方向和集结地。海鸥在哪里聚成群，哪里就会出现一群群的小鱼。海豚也一定会到那里去。

海豚非常喜欢玩耍，宛如马在草地上打滚，它们也在水面上翻腾，有时还一只接一只地跃出水面，在空中翻筋斗。不过，现在可不能靠近它们开枪，它们会吓跑的。请到它们会餐的地方去。当它们大快朵颐的时候，把汽艇开到离它们只有10～15米远的地方。必须眼明手快，抓紧开枪，马上把打中的海豚拖到船上来，否则死海豚会沉入海底。

这里是里海

　　我们里海北部冰天雪地，所以这里有很多海豹的冰穴。

　　不过，我们这里的小海豹已经长大了，换过了毛，先变成深灰色的，然后又变成棕灰色的。海豹妈妈越来越少地钻出圆圆的冰窟窿，这是它们最后几次给小海豹喂奶了。

海豹妈妈也开始换毛了。它们必须游到其他冰块上去，游到一群群雄海豹躺着的地方去，跟它们一起换毛。它们身子底下的冰已经在融化、破裂。它们只得爬上岸，躺到沙洲或浅滩上，换完剩余的毛。

里海鲱鱼、鲟鱼、白鲟鱼和许多其他爱旅行的鱼，成群结队地从海里各处游来，游到伏尔加河、乌拉尔河的河口附近。它们待在那里，等待这几条河流的上游解冻，等待从伏尔加河上冲下来的淡水。

那时，它们就要忙碌起来：它们一群群地、你冲我撞地逆流而上，急匆匆地赶到它们的出生地去产卵。那些地方，都在上述几条河流的遥远的北部，在它们大小不一的支流里。

沿着伏尔加河、卡马河、奥卡河、乌拉尔河及其支流，渔民们布下天罗地网，准备捕捞这些不遗余力赶回故乡的鱼儿。

这里是波罗的海

我们这儿的渔民也整装待发，准备去捕捞小鳁（wēn）鱼、小鲱（fēi）鱼和鳘（mǐn）鱼。而在芬兰湾和里加湾，只要冰一融化，就将开始捕捞鲑鱼、胡瓜鱼和白鱼。

海港陆续解冻，轮船从港口出发，开始长途航行。

世界各地的船只纷纷向我们驶来。冬天马上就要结束了，波罗的海的欢乐时光即将来临。

喂！喂！这里是中亚细亚沙漠

我们这里的春天也很欢快祥和。经常下雨，天还不太热。不知名的小草从四面八方，甚至从沙地里钻出来。

树木长出了新叶。沉睡了一冬的动物从地底下爬出来。屎壳郎和象鼻虫也飞来了；闪亮的吉丁虫布满灌木丛。蜥蜴、蛇、乌龟、土拨鼠和跳鼠，纷纷从幽深的洞穴里钻出来。

黑色的大兀鹰成群结队地从山顶飞下来捕捉乌龟。

兀鹰善于用它那长长的弯嘴，把乌龟肉从龟壳里啄出来。

春天的客人飞来了：有小巧玲珑的沙漠莺，有能歌善舞的鹟（wēng），有形态各异的百灵鸟，分别是鞑靼（dá dá）大百灵、亚细亚小百灵、黑色百灵、白翅膀百灵和凤头百灵。空中飘荡着它们的歌声。

在明亮舒适的春天，连沙漠都称不上是死气沉沉的，那里有多少生机勃勃的生命呀！

来自祖国各地的无线电播报到此结束。下次播报将于 6 月 22 日举行。

哥伦布俱乐部

第一月

春分前的大街上，暴风雪大作，顽皮地在街头巷尾呼啸，把潮湿的雪花抛在窗玻璃上。行人们迎着冰冷的寒风，深深地躬着背，双手紧紧抓住竖起的衣领。暮色降临了。

在《森林报》编辑部明亮温暖的房间里，一只淡黄色的小鸟在挂在窗台上的鸟笼里婉转地歌唱，用特别悠扬动听的歌声迎接每一位走进屋子的少年森林报记者，似乎希望他们走到鸟笼旁，还给它失去已久的自由。

高年级的同学们，即少年自然科学家小组的成员们，聚集在《森林报》编辑部。他们一共有十一人：五个男孩、五个女孩和一位组长。组员们互相交谈了几句，然后郑重宣布哥伦布俱乐部成立。

俱乐部的名称是孩子们自己想出来的。

因为大家是在课余时间自愿聚到一起的，所以叫作俱乐部；因为俱乐部的全体成员都是新大陆的首批发现者，或者他们希望成为首批发现者，所以叫作少年哥伦布。

人们会问，既然我国国土早已开发，全部疆域已众所周知，那么如何能成为哥伦布那样的发现者呢？

哥伦布俱乐部的成员们齐声回答：

"哦，不是这么回事。重要的不是已发现，而是谁发现、为谁发现。"

例如，克里斯托弗·哥伦布发现了美洲。他是意大利人，在西班牙干活，是位旧大陆的居民。为了旧大陆，他发现了新大陆——美洲。而对于美洲的土著居民印第安人来说，美洲一直是旧大陆，即使在哥伦布发现美洲后，它也没变成新大陆。与之相反，我们的旧大陆对于那时的印第安人来说，是完全未知的新大陆。

有一些索然无味的人，对于他们来说，一切新的都是旧的。而我们是这样一群人，对于我们来说，一切旧的都是新的。我们的祖国无论如何开发，都是开发不完的。在老年居民疲惫的眼睛里，祖国是熟悉的、一成不变的，因此也就似乎是无趣的；在我们年轻的、好奇的眼睛里，在我们求知欲旺盛的脑海里，祖国就变成了全新的、奇妙的、充满未知的世界。在我们看来，祖国是全新的、美妙的、充满奥秘的，也就是说，我们是自己国土上真正的哥伦布。

必须解释一下，我们为什么不称自己为"少年自然界研究者"，而称为"少年自然科学家"。

道理很简单！走进任何一个"少年自然界研究者"小组，你看到的都是关在笼子里的小鸟、关在笼子里的小兽、养在饲养室里的蜥蜴、蛇，关在养虫室里的昆虫、栽在盆里的花，也许，你甚至会看到蔬菜暖房。少年自然界研究者照顾动物，对植物做米丘林式的实验，培植巨型蔬菜和水果，在生物角、专门的实验室、菜园、花园里劳动。少年自然界研究者是一些少年农艺师、畜牧家、园艺家。

这一切非常有趣、有益，也很有必要。但这只是工作的一部分，还有另外一部分内容——研究。也就是说，除饲养和培植之外，还要对田野、森林里（即自然状态下）的野生动植物进行深入研究，而不是只关注笼子里的、实验室里的动植物。

我们认为，我们这个《森林报》附属的研究小组的主要任务，是观察自然条件下动植物的生存状况，进行森林野外考察。因此，我们是试验者，是侦察兵，是少年自然科学家。

在俱乐部的第一次会议上，我们立即做出决定，学期一结束，俱乐部全体成员马上出发去"穷乡僻壤"，从科学和艺术的角度对这一地区进行考察。俱乐部成员中既有画家，也有诗人。大家还通过决议，下次会议从地图上选定目的地，制订出详细的考察工作计划。今后不断地向《森林报》投寄考察报告。

初出茅庐的哥伦布们憧憬着即将到来的旅行，感到热血沸腾。大家想立刻出去买冰激凌，喝热茶。

我们派出长着浅色鬈发的米露琪卡和快乐的沃洛佳一起去买冰激凌。在暴风雪的天气里，要在街上找到冰激凌可不是一件容易的事。电炉上的茶已经沸腾起来；受到众人喜爱的莱姆琪卡、活泼好动的多拉和好幻想的、丰满的廖列琪已经把糖、杯子和茶碟摆放在编辑的桌子上；热情的猎人尼古拉和沉稳的大力士安德烈已经开始争论，离列宁格勒最近的"穷乡僻壤"在哪里，他们让刚刚由俱乐部主席团选出来的研究组小组长解决纷争。可是，派出去买冰激凌的人还没有回来。

喧闹声中，喜欢吃甜食的胖子巴甫洛沙打起了盹，年轻的诗人斯拉维米尔编了首五言诗，眼神灵活的希格利特画完了俱乐部成员的画像。这时，脸颊冻得通红的米露琪卡和沃洛佳终于回来了。于是盛宴开始了。

大伙都站了起来，热情似火的诗人斯拉维米尔，大家都叫他红头发的夜鹰，朗诵了他刚写完的五言诗格式的欢迎词：

> 年轻的哥伦布
> 和永恒的新大陆万岁！
> 探究的眼睛和智慧
> 将永远保佑我们！

大家互相祝贺，啃着融化的冰激凌，喝着渐渐冷却的茶。哥伦布俱乐部第一次会议到此结束。

打靶场

一箭射中目标！

一语击中答案！

第一场比赛

1. 根据日历，春天从哪一天开始？

2. 哪一种雪更快融化：洁白的雪还是肮脏的雪？

3. 为什么春天人们不猎杀毛皮兽？

4. 春天谁最先出现：蝙蝠还是飞虫？

5. 在我们这儿，春天哪些花最先绽放？

6. 春天，森林里哪种鸟的羽毛明显变色？

7. 什么时候最容易发现雪兔？

8. 小兔子出生时，眼睛是睁着的还是闭着的？

9. 这里画了两棵松树：一棵长在茂密的树林里，另一棵长在开阔的地方。你能看出，哪一棵树长在什么地方吗?

10. 什么野兽是我们这里最小的?

11. 什么鸟是我们这里最小的?

12. 这里画了三种各不相同的鸟的嘴巴：一种吃昆虫，一种吃谷粒和野果，还有一种吃小兽和小鸟。你能根据鸟嘴分辨出哪种鸟吃哪种食物吗?

13. 在我们这儿的鸣禽中，哪种雄的是黄的，雌的是绿的？

14. 这棵树的中段被兔子啃光了树皮。兔子怎么能够啃到那么高的树皮？它为什么不从下部、从树根处开始啃呢？

15. 一年中哪两天，太阳在天上高挂十二小时？

16. 什么东西头朝下生长？

17. 什么东西不用生炉子，不用点柴火，却让人周身温暖。

18. 什么东西静悄悄地飞，静悄悄地坐，死后才高声尖叫？

19. 乌黑的马儿在飞奔，可车辕还留在原地。分别指代什么事物？

20. 老大娘冬天穿白棉袄，春天穿花衣裳。（谜语）

21. 什么东西冬天温暖，春天腐烂，夏天死去，秋天渐渐复活？

22. 昨天经历了什么，明天又将出现什么？

23. 不是树，却有很多枝杈。（打一动物）

24. 得写多少个 A，才能得到一种鸟？（谜语）

通 告

诚求住房

 我们已经来到这里。诚求用结实木板钉成的独立小房子，木板厚度不得小于2厘米。房子朝南，高32厘米，面积15厘米×15厘米。入口5厘米宽，离地高度为23厘米。

求购方　椋鸟

最近几天，我们即将到达。诚求菱形小房子，面积12厘米×12厘米，入口4厘米宽。

求购方　白腹鹟和红尾鸲

我们将于5月份到达。诚求里面有隔板的房子，隔成3个房间。面积12厘米×36厘米，入口开在屋檐下，4厘米宽。

求购方　雨燕

诚求木板房，高11厘米，面积11厘米×11厘米，入口4厘米宽，离地高度为7厘米。

求购方

白鹡鸰（我们已经到达）

灰鹡（我们将于5月份到达）

森 林 报

第 2 期

返回故乡月

（春季第二月）

4 月 21 日到 5 月 20 日　　　　太阳转入金牛宫

太阳史诗——4月

4月，请点燃雪！4月还在沉睡，春风却已轻拂，预示着天气将变暖和。等着瞧吧，还会发生新鲜事！

在这个月里，水从山上潺潺流下，鱼儿活蹦乱跳。春天把大地从雪底下解放出来后，将完成它的第二项职责：把水从冰底下解放出来。由雪水汇聚成的小溪，悄悄流入小河，河水上涨，挣脱了冰的束缚。春水奔流，在谷地上肆意地泛滥开来。

饱饮了春水和温暖雨水的大地，穿上了缀着五颜六色的娇美雪花（一种春天的花）的绿色外套。森林却依旧光秃秃地站在那里。它在静静地等候，等待春天的眷顾。不过，树汁已开始暗暗地流动，幼芽灌满了浆，地上的花开了，半空中枝头的花儿也开了。

鸟类返乡大搬迁

候鸟大批地从越冬地纷纷起飞。它们的返乡之旅严谨有序，排列整齐，依次而归。

今年，候鸟飞临时所经过的空中线路和飞行次序，依然和几千年、几万年甚至几十万年前它们的老祖宗所确立的一样。

最先动身的，是去年最后飞离的鸟儿。最后起飞的，是去年秋天最先飞离的鸟儿。色彩最艳丽华美的鸟儿最晚飞来，它们必须等到新鲜的青草和绿叶长出之后才能来。因为在光秃秃的大地和树枝上，它们太引人注目了。现在在我们这里，它们还找不到掩蔽物来躲避猛兽和猛禽这些天敌的袭击。

鸟类的海上长途飞行航线，正好穿越我们列宁格勒市和列宁格勒州的上空。这条航线被称为波罗的海航线。

这条海上长途航线的一端是阴沉沉的北冰洋，另一端是百花盛开、阳光明媚的炎热区域。无数海上和海滨的飞鸟，按照各自的行程和队形，组成连绵不绝的长队在空中飞翔。它们沿着非洲海岸飞行，飞越地中海、比利牛斯半岛和比斯开湾海岸，飞渡英吉利海峡、北海和波罗的海。

一路上，它们经历了无数的困难和灾难。浓雾像一堵墙似的突然出现在这些飞翔的旅行者面前。它们在潮湿的、昏暗的空中迷了路，匆忙中一头撞上了看不见的锋利岩石，摔得粉身碎骨。

海上的暴风雨折断了它们的羽毛，打掉了它们的翅膀，把它们吹到远离海岸的地方。

不期而至的寒冷把海水冻成冰，有些鸟儿在饥寒交迫中死去。

成千上万只鸟儿死于贪馋的猛禽——雕、鹰和鹞——的利爪。

在这一季节，许多猛禽聚集在海上长途飞行航线上，不费吹灰之力，就可以捕获丰盛的猎物。

也有数百万只候鸟，死在猎人的枪口下（在这一期的《森林报》上，我们将刊登在列宁格勒附近打野鸭的相关报道）。但是，什么也阻挡不住长着翅膀的旅行者那前赴后继的队伍。它们穿透浓雾，冲破一切障碍，朝着故乡、朝着故巢飞来了。

我们这里的候鸟，并非全部在非洲过冬，也并非都沿着波罗的海航线飞行。有些候鸟从印度飞来，扁嘴鳍（qí）鹬则在更远的美洲过冬。它们急不可待地穿越整个亚洲，朝我们飞来。从它们过冬的住处，到阿尔汉格尔斯克附近的故巢，大约需要飞行一千五百千米，耗时将近两个月。

戴着脚环的鸟

假如你打死了一只戴着金属脚环的鸟，那么请你摘下这只金属环，把它寄到中央鸟类保护局，地址是：莫斯科，K-9，赫尔岑大街6号。请你附上一封信，说明你在何时何地打死了这只鸟。

假如你抓到戴着脚环的鸟，那么请你抄下脚环上刻铸的字母和号码，把鸟放生，然后写一封信，向上述机构报告你的发现。

假如不是你射杀或捕捉了戴脚环的鸟，而是你认识的猎人或捕鸟人，那么请你告诉他应该怎么办。

科学家们把一种分量很轻的金属环（铝环）戴到鸟的脚上。环上的字母表明，这个脚环是由哪个国家的科研机构给戴上的。在科学家的日记本里，也记载着与脚环号码相同的号码，表明他于何时何地给这只鸟戴上脚环的。

科学家们用这种方法来探索鸟类生活的惊天秘密。

例如，在我国遥远的北部，给一只鸟戴上了脚环，后来，它落到非洲南部或者印度或者其他地方的某人手里。从那里寄回了从鸟脚上取下的金属环。

不过，并非所有的候鸟都飞到南方去过冬，有的飞到西部，有的飞到东部，有的甚至飞到北部去过冬。通过给候鸟戴脚环的办法，我们得知了候鸟的这一生活秘密。

森林中的大事

道路泥泞

现在郊外道路泥泞，无论是在林中小道还是在村道上，都无法乘坐雪橇和马车通行。我们很难得到来自森林的消息。

雪下浆果

在林中的沼泽地上，红莓苔子从雪底下钻出来了。农村的孩子们经常跑去采红莓苔子，他们说，经过严冬的陈年浆果比新浆果甜。

昆虫过枞树节

柳树开花了。它那枝节粗大的灰绿色枝条，完全被轻盈的鲜黄色小球遮住了。所以柳树浑身变得毛茸茸的，轻盈飘灵，一副喜气洋洋的模样。

柳树开花了，这可是昆虫们的节日啊！在那漂亮的树丛周围，欢快热闹，像庆贺枞树节似的。熊蜂嗡嗡地飞着；糊涂苍蝇漫无目的地瞎忙；勤劳的蜜蜂弹拨着一根根纤细的雄蕊，采集花粉。

蝴蝶飞来飞去。瞧，长着雕花般翅膀的黄蝴蝶，叫作柠檬蝶；眼睛大大的棕红色蝴蝶，叫作荨麻蛱蝶。

瞧，一只长吻蛱蝶落在了毛茸茸的小黄球上面，它用黑色翅膀遮住小黄球，把长嘴巴深深地插到雄蕊之间去汲取花蜜。

还有一簇树长在这一簇欢快的树丛旁，它也是柳树，也开着花。但是，这棵柳树的花完全是另外一副模样：相貌丑陋，长着乱蓬蓬的灰绿色小球果。昆虫也栖息在小球果上面。可是这棵树周围不像旁边那棵树周围那么热闹。不过，柳树的种子却正是在这棵树上结的。原来昆虫已经把黏糊糊的花粉，从小黄球上搬到灰绿色小球果上来了。在每一棵长长的、像小瓶子似的雌蕊里，很快将结出种子来。

■发自尼·芭芙洛娃

柔荑花序

　　柔荑花序绽放在大河小溪的沿岸和森林边上。它们不是开在刚刚解冻的大地上，而是开在被春天的太阳晒得暖洋洋的枝头上。

　　在白杨树和榛子树上，点缀着许多长长的浅咖啡色小穗。这些小穗就是柔荑花序。

　　它们早在去年就长出来了。不过，在冬天里，它们一直鼓囊囊的，停滞不长。现在它们舒展开来，变得松软而富于弹性。

　　只要碰一下树枝，它们就摇晃着喷出一股烟尘般的黄色花粉。不过，在白杨树和榛子树的枝头上，除了会喷花粉的柔荑花序外，还长着另外一种花：雌花。白杨树的雌花，是褐色的小球果；榛子树的雌花，是粗壮的苞蕾。从苞蕾里露出一些粉红色的卷须，恰似躲在苞蕾里的昆虫所长的胡须，实际上这是雌花的柱头。每一朵雌花都有好几个柱头，一般两个、三个，有时甚至有五个。

　　现在白杨树和榛子树还没长出叶子，风在光秃秃的树枝间自由飘荡，把柔荑花序吹得东摇西摆，然后又撩起花粉，把花粉从一棵树吹到另一棵树上。粉红色卷须般的柱头吸收了花粉，于是这些怪模怪样的短胡子似的小花受了精。到秋天，它们将长成一颗颗榛子。白杨树的雌花也受了精，到秋天，它们将变成带有种子的小黑球果。

　　　　　　　　　　　　　　　　　■发自尼·芭芙洛娃

蝮蛇的日光浴

每天清晨，有毒的蝮蛇都爬到干树桩上晒太阳。它爬得很费劲，由于寒冷，它身体里的血冰凉刺骨。蝮蛇在太阳里晒暖了身子，变得活跃起来，就去捕捉老鼠和青蛙。

蚂蚁窝微微颤动起来

我们在一棵枞树下，找到一个大蚂蚁窝。因为没有看见一只蚂蚁，一开始我们还以为这不过是一堆垃圾和旧针叶，没想到是座蚂蚁城。

现在，"垃圾堆"上的雪化了，蚂蚁爬出来晒太阳。在长时间的冬眠之后，它们变得虚弱无力，黑乎乎地黏成一团，躺在蚂蚁窝上。我们用小棍儿轻轻地拨弄它们，它们只勉强动了动，连用刺鼻的蚁酸来回射我们的力气都没有。

必须再等几天，它们才能再次开始劳动。

还有谁苏醒过来

蝙蝠和扁扁的步行虫、圆圆的黑色屎壳郎以及叩头虫等各种甲虫都苏醒过来了。叩头虫在表演它那令人费解的把戏：把它仰面朝天放着，它就把头啪的一点，腾空跃起，在空中翻个跟头，笔直地落在地上。

蒲公英开花了。白桦树被绿色的薄雾包裹着，马上就要长出叶子了。

第一场春雨之后，粉红色的蚯蚓从土里钻了出来，羊肚菌和鹿花菌等新生的蘑菇也冒了出来。

在池塘里

池塘苏醒了。青蛙离开了淤泥里过冬的温床，产下卵，从水里跳上了岸。

与之相反，北螈刚从岸上回到水里。在我们列宁格勒地区，人们把北螈称作"哈里同"。北螈是橙黑色的，拖着条大尾巴，与其说它像青蛙，不如说它像蜥蜴。冬天，它离开池塘到森林里过冬，藏在潮湿的苔藓里睡大觉。癞蛤蟆也醒了，也产了卵。不过，青蛙的卵像一团团冻胶似的漂浮在水面，冒着小气泡，每个小气泡里有只黑色的小圆点。癞蛤蟆的卵却由一条细带子连成一串，附着在水底草丛上。

森林卫生员

冬天，有些飞禽走兽突然遭遇严寒，措手不及，冻僵了，被雪埋在下面。到春天，它们纷纷露了出来。可是它们不会在那里待很久的，因为熊、狼、乌鸦、喜鹊、埋粪虫和蚂蚁，以及其他森林公共卫生员，会把它们收拾走的。

它们是春花吗

现在已经可以找到许多开花的植物了，它们是三色堇、荠菜、遏蓝菜、蓼和欧洲野菊。

你可别认为这些草都跟春天开的雪花一样，是从地下钻出来的。雪花是"先露出点儿绿色的梗，然后用尽全身仅有的小小力气，一舒展"，于是小花朵就问世了。

三色堇、荠菜、遏蓝菜、蓼和欧洲野菊从来不藏起来过冬。它们以盛开的花朵，勇敢地迎接冬天。等到蓝天重新代替了头顶的白雪天花板，它们就苏醒过来，花朵和蓓蕾也复活了。

去年晚秋，我们看到的那些草茎上的蓓蕾，现在都开成了花，正从草丛里望着我们呢。

依你看，它们还能算是春花吗？

■发自尼·芭芙洛娃

白慈鸟

一只白色的慈鸟住在小雅尔契克村的中学旁。它和普通慈鸟一起飞行。即使老人们也从未见过浑身雪白的慈鸟。我们同学们都不明白，为什么会有白色的慈鸟。

■发自中学生森林记者　波利亚·希尼茨娜

盖拉·马斯洛夫

编辑部的解释

有时普通鸟兽会产下浑身雪白的小鸟小兽。

科学家们把它们叫作患白化病的鸟兽。

患白化病的鸟兽分为两种：浑身雪白和部分雪白。患白化病的鸟兽机体里面，缺少染色素，也就是使羽毛和兽毛染色的色素。

家畜里面，患白化病的很多，如白家兔、白公鸡、白母鸡和白老鼠。

野生动物里很少有先天性白化病患者。

患白化病的野生动物，日子比家畜要难过千百倍。有的出生不久，就被亲生父母咬死了；有的一辈子受到同类的追捕和攻击。即使亲属把这种白色的畸形儿收留在队伍里，像小雅尔契克村的白慈鸟那样，它也活不长，因为它实在太显眼了，猛禽首先不会放过它。

珍稀的小兽

森林里，一只啄木鸟大声鸣叫起来。它叫得实在太响了，我一听就明白：啄木鸟遇到麻烦啦！

我穿过丛林，看见林中空地的一棵枯树上有只形状

规则的窟窿，这就是啄木鸟的老窝。一只稀奇的小兽，正顺着树干朝鸟窝逼近。我看不出这是一只什么野兽，它浑身灰色，尾巴既不长也不蓬松；圆圆的小耳朵，跟小熊的耳朵很像，长着一双又大又凸的鸟眼。

小兽爬到洞口，朝洞里瞅了瞅，显然是想吃鸟蛋……啄木鸟急忙朝它扑去！小兽向树后一躲，啄木鸟追了上去。小兽沿着树干盘旋而上，啄木鸟紧追不舍。

小兽越爬越高，可到树顶啦，它再也爬不上去了！啄木鸟猛地啄它一口！小兽从树上纵身一跃，在半空中飞翔起来……

它张开四只小爪子，像片秋叶似的在空中飘浮。身子不时地朝两边摆动，转动着小尾巴以调整方向。它飞过草地，停在一棵树枝上。

这时我才恍然大悟，原来它是一只会飞的小兽——鼯（wú）鼠。它的身子两侧生有皮褶子。它伸出四只爪子，打开皮褶子，就可以飞行了。它是我们森林中的跳伞运动员！只可惜这种小兽极其稀少！

■发自森林记者　尼·斯拉德科夫

飞鸟传信

发大水啦

春天给森林里的居民带来许多灾难。雪快速融化，河水泛滥，淹没了两岸。

有些地方变成了真正的汪洋。动物受灾的消息不断从各处传来。兔子、鼹鼠、野鼠、田鼠以及其他住在地上和地下的小动物最遭罪了。水涌进住所，它们只好弃家而逃。

每一只小动物都在想方设法躲避水祸。

小䶄鼱跳出洞穴，爬上灌木丛，坐在那里等待洪水退去。它的样子可怜巴巴的，因为它饿极了。

当大水涌上岸的时候，鼹鼠差点儿给闷死在地下。它从地底下钻出来，蹦到水面游了起来，它必须找个干燥的地方。

鼹鼠是位优秀的游泳运动员。它一口气游了好几十米，才爬上岸。它心满意足，因为没有猛禽在水面发现它那乌黑发亮的皮毛。

它爬上岸后，又一帆风顺地钻到了地底下。

■发自本报记者

兔子上树

有只兔子遇到这么件事。

它住在一条大河当中的小岛上。每天夜里，它出来吃小白杨树的树皮；白天则躲在灌木丛里，以免被狐狸或者猎人发现。这只兔子还小，也不太聪明。它压根没有注意到，小岛周围河中的冰块正在噼里啪啦地裂开。

那天，兔子正安逸地躺在灌木丛里睡大觉。太阳晒得它浑身暖洋洋的，它一点儿也没发觉河水在迅速上涨。一直到身下的毛湿了，这才惊醒过来。它一跃而起，周围已是一片汪洋。开始涨大水了。现在水刚漫过兔子的脚背，它慌忙往岛中央逃，那里还是干燥的。

可是，河水上涨很快。小岛变得越来越小，兔子急得来回乱窜。它发现整座小岛很快就要淹没在水中了，可是它又不敢往湍急冰冷的河里跳。它不可能横渡过这条汹涌澎湃的大河。就这样过去了整整一天一夜。

第二天早晨，小岛只剩下一小块地方露出水面，一棵树干粗而多节的大树长在上面。这只吓得魂不附体的兔子，绕着树干乱窜。第三天，河水已经涨到树下了。兔子开始往树上跳，可是每次都失败了，扑通一声掉到水里。终于，兔子跳上了离地面最近的那根粗树枝。它凑合着坐在上面，耐心地等待洪水退去：河水已经不再上涨了。

它并不担心会饿死，因为老树皮虽然又硬又苦，但终归是可以吃的。风最可怕。它猛烈地摇晃着大树，兔子几乎抓不住树枝。它就像一个趴在轮船桅杆上的水手，脚下的树枝好像船只的龙骨在左右摇晃，脚下奔淌着幽深冰凉的河水。大树、木头、树枝、麦秸和动物的尸体沿着宽阔的河流，从兔子底下漂过。当它看到有只兔子随着波浪一上一下，慢慢地从它身旁漂过时，这只可怜的小兔子吓得浑身发抖。那只死兔子的脚被一根枯树枝缠住了，它肚皮朝天，四脚僵直，跟树枝一起漂浮着。

兔子在树上待了三天。水终于退了，兔子跳下了地。

现在，它只好留在河中间的小岛上了。一直等到炎热的夏天，河水变浅了，它才可以跑到岸上去。

松鼠乘船

在春水泛滥的草地上，一个渔夫撒下袋形渔网捕捞鳊鱼。他划着一只小船，在冒出水面的灌木丛中缓慢穿行。他看见一只模样奇特的淡棕色蘑菇长在一棵灌木上。冷不防，那只蘑菇跳了起来，径直跳进渔夫的小船里。这只蘑菇一到船里，立刻变成一只浑身湿透、毛发乱蓬蓬的松鼠。

渔夫把松鼠带到岸边，松鼠立刻跳出小船，活蹦乱跳地跑进树林里。谁也不知道，它为什么会出现在水中的灌木丛中？在那里究竟待了多长时间？

连鸟类都在遭罪

当然，对鸟类来说，水灾没有那么可怕。但是，它们也饱受春汛的困扰。浅黄色的鹬鸟在大水渠边筑了巢，在巢里产了蛋。春汛期间，鸟巢被冲坏了，蛋也给冲走了，鹬鸟只得另寻筑巢之处。

沙锥待在树上，急不可耐地等待大水退去。沙锥住在林中的沼泽地上，用长嘴巴插到柔软的泥土里寻找食物。它天生一双便于在泥地上行走的脚。如果让它在树干上站着，那么就像狗站在栅栏上一样难受。不过，它还得在树上待着，一直等到可以再次在柔软的沼泽地上行走，用长嘴巴在地上挖洞。它绝不会离开这块沼泽地！因为其他地盘已经被别的沙锥占领，它们是不会让它进去的。

意想不到的猎物

一天，我们的一位森林记者，同时也是一位猎人，悄悄地靠近一群栖息在湖上灌木丛后面的野鸭。他穿着一双高筒雨靴，轻轻地移动着脚步，漫上岸的湖水已经没到他的膝盖。

突然，一阵喧嚣声和泼水声，从他面前的灌木丛后面传来。紧接着，他看见一个长长的、光溜溜的灰脊背怪物在浅水里晃动。他不假思索地用打野鸭的霰弹，对准这只不知名的怪物连开两枪。灌木丛后面的水一阵翻腾，泛起许多水泡，接着一片沉寂。猎人走过去，看见他打死的是一条长约 1.5 米的梭鱼。

在现在这个季节，梭鱼从江河湖泊游到被春水淹没的岸上，在草丛里产卵。这里的浅水很暖和。小梭鱼从卵里孵出之后，就跟随着退下来的春水，游到江河湖泊里去。猎人对此一无所知，否则他一定不会干违法的事。法律禁止猎杀春天游到岸边产卵的鱼，即使梭鱼和其他食肉鱼都不能打。

最后的冰块

冬天，一条冰道横穿小河，这也是集体农庄庄员驾着雪橇行走的道路。但是，春天到了，小河里的冰往上浮且迸裂开来。于是，这一段冰道就摇摇晃晃地顺流而下了。

这是一块肮脏不堪的冰，上面留有马粪、雪橇的车辙和马蹄印。冰块当中，还丢弃着一枚马掌钉。一开始，冰块在河床里漂浮着。一些小白鸟（鹡鸰）从岸边飞到冰块上，捕食冰上的小苍蝇。后来，河水漫上岸，冰块被冲到草场里。鱼儿在冰底下穿跃，在春水泛滥的草场上来回游弋（yì）。

一天，一只瞎眼的黑色小野兽蹦出水面，并爬上了冰块。这是一只鼹鼠。春水淹没了草场，它在地底下无法呼吸，只好浮出水面。后来，冰块的一角恰好碰到干土丘，鼹鼠趁机跳上土丘，赶紧钻到土里面去了。

冰块继续向前漂浮。它越漂越远，最后漂进了森林，被一只树墩挡住了。鼹鼠和小兔子等一大批受灾的陆栖小动物，立刻聚集到冰块上来。它们遇到了相同的灾难，都面临着死亡的威胁。它们又怕又冷，浑身颤抖，互相偎依在一起。

不过，水很快开始消退了。太阳晒融了冰块，只剩下马掌钉子还留在树墩上。小野兽们爬上岸，四散着跑开了。

顺着小河、顺着大江、顺着大湖

人们利用流水运送冬天砍下来的木头，因此小河里密密麻麻地漂浮着原木。木材流送工人在小河流入大江、大湖的地方筑了一道道浮栅，堵住小河口，并在那里把木材编成木筏，继续往前送。

在列宁格勒州的茂密森林里，流淌着几百条小河。其中不少河流入姆斯塔河。姆斯塔河流入伊尔明湖，然后流经宽阔的伏尔霍夫河，再流进拉多加湖。最后从拉多加湖又流入涅瓦河。

冬天，林业工人在列宁格勒州的茂密森林里砍伐原木；春天，他们把原木推进小河里。于是，那些原本不会动的木头开始沿着水上之路旅行。有时，一只木蠹（dù）蛾藏在树干里，于是它也跟着到列宁格勒市来了。

林业工人常常看见各种各样的趣事。一位工人向我们讲述了这么一个故事。一只松鼠坐在林中小河边的树墩上，两只前爪捧着大松果在啃。突然，一只大狗从树林里跑出来，狂吠着扑向松鼠。周围没有一棵可供松鼠攀爬的树。松鼠丢下松果，高高翘起毛茸茸的大尾巴，蹦跳着奔向河边。大狗紧追不舍。这时，河里正密密麻麻地漂浮着原木。松鼠跳上离岸最近的木头，接着跳上第二根，然后跳上第三根。狗激愤之下也跟着往上跳。难道又长又直的狗腿能在圆木头上跳跃吗？圆木在水面上打着转。狗的后腿一滑，前腿也跟着一滑，就掉到了水里。这时水流又送来一大批原木。一眨眼间，狗就不见了。而那只轻盈机灵的小松鼠，不停地从一根原木跳到另一根原木，很快就跳到了对岸。

另外一位木材流送工看见一只棕色的野兽，爬上了一根单独漂浮着的大木头，它的身量有两只猫那么长，嘴里衔着一条大鳊鱼。这只野兽坐在原木上，悠然自得地吃着大鱼，搔搔痒，打打哈欠，然后溜进了水里。这是一只水獭（tǎ）。

冬天鱼儿在干什么

冬天，在数九寒冬的冰冷季节，许多鱼儿睡得正香。

鲫鱼和冬穴鱼早在秋天就钻到河底的淤泥里。鮈（jū）鱼和小鲤鱼在铺着沙子的洞穴里过冬。鲤鱼和鳊鱼在长满芦苇的河湾和湖湾的深坑里过冬。鲟鱼秋天就聚集到不完全结冰的大河底的洞穴里，挤作密密的一团。毕竟河越深，靠近河底的水就越暖和。

在本期的《森林报》上，你们也可以读到几乎不冬眠的鱼干些什么事。上面所说的那些冬眠的鱼，现在都已经苏醒过来，迫不及待地开始产卵。

祝你一钓一个准

按照古代一种挺滑稽的习俗，对出发去打猎的猎人得说："祝你连根羽毛也捞不着！"与之相反，对出发去钓鱼的人得说："祝你一钓一个准！"

在我们读者中有不少钓鱼迷。我们不仅预祝他们成功，而且还准备用忠告和指南来帮助他们，告诉他们何时何地什么鱼容易上钩。

河开冻后，可以立刻把钓鱼竿垂到河底，用蚯蚓钓江鳕。等池塘里和湖里的冰一融化，就可以钓红鳍鱼。红鳍鱼喜欢躲在河岸边隔年的草丛里。稍后，就可以捕捉圆腹条了。水变清后，可以用渔网捕大鱼、用鱼饵钓小鱼。

著名苏联捕渔业专家库尼洛夫曾经说过："钓鱼人应该了解鱼类在一年四季和各种气候条件下的生活习性，这样，当他来到河边或湖边时，才能准确选择适合钓鱼的位置。"

随着春水退去，河岸显露，水也变清了，可以开始在下列地方钓梭鱼、硬鲫鱼、鲤鱼和鳜鱼：在小河口和小支流里；在浅滩和石滩旁；在陡岸和深湾旁，特别是在有浸泡在水里的乔木和灌木的地方；在鱼钩可以甩到航道当中的平静的、狭窄的水域；在桥墩下、小船或木筏上；在水磨坊的坝上。总之，无论在深水里，还是在岸边灌木丛下的浅水里，都可以钓鱼。

库尼洛夫还说："从早春到深秋，在任何水域，都可以用带鱼漂的、适合钓各种鱼的钓鱼竿。"

从5月中旬开始，就可以在湖泊和池塘里用红虫子钓冬穴鱼；稍后，可以钓斜齿鳊、鳜鱼和鲫鱼。河岸的草丛旁、灌木丛旁和1.5米到3米深的河湾，都是钓鱼的最佳位置。不要在一个地方待太久。如果鱼不再上钩，就换到另一丛灌木旁，或者芦苇丛、牛蒡丛旁。驾着小船钓鱼更加方便。

待到小河里的水一变清，就可以在岸边钓各种鱼了。在平静的小河边，钓鱼的绝佳位置是：陡峭的岸边，水中留有树枝和灌木的河中心的洼地，岸边长有杂草和芦苇的小河湾。

有时候，由于河岸泥泞，周围都是水，很难接近小河湾和灌木丛。但是如果设法踩着草墩，或者穿着高筒雨靴走到岸边去，把鱼饵甩到牛蒡后或者芦苇丛里，就可以钓到很多鳜鱼和斜齿鳊。当你沿着岸边走时，必须耐心寻找好地方。你必须拨开树丛，把钓鱼竿从树枝间伸出去，把鱼饵甩在人们还未钓过鱼的地方。吸引钓鱼者的好去处还有：桥墩旁、小河口和水磨坊的坝上。在这些地方，总能找到鱼，成功地钓到鱼。

必须用豌豆、蚯蚓和蚱蜢做诱饵钓大鲤鱼，可以在岸边用普通的、带鱼漂的钓鱼竿钓；有时也可以用不带鱼漂的钓鱼竿钓。从5月中旬到9月中旬，都可以用不带鱼漂的钓鱼竿钓鱼。

钓鲑鱼和淡水鳜的好地方是：大坑、河道弯曲的急流旁；平静无风的林中小河，周围堆满了被风刮倒的树木；岸边长有许多灌木的深水潭；堤坝下和石滩下。某些鳜鱼，必须在石滩和靠近暗礁的地方钓。必须在离岸不远的、湍急的浅水中，或者在铺有砾石的支流中，钓小鲤鱼和一些不太大的鱼。

森林里的战争

森林部落之间，总是发生战争。我们派出特约记者，到战事前线采访。

首先，我们的特派记者到了长着白胡子的百岁老枞树国。每个老枞树战士，都有接在一起的两根电线杆那么高，有的甚至有三根电线杆那么高呢。

枞树国阴沉沉的。老枞树战士们笔直地站立在那儿，阴郁地一言不发。它们的树干，从根部到树梢都是光溜溜的，只偶尔有些弯弯曲曲的枯树枝，凸立在树干上。

在远离地面的高处，巨树们茂密的树枝缠绕在一起，编织成了一道密不透风的帘子，又似一座大屋顶，遮蔽住整个国家。阳光射不进厚厚的幕帐，下面一片昏暗，气闷难忍，散发出一股潮湿腐朽的味道。偶尔出现在这里的各种绿色小植物，也全都枯萎凋零了；只有灰藓和地衣对这个阴暗国度的生活感到满意。它们喝主人的血——树液，贪婪地黏附在那些在战争中牺牲的巨树的尸体上。

特约记者在这里没有看见一只野兽，也没有听见一声鸟鸣。他们只碰到一只离群索居的猫头鹰，它是为了躲避耀眼的太阳光才藏到这里来的。它被我们的记者吵醒了，浑身汗毛竖起，胡子颤抖，角状的钩形嘴发出可怕的啪嗒声。

不刮风的日子，在枞树部落的国度里，一片死一般的沉寂。每当风从树顶刮过的时候，这些直立挺拔的巨树，只是摇摇针叶茂密的树梢，气哼哼地发出嘘嘘声。在老树林里，数巨大的枞树个头最高、最强悍，成员也最多。

我们的记者离开枞树国，来到白桦林和白杨部落国。白皮肤、绿鬈发的白桦树和银皮肤、绿鬈发的白杨树，用沙沙声热情地欢迎他们。数不清的小鸟在林中歌唱。阳光透过树梢的叶子倾泻下来，把天空照得色彩斑斓：空中不时闪过一道太阳的反光，形成金色的小蛇、圆圈儿、月牙儿和小星星，在光溜溜的树干上滑过。地上密集地长着各种低矮的小草。显然，它们在主人的绿帐篷下感到轻松自在，像在自己家里一样。野鼠、刺猬和小兔子，在记者脚下窜来窜去。每当风从树顶刮过的时候，在这快乐的国度里热闹非凡。无风的日子里，这里也并非静悄悄的：白杨树叶微微摆动着，发出沙沙的响声，它们日日夜夜都在窃窃私语。

这个国家以河为界，河那边是一片荒漠，一块巨大的砍伐迹地（林业上指采伐之后还没有重新种树的土地）。冬天，林业工人们刚在那里砍伐过原木。在这片荒漠背后，又是巨大的枞树部落，像一堵黑黝黝的墙似的矗立在那儿。

记者明白，只要森林里的雪一融化，这片荒漠就不再是荒漠，立刻变成一个战场。森林里各部落的居住地拥挤不堪。一旦附近腾出一点儿空地，每个部落都急于占领。记者渡过河，在砍伐迹地上搭了个帐篷住下来，以便做这场战争的见证人。

　　一个阳光明媚的温暖早晨，从远方传来一阵手枪对射似的噼啪声。记者连忙赶到那里。原来枞树发起了进攻，它们派出空军占领空地。太阳晒热了枞树的大球果，球果发出噼里啪啦的爆裂声，一个接一个地裂开来。每次进裂时，都发出砰的一声，仿佛是从玩具小手枪里发出来似的。紧包着球果的鳞片一下子膨胀开来。球果好比秘密的军事掩蔽所，打开后，许多细小的滑翔机（种子）立刻从里面飞出来。风托住它们，一会儿抬得高高的，一会儿又放得低低的，在空中旋转着，一路前行。

每棵枞树都结了成百上千只球果。每只球果里隐藏着大约一百架小滑翔机（种子）。无数种子在空中飞舞，降落在砍伐迹地上。不过枞树种子有点儿重，而且只有一只翅膀。小风不能把它们送得很远。它们没能飞到大片的砍伐迹地，只飞了一小半路，就掉到地上了。几天后，借助一场大风，枞树的小滑翔机才全部占领了空地。紧接着，是几个春寒料峭的早晨，娇嫩的种子差点儿冻死。幸亏后来下了一场温暖的春雨，大地变松软了，这批小移民才被收留下来。

当枞树部落占领砍伐迹地的时候，河对岸的白杨树正在开花。它们那毛茸茸的柔荑花序里的种子，才刚刚开始成熟。

又过了一个月，夏天就要到了。在阴森森的枞树国里，开始欢庆佳节。红蜡烛（新球果）在枞树枝上点燃。枞树换了新装，金黄色的柔荑花序满缀在深绿色的针叶树枝上。枞树开花了，它们在暗暗准备明年用的种子。

那些埋在砍伐迹地里的枞树种子，被温暖的春水泡涨了。现在它们已经可以作为小树苗钻出来，向这个世界报到了。而白桦树还没有开花呢!

森林记者坚信新大陆将被枞树完全占领，其他森林部落来晚啦。他们预料战争不会爆发。

在编辑下一期《森林报》的时候，编辑部希望能收到记者们发来的最新的详细报道。

集体农庄纪事

　　雪刚一融化，集体农庄庄员们就把拖拉机开到田里去了。用拖拉机耕地，用拖拉机耙地；假如给拖拉机装上钢爪，它还能把树墩连根拔起，开辟新的农田。

　　紧跟在拖拉机后面，大模大样、摇摇摆摆地走来一群黑里透蓝的白嘴鸦；稍远处，灰色的乌鸦和两肋雪白的喜鹊在蹦蹦跳跳。要知道，被犁和耙从土里翻出来的蛆虫、甲虫及其幼虫，可都是鸟儿们最爱吃的美味点心。

　　农田耕过了，耙好了，拖拉机已经拖着播种机在田里播种了。精挑细选的种子从播种机里均匀地一行行撒在地里。在我们这儿，最先播种亚麻，然后播种娇嫩的小麦，最后种燕麦和大麦。这些都是春播作物。

至于秋播的黑麦和小麦，现在已经长到离地四分之一俄尺（1俄尺相当于0.71米）高了；这两种麦子早在去年秋天就种上了，在雪下过了一冬，现在长势良好。

在那生机勃勃的绿色田野里，当天蒙蒙亮和夜幕降临的时候，似乎总有一辆看不见的大车在吱吱叫，又好似有一只大蟋蟀在唧唧叫："契尔维克！契尔维克！"哦，不是的，既不是大车也不是蟋蟀在叫，而是美丽的田公鸡（灰山鹑）在叫。它灰不溜秋的，夹杂着白色的花斑，面颊和头颈呈橘黄色，红色的眉毛，黄色的脚。它的妻子雌山鹑已经在绿色田野的某个地方筑了巢。

草场上的幼草泛青了。每当黎明时分，住在木屋里的集体农庄的孩子们，被一阵阵响亮的马嘶声和牛羊叫声吵醒。牧童们已开始把牛群、羊群往草场赶了。

有时，人们会看到慈鸟和白嘴鸦这些奇怪的骑手，骑在牛背和马背上。牛走着，长着翅膀的小骑手不停地用嘴巴"笃、笃、笃"地啄牛背。牛完全可以甩甩尾巴，像赶苍蝇似的掸掉它们。可是牛耐着性子，不赶它们。这是为什么呢？

道理很简单：小骑手们的分量不重，还能给牛和马带来好处。原来，慈鸟和白嘴鸦是在啄食藏在牛毛、马毛里的幼虫，以及苍蝇在磨破、碰伤的地方所产的卵。

肥嘟嘟、毛烘烘的熊蜂早就醒来了，嗡嗡地叫着；亮闪闪、身段苗条的黄蜂飞舞着；蜜蜂也该出来了。集体农庄庄员们把在暖蜂室和地窖里过冬的蜂房拿出来，放在养蜂场上。长着金色翅膀的蜜蜂纷纷从蜂房里爬出来，先晒会儿太阳，晒暖后张开翅膀，飞到各处去采集香甜的花蜜。这还是它们今年第一次采蜜呢。

在集体农庄植树

春天，在列宁格勒州的集体农庄里栽种了几十平方千米的树林。在许多地方，新培育了面积从 0.1 ~ 0.5 平方千米不等的树苗圃。

■发自列宁格勒塔斯社

集体农庄新闻

新城市

昨天晚上，在果园附近长出了一座新城市。城里的房子很干净，很卫生。据说，这些房子不是造起来的，而是用轿子抬来的。城里的居民见天气暖和很高兴，纷纷出来散步。它们在屋顶上空盘旋，熟悉街道和住房。

马铃薯过节

要是马铃薯会唱歌，今天你们一定能听到一首最快乐的歌。今天是马铃薯的盛大节日，要把它们运到田里去了。人们小心谨慎地把它们装到木箱里，放到汽车上，然后运走。

为什么要小心谨慎呢？为什么装在木箱里，而不是麻袋里呢？因为每个马铃薯都发芽了。芽长得多么好啊：短短的、胖胖的、毛茸茸的，光照充足。它们的下部宽，长着许多白色小凸包，就快长出根来了。芽的上部尖尖的，可以看到很多细小的叶子。

神秘的坑

在学校的附属地块里，早在秋天就挖好了一些坑，但不知是干什么用的。经常看见青蛙掉在坑里，有人就以为这是专门为捕捉青蛙而设的陷阱。

不过现在连青蛙都明白了，这些坑是用来栽果树的。

孩子们在坑里栽上苹果树、梨树、樱桃树或李子树，每个坑里栽一棵。

在坑中间竖根木桩，把小树缚在木桩上。

修指甲

集体农庄的专业理发师给牛修指甲。他帮牛洗脚，把它们的脚趾甲都给剪短了。牛很快就要到牧场去了，它们的四条腿应确保完好无损。

开始干农活了

拖拉机在田里日夜轰鸣。夜里，它们独自工作；到早晨，就有一群慈鸟擅自跟牢了拖拉机。它们忙得不亦乐乎，还是吃不完被拖拉机翻出来的蚯蚓。

鸥鸟也非常喜欢吃蚯蚓和在土里过冬的幼小甲虫，因此在江河湖泊附近，跟在拖拉机后面的，就不是一群群的慈鸟，而是一群群白色的鸥鸟。

令人奇怪的芽

一种奇怪的芽长在一些黑醋栗丛上。芽长得很大、很圆。有些芽张开了，很像小小的甘蓝叶球。借助放大镜，我们仔细研究了这些芽，不由得失声惊叫起来，里面住满了令人讨厌的生物：长长的，弯弯的，还蹬着腿、吹着胡子呢。

怪不得芽膨胀得这么厉害。原来藏在芽里面过冬的是扁虱。对于黑醋栗来说，扁虱是最致命的敌人。它们毁坏了黑醋栗的芽，还把疾病传染给黑醋栗，害得黑醋栗结不了果。

假如在一棵黑醋栗上膨胀的芽不多，就必须在扁虱还没爬出来之前，赶快把芽摘下来烧掉。而那些膨胀芽多的黑醋栗，就只能整棵烧掉了。

成功的飞行

一批一岁的小鲤鱼飞到了五一集体农庄。它们装在矮木箱里，乘着飞机来的。虽然鱼一般不飞行，但它们都活着，很健康，已经兴高采烈地在集体农庄的池塘里游泳了。

■发自尼·芭芙洛娃

城市新闻

植树周

冰雪消融，春回大地。在城市和各区里，开始了植树周。春天里，这些植树的日子被称为植树节。

孩子们在学校附属地块上、花园里、公园里、住宅周围和大路上忙碌，为植树做准备。

涅瓦区少年自然科学家实验站准备了几万株果树苗。

苗圃把两万棵枞树、白杨和枫树的苗木，划拨给海滨区的各学校。

■发自列宁格勒塔斯社

种子储蓄罐

　　田野一望无际，得造多少林，才能保护这么多田地不受风的侵袭啊！学校的孩子们都了解植树造林对于国家的重要意义。所以，春天的时候，在六年级 A 班教室里，放了一只大木箱——树苗种子储蓄罐。枫树种子、白桦树的柔荑花序、结实的棕色橡实等纷纷往罐里倒。孩子们用桶装着种子，带到学校来。比如维加，他单单桦树种子就收集了 10 千克。到了秋天，树苗种子储蓄罐已装得很满了。我们把收集到的种子全部上交，用来开办新的树苗圃。

　　　　　　　　　　　　　　　■发自丽娜·波良考娃

在果园和公园里

　　树木被一层像呵出的气似的、柔和而透明的绿色薄雾笼罩起来。只要树一开始长叶子，雾就会自动消散。

　　一只漂亮的大蝴蝶（长吻蛱蝶）飞来了。它的羽毛像天鹅绒似的柔软，浑身呈棕色，夹杂着浅蓝色斑点，翅膀的末端是白色的，宛如褪了色一般。

还有一只有趣的蝴蝶也飞出来了。它长得很像荨麻蛱蝶，但个头比荨麻蛱蝶小，颜色没那么鲜艳，是浅棕色的。它的翅膀上坑坑洼洼的，仿佛被扯破了一般。

请捉一只来仔细瞧一瞧，你会看到有一个白色的字母"C"，在它的翅膀下部。也许你会认为有人故意给它刻上了白色字母"C"做标记。它的学名就叫作"C"字白蝶。

小粉蝶和大白蝶这些白蝴蝶也很快就要飞来了。

七鳃鳗

在我国，从列宁格勒到库页岛，在大小不一的江河里，都可以看到一种模样奇特的鱼。它的身子又瘦又长，猛一看，你会以为是条蛇呢。它的身体两侧没有鳍，只在靠近尾巴的背上长着鳍。它游泳的时候，像条蛇似的一扭一扭的。它没有鳞，皮肤松软；它的嘴也不像普通的鱼嘴，而是一个漏斗形的圆洞，是个吸盘。看到这个吸盘，你会认为它压根不是鱼，而是条巨大的水蛭。这就是七鳃鳗。

由于在它的眼睛后面、身体两侧，一边有七个呼吸孔（即七个鳃），所以在我国农村，人们又把它叫作七孔鳗。

　　幼小的七鳃鳗很像泥鳅。孩子们经常抓住它，挂在鱼钩上做诱饵，以捕获凶猛的大鱼。有时，七鳃鳗会用吸盘吸附在大鱼身上，跟着大鱼周游世界，大鱼怎么也甩不开它。渔夫们还说，有时七鳃鳗还会吸附在水底的石头上。一旦吸住石头，它就会全身扭动起来，不停地拖、拽，最后把石头都搬动了。七鳃鳗的力气竟然有这么大！它搬开石头后，就在石头下面的坑里产卵。所以这种令人称奇的鱼还有个学名，叫作吸石鳗。

　　它长得是不太好看，可是把它用油煎一煎，再蘸点儿醋，却是道美味佳肴呢！

街上的生活

　　每天夜里，蝙蝠开始空袭城市郊区。它们丝毫不关注路上的行人，只顾一心一意地在空中抓捕蚊子和苍蝇。

燕子飞来了。在我们列宁格勒州，一共有三种燕子：一种是家燕，它长长的尾巴像把叉子，喉部长着一个火红色的斑点；一种是金腰燕，尾巴短短的，喉部呈白色；一种是灰沙燕，小巧玲珑，呈灰褐色，胸脯雪白。

家燕的巢筑在城市郊区的木头房子上；金腰燕直接在石头房子上筑巢；而灰沙燕则在悬崖的岩洞里孵小燕子。

燕子飞来后，又过了许多天，雨燕才飞来。很容易区分雨燕和燕子，雨燕的叫声很刺耳，常常在房顶上飞来飞去。它们看上去通体乌黑，翅膀也不像普通燕子那样呈尖角形，而是半圆形，像一把镰刀。

会咬人的蚊子也飞出来了。

城市里的鸥鸟

涅瓦河刚刚解冻，鸥鸟就飞到了河面上空。它们丝毫不害怕轮船和城市的喧闹，在人们的眼皮底下悠然自得地从河里捕小鱼吃。

鸥鸟飞累了，就径直落到铁皮屋顶上休息。

长着翅膀的旅客乘飞机

只有听到那音调均匀的嗡嗡声，你才会猜想到坐在飞机里的是长着翅膀的小乘客。一批高加索蜜蜂分坐在二百间舒适的客舱（即三合板做的木箱）里。飞机把八百个蜜蜂家庭，从库班运到了列宁格勒。

旅途中，给这些小旅客提供了丰盛的"蜜粮"。

■发自尼·伊凡琴科

晴天雪

（摘自少年自然科学家日记）

5月20日。早晨阳光灿烂，东方天空蔚蓝，没想到这时竟下起雪来了。晶莹的雪花像萤火虫似的，缓慢地、轻盈地在空中飞舞。

冬爷爷呀，请别吓唬人，现在你雪花的寿命可长不了！就像夏天的晴天雨一样，太阳透过雪花露出笑脸，这样的雪只会使蘑菇长得更快。雪一落到地上，就化了。

如果我到郊外森林转一转，也许会碰上一个大惊喜。

在那融化的雪花下面，我也许会找到满是褶子的褐色菇伞，这就是早春第一批鲜美的蘑菇——羊肚菌和鹿花菌。

■发自森林记者　维利卡

咕——咕

5月5日清晨，在郊区公园里响起了第一声"咕——咕！"

一周后，在一个温暖而宁静的夜晚，忽然有只鸟在灌木丛里鸣叫起来，叫声非常清脆悦耳。起初轻轻地鸣唱，然后越来越响，最后大声呼叫啼啭起来，宛如细碎的豌豆纷纷往下撒似的！

这时，大伙立刻明白了，原来是夜莺在歌唱。

少年米丘林工作者大会

三十年前，列宁格勒州的小学生们拜访过米丘林。米丘林告诉小客人们，在伟大的改造自然的工作中，他们可以如何帮助大人。

列宁格勒的米丘林工作者们，在本次大会上也回忆起这件事。列宁格勒市和列宁格勒州三万五千多名少年米丘林工作者，派出各自的代表参加本次大会。春天，他们做了四万五千个人造鸟巢挂起来，栽种了二十万棵果树，并且照料树木，保护绿色朋友和集体农庄的庄稼。

■发自列宁格勒塔斯社

给列宁格勒州和列宁格勒市全体
少先队员和学生的一封公开信

据说，在我们州，很多学校的少先队员和学生都擅长制作鸟兽标本，还听说他们拥有丰富的矿物标本和昆虫标本，制作了大量的列宁格勒州的植物标本。全州各学校可以和我们一起分享这种直观教具。我们市区少先大队的队员们，也可以把我们从苏联各地搜集来的标本寄给他们。

我们已开始采集春季花卉的标本。今年暑假，我们将在老师和少先队辅导员的带领下，进一步了解家乡的大自然，为母校采集许多珍贵的新标本。我们每个人都想为学校多干点儿事。

暑假过后，我们都得到了充分的休息，给太阳晒得黑黝黝的。我们将重新聚集在教室里，上植物课或动物课。老师将利用我们采集到的动植物标本讲解新知识。那时，我们将感到多么高兴啊！

市区的许多少先大队委员会决定，所有的中队和小队，都必须参加采集矿石标本、昆虫标本和植物标本的活动，用采集来的标本充实学校里的博物馆和自然知识研究室。

我们将和其他州的少先大队和中队交换展品。到那时，我们学校的自然知识研究室的直观教具就会更加丰富多彩了。

打 猎

到马尔基佐夫湖打野鸭

在市场上

最近，各式各样的野鸭在列宁格勒的市场上销售。有通体乌黑的野鸭，有与家鸭很相似的野鸭；有块头很大的野鸭，也有个头矮小的野鸭。有些野鸭的尾巴像锥子，又尖又长；有些野鸭的嘴巴像铲子，非常宽；还有些野鸭的嘴巴挺窄小。

要是让一个一窍不通的主妇去买野货，那会很糟糕。她买只野鸭回家，烤熟后，谁也不要吃，因为这只野鸭的鱼腥味太重了。原来她在市场上买到的是一只专门吃鱼的潜水的矶凫，一只秋沙鸭；或者甚至压根不是野鸭，而是一只潜水的鸊鷉（pì tī）。

不过，一个经验丰富的主妇，很快就能区分出潜水的矶凫和好野鸭。

她只要看一眼野禽的后脚趾，就什么都明白了。

后脚趾上长着一大块突出的厚皮的，是潜水的雌雄矶凫；后脚趾上只有一小块突出的厚皮的，是在河面上生活的"贵重的"野鸭。

在马尔基佐夫湖

春天，在市场上销售各种各样的野鸭。而这时在马尔基佐夫湖里，野鸭的品种更加丰富。

位于涅瓦河口和喀琅施塔得所在的科特林岛之间的芬兰湾部分，自古以来就称作马尔基佐夫湖。那是列宁格勒的猎人们最喜爱的打猎之处。

请到斯摩棱河边走一走。你会看到，一些奇形怪状的小船，停在斯摩棱墓场附近，既有白色的，也有跟河水一样颜色的。这些船都不大，但是特别宽。船底完全是平的，船头船尾往上翘。

这就是打猎用的独木舟。

如果你够幸运，傍晚还能碰上一位猎人。他把独木舟推进河里，把枪和其他东西放到船上，然后用一支既当舵又当桨的桨划起来，顺流而下。

大约二十分钟后，猎人就到了马尔基佐夫湖。

涅瓦河上的冰早已融化，可是在芬兰湾里还留有一些大冰块。独木舟迎着灰色的波浪，飞快地朝冰块划去。

最后，猎人划到了大冰块旁。他向冰块靠拢，并踏了上去。他拿出白长袍，披在皮袄外面，又从独木舟里拎出一只用作诱饵的雌野鸭。

他先拴住野鸭，把它放到水里，然后把绳子的另一头拴到冰块上。

雌野鸭立刻叫唤起来。

猎人划着独木舟离开了。

叛徒雌野鸭和白衣隐身人

用不着等很长时间。

瞧，一只野鸭从远处的水面飞起。这是一只雄野鸭。它听见雌野鸭的叫唤，就朝它飞过来了。它还没来得及飞近，只听"啪"的一声枪响，接着又是一声，雄野鸭就掉到水里了。

雌野鸭完全清楚自己的任务。它不停地叫啊叫啊，仿佛被收买了似的。

听到它的叫唤声，许多雄野鸭从四面八方朝它飞来。

它们只看见雌野鸭，却没有发现在雪白的冰块旁边，停着一艘白色的独木舟，独木舟上还坐着一个穿白长袍的猎人。

猎人开了一枪又一枪。各式各样的雄野鸭堆到了他的独木舟里。

　　一群群野鸭纷纷沿着海上长途飞行航线从头顶飞过。太阳沉进了海里。连城市的轮廓都看不清了，只见在城里的方向亮起了灯光。

　　天黑了，不能再开枪了。

　　猎人把雌野鸭放进独木舟，把船锚牢牢地拴在冰块上，尽可能地使独木舟靠近冰块，免得被波浪卷走。

　　得考虑一下过夜的事了。

　　起风了。天空布满了乌云。天黑沉沉的，什么也看不见。

水上住所

猎人在独木舟的船舷上，安装了一个弧形木支架，然后解开帐篷，张在支架上。他点燃煤油炉子，从湖里舀了一壶水（马尔基佐夫湖里的水是流自涅瓦河的淡水），放到炉子上烧。

雨点乒乒乓乓地击打在帐篷上。下雨对猎人算不了什么，帐篷是防水的。帐篷里既干燥又明亮，还很暖和，煤油炉子像火炉似的散发着热量。

猎人边喝热茶，边吃东西，还喂了助手雌野鸭，随后便抽起烟来。

夜很短。天边露出了一道亮光。它逐渐变长、变宽。乌云散了，风住了，雨停了。

猎人从帐篷里探头朝外望。

隐约可见远处黑乎乎的海岸，可是既看不见城市的剪影，也看不见城市的灯火。原来，一夜工夫，大风把冰块吹得很远，送到大海里来了。

糟糕！必须划很久，才能回到城里。但是幸运的是，夜里没有别的冰块撞向这块大冰块，否则独木舟会被两个大冰块挤成碎片，猎人自己也会被挤成肉饼子。

必须赶快行动啦！

诱捕天鹅

做诱饵的雌野鸭又在水上使劲叫唤起来。但是，现在，有一只洁白的大天鹅和它一起随波逐流。天鹅并不叫唤，因为它是假的。

野鸭纷纷飞过来，猎人开了几枪。

突然，从远方的空中传来一阵喇叭似的鸣叫声：

"克噜噜！克噜噜！噜噜！噜噜！"

一大群野鸭拍打着翅膀，飞到雌野鸭旁。可猎人连看都不看它们一眼。

他敏捷地把子弹装进枪里，合拢双手，举到嘴边，吹起诱惑天鹅的音调：

"克噜噜！克噜噜！噜噜！噜噜！"

在遥远的高处，在云层下面，出现了三个黑点。黑点逐渐变大，喇叭似的鸣声越来越清晰，越来越响，越来越震耳。

猎人已不再跟它们一应一答，因为人学不像天鹅在近处的叫声。

这会儿已经可以见到，有三只白天鹅，偶尔缓慢地、沉重地挥动几下翅膀，降落到冰块附近。天鹅的翅膀在阳光下闪烁着银光。

天鹅越飞越低，平稳地兜着大圈子。

它们从上面发现了冰块旁的天鹅，以为是它在呼唤，于是就朝它飞了过来。它们认为它不是飞得一点儿力气也没有了，而是受伤掉了队。

天鹅飞了一圈又一圈……

猎人一动不动地坐着，眼睛紧紧地盯住天鹅：这三只硕大的白鸟，伸长细长的脖子，一会儿飞近，一会儿飞远。

猎　杀

又兜了一圈。这会儿天鹅在空中已降落得很低，几乎靠近了独木舟。

砰的一声！……只见飞在前面的那只天鹅的长脖子，像根细鞭似的垂落下来。

又是砰的一声！……只见第二只天鹅在空中打了个滚，重重地摔在冰块上。

第三只猛地往上一冲，眨眼间在远处消失了。

猎人很少像今天这么幸运。

现在，赶紧回家吧。

不过，眼下要把独木舟划回城里，可没那么容易了。

浓雾聚集在马尔基佐夫湖的上空，十步之外就什么也看不清了。

隐隐约约地从城里传来工厂的汽笛声，一会儿在这边，一会儿在那边，让人搞不懂该往哪里划。

薄冰撞碎在独木舟的船舷上，发出玻璃破碎般的清脆的叮当声。

雪糕般的细冰碴在船头下发出沙沙的响声。

怎么可以全力以赴地划呢？要是撞到结实的大冰块上，那可怎么办？

独木舟会翻转过来，一个跟头栽到水里。

第二天

在安德烈耶夫市场上，一大群人满脸好奇地看着两只硕大雪白的鸟。鸟儿从猎人的肩上垂下来，嘴巴几乎碰到了地。

孩子们把猎人围起来，问题一个接着一个：

"叔叔，这鸟是从哪里打来的？我们这儿有这样的鸟吗？"

"它们正朝北方飞，飞到那里去筑巢。"

"噢，它们的巢一定很大吧？"

主妇们感兴趣的却是另外一些问题：

"请问，这种鸟能吃吗？有没有鱼腥味？"

猎人回答着他们的问题，不过耳畔一直回响着活天鹅的喇叭似的鸣叫声，野鸭快速拍打翅膀的嗖嗖声，薄冰撞碎在独木舟上所发出的玻璃破碎般的叮当声……

上面所讲的，都是以前的事了。

现在，每年春天，天鹅依旧从列宁格勒上空飞过，从云霄处传来它们喇叭似的鸣叫声。不过，现在天鹅比以前少得多了。猎人们想方设法要打到这种美丽的大鸟，打死了太多的天鹅。

现在我们这里严禁猎杀天鹅。猎杀天鹅的人将被罚款，罚款的数额还不少呢。

在马尔基佐夫湖上，依旧可以打野鸭，因为它们的数量众多。

哥伦布俱乐部

第二月

在俱乐部的第二次会议上，小组长带来了一幅详尽的诺夫戈诺德州的地图。他指了指地图上的娄苏瓦村，他曾经在那儿住过一个夏天。他建议，把它选作考察基地，也就是作为基站，哥伦布们住在那里，从那里开始科学和艺术研究。

小组长说：

"这好比是只圆规，一只脚以标号为娄苏瓦的村为支点，另一只脚以三千米为半径，画个圆。我们假定，凡是在这个圆圈里面的，都属于未知区域。这就是新大陆，是我和你们即将发现的美洲。在这片土地上，存在以下东西：（1）针叶林。一片神奇的松树林。（2）混合林。一小块真正的原始森林，就像瓦斯涅佐夫在《伊万王子和玛利亚公主在灰色的伏尔加河上》中所画的那样。（3）一段乌第河。河岸一边陡峭，另一边低缓，春天会被河水淹没。（4）草地。（5）一块不大的农田，这在诺夫戈诺德州随处可见。（6）潮湿的灌木丛。（7）非常有意思的普拉瓦湖。不大，也不深，但是湖上点缀着长着茂密树林的小岛。"

哥伦布们立刻开始讨论，该如何命名未来的美洲——他们即将发现和进行科学艺术研究的地方。

安德烈若有所思地拖长声调说：

"我把它叫作 ЭНЗЕ（在俄语中，ЭНЗЕ 为以上各种叫法的开头两个字母，可理解成以上各种意思）。"

尼古拉扑哧一声笑了，说：

"我赞同！从军事上说，ЭНЗЕ 就是不可动用的储备。难道我们完全不能碰这块地方吗？"

"也许，安德烈是想把它叫作新西兰吧？"女画家希格利特嘲讽地插话道。

"不，只是'不同寻常的谜语'的意思。"莱姆琪卡说。

"瞧你们说的！"安德烈挥了挥手，"我的意思是'新土地'，或者'不知名的土地'。"

小组长总结道：

"瞧，说得挺好！只需稍微改动一下，把字母的顺序重新排一排，叫作'未知之地'，你们同意吗？"

"同意！"哥伦布们异口同声地回答。大家立刻做出决定，全方位地考察"未知之地"，了解清楚，在这片土地上隐藏着怎样的奥秘。为此，首先必须编制详细的土著居民名单，也就是说，在那里生长的树木、野兽和鸣禽的名单。根据土著居民的情况，专家们参加不同的小组。按照专业，分成以下三个考察小组：

鸟类学组：莱姆琪卡、安德烈、猎人尼古拉和米露琪卡参加这一小组；

兽类学组：廖列琪和猎人弗拉基米尔参加这一小组；

树木学组：巴甫洛沙和多拉参加这一小组；

最后是诗歌艺术组：女画家希格利特和诗人斯拉维米尔参加这一小组。诗人答应在暑假里完成题为《未知之地》的诗集，女画家则给诗集配插图。

猎人尼古拉和弗拉基米尔提议道：

"由于我们绝大多数都是鸟类学家和兽类学家，所以我们大家必须预先学习，以免在森林里分不清野兽和鸣禽。首先我们必须学会狐步舞。"

"竟然还要学这个！"莱姆琪卡马上表示不满。女同学们齐声附和她："我们可不想学什么花里胡哨的美国舞！"

"噢，不是这样的！"弗拉基米尔赶紧解释，"不是跳美国舞！狐步舞的意思是'狐狸的脚步'。在森林里必须学会轻轻地、悄无声息地走路，像狐狸那样，高高地抬起脚，眼睛盯着落脚处，不可以做任何剧烈的动作，必须一动不动地停在原地。否则的话，森林里的土著居民都会吓得躲起来的，那么你就连一只小鸟、一只野兽都看不到了。其次，必须学会说鸟语，因为在森林里是不许叫喊和呼应的。我们给大伙儿演示一下鸟语，我和尼古拉在森林里打猎时，就是用鸟语交流的。听！"

弗拉基米尔开始吹口哨，哨声一会儿短，一会儿长。他不停地解释，哪种声音属于哪种鸟。他说：

"瞧，我们在森林里走，彼此拉开点儿距离。这么说吧，一个接一个地走，在搜索森林。为了相互不离得太远，一直用哨声与前后左右的伙伴联系：'舟维！舟维！' 意思是：'走吧！走吧！……'

"突然，其中一人发现前面有情况，这时应当让其他人知道，停止前进，以免惊跑猎物；而且必须搞清楚，究竟什么东西藏在前面。于是，你给出'停止'的信号，用断断续续、低沉的鸭（shī）鸟哨音慢慢传出去：'特勿契！'

"要是你想知道，为什么叫'特勿契'？为什么停下来？那么可以吹出朱雀的音调，听起来仿佛在提问：'基维？基维？'

"如果前面是野兽，就用低沉的哨声回答，好像在叫：'勿契！勿——勿——契！……'

"如果前面是鸟，就大声叫：'维契——契——契……'

"如果前面是人，就拖长哨声、带着变调，先低声叫'勿……'再高声叫'利特！' 这是大杓鹬的叫声：'勿利特！勿利特！'

"现在教最后一个信号。如果需要同伴走近点儿：'过来！'就吹出黄鹂笛子般的叫声：'费勿里勿！费勿里勿！'

"这就是全部的学问。"弗拉基米尔结束了鸟语课。

"不，等一等！"尼古拉叫道，"我认为，有时在森林里必须呼唤名字。我们大家的名字都太长了，必须缩减到一个音节。在野兽和鸣禽听来，一个元音只意味着警告：'小心点儿！'没有别的含义。它们一直都很谨慎的。所以，我们必须把名字缩短到一个音节。必须保证在森林里呼唤的时候，彼此不会叫错名字。"

大伙接受了提议。首先缩短名字：安德烈变成了"安"，尼古拉变成了"古"，弗拉基米尔变成了"弗"，斯拉维米尔变成了"维"，巴甫洛沙变成了"巴"（在俄语中，这个音的含义为射击时发出的声音：叭，砰）。这让大家哈哈大笑，因为思维慢半拍的巴甫洛沙从来不会快言快语：他总是久久地思考，然后慢吞吞地说话，听得人焦急万分。

　　给女孩们缩减名字的时候，弗拉基米尔突然大叫起来：

　　"亲爱的女同学们！我第一个发现了美洲！你们现在变成了乐谱：多拉变成了音符'哆'，莱姆琪卡变成了音符'来'，米拉奇卡变成了音符'咪'。"

　　"我变成了音符'拉'。"廖列琪附和道。

　　"而我变成了音符'西'。"画家希格利特赞同地说。

　　安德烈提议道：

　　"出于尊敬，给组长起两个音节的名字吧：包括名字和父称。就叫塔金，你们同意吗？"

　　然后开始学习狐步和鸟语。

　　俱乐部成了一所小学校。

打靶场

一箭射中目标！

一语击中答案！

第二场比赛

1. 穿上黑衣服，蛮横无理；换上红衣服，乖巧温顺。（谜语，打一动物）

2. 哪种可以食用的蘑菇最先出现？

3. 为什么白嘴鸦在田里跟着耕地的农民走？

4. 喜鹊巢和乌鸦巢的区别在哪里？

5. 哪种蜘蛛叫作"流浪蛛"？

6. 哪种鸟先飞到我们这里来：雨燕还是家燕？

7. 要是人造鸟巢不够住，椋鸟会在哪里筑巢？

8. 为什么椋鸟和慈鸟喜欢在牛背、羊背和马背上玩耍？

9. 为什么家鸭和家鹅，春天时会突然郁闷地叫唤，变得极度焦躁不安？

10. 哪些鸟会受春汛的困扰？

11. 春汛时，禁止射杀哪些鱼？

12. 谁更加怕冷：鸟还是爬虫？

13. 青蛙的舌头，哪一端固定在嘴巴里？

14. 右边画了两种鸟的翅膀：一种住在密林里，另一种住在开阔地里。你能区分它们吗？

15. 从前面看像锥子，从后面看像叉子，横着看像锤子，背上披着件蓝呢子，胸前挂着块白手绢，说起话来像老外。（谜语，打一动物）

16. 没上门闩的门一打开，跑出来一只没尾巴的小狗。（谜语，打一动物）

17. 似牛非牛通体黑，长着六条腿却没蹄子，边飞边叫，落下来是个挖地高手。（谜语，打一动物）

18. 不是鱼虾，不是鸟兽，更不是人，它在五月才露脸。嘴巴长长，声音尖尖，嗡嗡地飞，悄悄地落。谁要是朝它拍一下，准叫它鲜血淋漓丧了命。（谜语，打一动物）

19. 一个只管倒，一个只管喝，还有一个只管长。（谜语，打一自然现象）

20. 不在地上走，不往头顶瞧，不用造只窝，却生出许多小娃娃。（谜语，打一动物）

21. 喂养全世界，自己却一口不吃。这指的是自然界的什么事物？

22. 长出一串小铃铛，变成一串大铃铛。这是哪种植物的特性？

23. 没有翅膀，却会飞；没有腿，却会跑；没有帆，却会游。（谜语，打一自然现象）

24. 四只走路的物件，两只顶撞的物件，外加一根鞭子。（谜语，打一动物）

通 告

《森林报》宣布将进行"锐眼"称号竞赛。

谁想得到"锐眼"的光荣称号，必须仔细研究我们贴在通告栏里的图画，然后学会根据画在上面的鸟兽的形状、足迹和其他特征，分辨出这些生活在森林、田野、水上和空中的鸟兽。

第一场测验 "锐眼"称号竞赛

谁在飞？

一些大鸟在空中翱翔。谁知道，这是些什么鸟？

图1：这是一只脖子细长的白色大鸟，翅膀拖在后面，尾巴很短，看不见腿。请问，这是一只什么鸟？

图1

图2：很像第一只鸟，但体型略小，灰色，脖子短些。请问，这是一只什么鸟？

图2

图 3：翅膀长在中间，脖子在前，像根棒；双腿在后，像两根棒。请问，这是一只什么鸟？

图3

图 4：翅膀朝下弯，双腿在后，像两根棒。头和脖颈仿佛是装在背上的一个大问号。请问，这是一只什么鸟？

图4

请报名

参加鸟兽保护协会，去拯救那些遭受水灾的兔子、狐狸、松鼠、鼹鼠和其他各类陆上野兽。

授予拯救水淹动物的人"马扎伊老爷爷"奖章。（俄罗斯著名诗人涅克拉索夫的诗中写道，从前有个马扎伊老爷爷，每当发大水的时候，总是划着船去拯救动物）

少年自然科学家自制奖章，他们把金色或银色的纸包在用厚纸剪成的圆圈外面。

根据少年自然科学家小组的决议，金质奖章授予那些拯救比狐狸大的麋鹿、鹿等大型野兽的人。

银质奖章授予那些拯救兔子、松鼠、鼹鼠、刺猬等小野兽的人。

准备住房

我们的小朋友，著名的害虫消灭者鸣禽，现在正在寻找养育后代的小窝。

恳请读者帮助它们准备住房。

腐烂树枝从树上脱落的地方，形成了一个小坑。很容易把它挖深，变成树洞。在老树的朽烂的树枝上，也很容易挖树洞。山雀、红尾鸲、鹟和其他小的树洞寄居者——小猫头鹰和黑啄木鸟等，都很喜欢住在这种树洞里。

最好参照图示，替那些在灌木丛里筑巢的小鸟，把树枝束成一团。

替在浅树洞里筑巢的灰鹟和红胸鸲，做这样的树洞：

替猫头鹰和慈鸟，做这样的卧式树洞：

这是什么树的阔叶？这是什么树的针叶？

图1　　　　图2　　　　图3　　　　图4　　　　图5

图6　　　图7　　　图8　　　图9　　　图10　　　图11

森林报

第 3 期

唱歌跳舞月

（春季第三月）

5 月 21 日到 6 月 20 日

太阳转入双子宫

太阳史诗——5月

5月到了，唱吧！玩吧！现在，春天才认真地开始完成第三件任务：给森林穿上新装。

现在，开始了森林里最欢快的月份——唱歌跳舞月！

太阳，即太阳的光和热，获得了完全的胜利，它战胜了冬季的黑暗和寒冷。晚霞向朝霞伸出了手，白夜在北方开始了。生命夺回大地和水之后，挺直了腰板。高大的树木穿上了由新叶缀成的亮晶晶的绿衣裳。无数长着翅膀的昆虫飞到了空中。一到黄昏，擅长熬夜的蚊母鸟和身手敏捷的蝙蝠，就飞出来捕食它们。白天，家燕和雨燕在空中翱翔；雕和鹰在农田和森林上空盘旋。红隼（sǔn）和百灵鸟在田野的上空扇动着翅膀，仿佛云上有根线牵着它们似的。

没有上锁的大门打开了，长着金翅膀的住户，即勤劳的蜜蜂从里面飞了出来。大家都在唱啊、跳啊、玩啊，琴鸡在地上，野鸭在水里，啄木鸟在树上，鹬（天上的绵羊）在森林的上空。现在，正如诗人所描绘的那样："在俄罗斯大地，兽儿、鸟儿喜气洋洋。肺草从去年的枯叶下钻出来，在树林里闪着蓝光。"

为什么我们的 5 月被称为"哎哟"月？

因为 5 月里,天气乍暖还寒。白天艳阳高照,夜里"哎哟!"可别提有多凉。5 月里,有时候树荫底下就是天堂;有时候却得给马铺上草,自己爬上热炕。

快乐的 5 月

每只动物都想展示一下自己的勇猛灵巧。现在动物们很少唱歌,也不太跳舞了。所有动物的牙都痒痒的,想找对手打架。于是乎,绒毛、兽毛和羽毛满天飞。森林中的住户都在忙碌,因为这是春天的最后一个月了。

夏天即将来临。夏天一到,就要忙着筑巢和孵小鸟了。

农民们说得好:"春姑娘在俄罗斯快活极了,想待着一辈子不走。可是只要布谷鸟一叫,夜莺一啼,她就会投入夏天的怀抱。"

森林中的大事

森林乐队

莺在这个月里唱起歌来，不分白天黑夜，一直啼啭。孩子们很惊讶，它到底什么时候睡觉啊？原来春天鸟没工夫睡大觉，它只睡一小会儿，唱一首，打个盹，然后再唱第二首；半夜里睡一小觉，中午再睡一小觉。

每逢清晨和黄昏，不单是鸟，森林里所有动物都在吹拉弹唱，各显神通。在森林里既可以听到清脆的独唱、小提琴独奏、敲鼓声和吹笛声，也可以听到吠叫声、嗥啸声、咳嗽声和哼唧声，还可以听到吱吱声、嗡嗡声、呱呱声和咕嘟声。燕雀、莺和擅长唱歌的鸫鸟，用清纯的声音歌唱。甲虫和蚱蜢拉着小提琴。啄木鸟敲着鼓。黄鸟和小巧玲珑的白眉鸫吹着笛子。狐狸和白山鹑吠叫着。牝（pìn，雌性的）鹿咳嗽着。狼嗥啸着。猫头鹰哼唧着。丸花蜂和蜜蜂嗡嗡地响着。青蛙先是咕噜咕噜，然后又呱呱呱地叫着。谁也不感到难为情，即使没有好嗓子也无妨。动物们都按照各自的喜好选择乐器。

啄木鸟寻找声音清脆的枯树枝，这就是它们的鼓。它们那无比结实的嘴巴，便是最合适的鼓槌。天牛嘎吱嘎吱地转动坚硬的脖子，难道这不像在拉小提琴吗？

蚱蜢的小爪子上有小钩子，翅膀上有锯齿，于是它便用小爪子挠翅膀。

火红色的麻鹭把长嘴伸到水里，用力一吹，水咕噜咕噜直响，整个湖里响起一阵喧闹声，仿佛牛在叫似的。沙锥更是别出心裁，它竟然用尾巴唱起歌来。它一跃而起，冲入云霄，然后打开尾巴，头朝下俯冲下来。它的尾巴兜着风，发出一种恰似羔羊在森林上空的叫声。

森林乐队就是这样组成的。

客　人

顶冰花宛如金星似的花朵，早已闪现在乔木和灌木丛下，闪现在离地不是很高的地方。当树木还是光秃秃的、明媚的春光还能自由地直射到地面时，这些花朵就出现了。在阳光的照射下，顶冰花开花了，一旁的紫堇也开花了。

看到紫堇最先开出的花朵，我们快乐极了！它浑身上下都美极了：奇妙的淡紫色小花，开在长长的花茎尖端上，边缘像锯齿似的叶子是青灰色的。

现在，顶冰花和它的朋友紫堇的最好时光已经过去了。树木太茂盛了，影响了它们的生存。不过，它们已经做好了"回家"的准备。它们的家在地下，它们只是到地面上来做客的。种子一播下，它们就消失得无影无踪了。不过在深深的地底下，它们的小球茎和圆块茎却要度过整整一个夏天、一个秋天和一个冬天。

如果你想把它们移植到自己家里，那就要趁那些迟开的花朵还未凋谢的时候，赶紧挖起来。一定要小心翼翼地挖。有时，这种小植物的白色地下茎非常长，长得令人惊叹不已！通常，在土冻得厉害的地方，这些小客人的球茎和块茎，躺在离地面很远很远的地方。在暖和的、有东西覆盖着的地方，球茎和块茎就离地面比较近。当你往家里移植的时候，千万记住这一点。

■发自尼·芭芙洛娃

田野里的声音

我和同伴去田里除草。我们静悄悄地走着，突然听见鹌鹑从草丛里对我们说："去除草！去除草！去除草！"我对它说："我们就是去除草的呀！"可它还是自顾自地说："去除草！去除草！"

我们经过池塘。池塘里，两只青蛙正把嘴巴探出水面，鼓动着耳后的鼓膜，拼命叫唤。一只青蛙叫道："傻瓜！傻瓜！"另一只青蛙回答道："你才是傻瓜！你才是傻瓜！"

我们来到田边，翅膀圆圆的田凫欢迎我们。它们在我们头顶上扑腾着翅膀，不停地问我们："你们是谁？你们是谁？"

我们回答道："我们是从克拉斯诺雅尔斯克村来的。"

■发自森林记者　库罗奇金

（来自克拉斯诺雅尔斯克村）

鱼的声音

有人在无线电收音机里，播放了记录着水底声音的录音带。从扩音器里传出的声音，把屋子里的人声都压倒了。这是一些人类从未听见过的声音：嘶哑的啾啾声、嘎吱嘎吱的尖叫声、不知是哪位的呻吟声和哼唧声、某种独特的呱呱声，又突然夹杂着一阵震耳欲聋的嗒嗒声。原来这是黑海里各种鱼类的声音。

每一种鱼都有它独特的声音，很容易把它和水下王国里的其他居民区分开。

现在，多亏了特殊的水底音响收听装置（即敏感的水底"耳朵"）的发明，我们才更加坚信水下王国根本不是沉默不语的，鱼类也根本不是哑巴。这具有重大的现实意义。借助水底测音机，我们可以探知，可供捕食的珍贵鱼类的聚居地及其转移方向。这样一来，就可以在确切知道鱼类行踪的情况下，才出发捕捞，而不是瞎猜一气、盲目出海。将来，人类也很可能学会模仿鱼类的声音，用这种方法来诱捕鱼群。

屋顶下

花粉是花朵中最娇嫩的部分。花粉一被打湿，就坏掉了。雨水、露水都对它有害。那么它是如何保护自己不受损害的呢？

铃兰、覆盆子、越橘的花朵，像小铃铛似的倒挂着，因此它们的花粉都藏在"屋顶"下。

金梅草的花朝天开。但是它的每一片花瓣，都像汤匙似的朝里弯，而且花瓣的边儿相互依偎。这样，就形成一只饱满的、四周封闭的小球。雨点打在花上，可是没有一滴雨水落到里面的花粉上。

凤仙花现在还在含苞待放，它的每一朵花蕾都藏在叶子下面。多么匪夷所思啊：花梗架在叶柄上，花就可以一直开在叶子底下，如同躲在屋顶下面。

野蔷薇花的雄蕊很多，每逢下雨，它就把花瓣合拢来。莲花碰到天气不好的时候，也会把花瓣合拢来。

毛茛的花朵往下垂。

■发自尼·芭芙洛娃

森林之夜

一位森林记者给我们写信道："夜晚，我到森林里去，倾听夜晚森林里的声音。我听见了各种声音。可是，我不知道，这些声音都是属于什么动物的。那么，我该怎样为《森林报》描述这个夜森林呢？"我们答复道："请把你听见的声音描绘出来，我们会设法弄清楚的。"

于是，他给我们编辑部寄来了这样一封信：

"老实说，我在夜森林中听到的，都是些乱七八糟的噪声，根本不像你们在报上所描写的那样，是什么乐队。

"鸟鸣声慢慢安静下来，终于悄无声息了。已经是半夜了。

"听，从高处的某个地方，传来一阵低沉的琴弦声。一开始声音很轻，后来越来越响，汇成一段厚重的低音；随后，声音又变得越来越轻，最后完全停止了。

"我想：'作为开场演出，倒还不错。虽然拉的是单弦，但总算开始了。'

"突然，从树林里传来一阵狂笑：'哈——哈——哈！嗯——嗯——嗯！'这声音令人毛骨悚然，我感到似乎有群蚂蚁从我背上爬过。

"我想：'这是在夸奖音乐家呢，还是在嘲笑他？'

"又是一阵寂静。等了好久。我想：'不会再发出什么声音了吧。'

"后来，我听见有谁在给唱机上发条。拼命地上啊，上啊，可就是没有音乐响起。我想：'它的唱机是坏了，还是怎么了？'

"终于不上发条了。万籁俱寂。可后来又上起来了：特勒勒，特勒勒，特勒勒，特勒勒……没完没了，讨厌至极。

"发条终于上好了。我心想：'现在该插入唱片、开始放音乐了吧。'

"忽然，有人鼓起掌来了。巴掌拍得那么清脆、那么响亮。

"我想：'怎么回事？还没演奏呢，就鼓起掌来了？'

"这就是我听到的全部声音。后来，又有人给唱机上了好长时间的发条，但什么音乐也没放出来，可是还是有人鼓掌。我很气愤，就回家了。"

我们想说，森林记者不应该气愤。他最初听见的、像低音琴弦似的嗡嗡声，是甲虫（大概是金龟子）在他头顶上飞过。那令人汗毛竖起的哈哈大笑声，是大猫头鹰（灰林鸮）发出的。毫无办法，它的声音就是那么令人讨厌！

"特勒勒，特勒勒，特勒勒……"这是蚊母鸟在给唱机上发条。蚊母鸟也是夜里飞行的鸟，只不过它不是猛禽。蚊母鸟当然不会有唱机，声音是从它的喉咙里发出来的。它自己认为那是在唱歌呢！

鼓掌的也是蚊母鸟。它拍的当然不是手，而是用翅膀在空中啪啪啪地拍。那声音很像掌声。

它为什么要这么做呢？我们编辑无法解释这一点，因为我们自己也不知道呢。

也许它很开心，闹着玩的。

嬉戏和跳舞

鹤儿们在沼泽地上举办舞会。它们围成一圈，其中一只或两只走到中间来，于是舞会开始了。起初很平常，只不过用两条长腿在蹦跶。后来越跳越起劲，索性放开跳了，那些花样百出的舞步，简直能把人笑死！转圈、蹦跳、打矮步，真像是踩着高跷在跳特列帕克舞（一种顿足跳的俄罗斯民间舞）。站在周围的那些鹤儿，挥着翅膀不紧不慢地打拍子。

而猛禽呢，在空中嬉戏和跳舞。表现特别突出的是雄鹰。它们飞到白云下，在高空中展示它们的灵巧。有时，突然把翅膀一收，从那高得令人眩晕的空中，像颗石子似的砸落下来，眼看就要碰到地面了，才张开翅膀，转个大圈子，凌空而去；有时，却张着翅膀、停滞在深邃的高空，一动也不动，仿佛有根线把它拴在白云下似的；有时，忽然在空中翻起筋斗来，好比小丑从天而降，回旋着，拍打着翅膀，不停地翻着筋斗冲向地面，做着"翻筋斗表演"。

最后飞来的一批鸟

　　春天就要结束了。最后一批在南方过冬的鸟，飞到了我们列宁格勒州。不出我们所料，这些鸟都穿着最鲜艳华美的衣服。

　　现在，草场上百花盛开，乔木和灌木都长满了新叶，这些鸟可以毫不费力地躲避猛禽的攻击。

　　有人在彼得宫的小河上看见了翠鸟。它穿着碧绿、棕色和蔚蓝三色相间的制服。它是从埃及飞来的。

　　长着黑翅膀的黄色金莺，在树丛里吹着笛子，又好似瘦弱的小猫在叫唤。它们是从南非飞来的。

蓝胸脯的小川驹鸟和色彩斑斓的野鹌，出现在潮湿的灌木丛里。金色的黄鹂鸽飞降在沼泽地上。

粉红胸脯的䴗（jú）鸟（伯劳），戴着华丽的羽毛领子的五彩流苏鹬，还有绿蓝相间的佛法僧鸟，也都飞来了。

长脚秧鸡走来了

从非洲走来了长着翅膀的怪物——长脚秧鸡。

长脚秧鸡起飞很困难，而且飞得也不快。鹞鹰和游隼很容易在飞行途中把它捉住。不过，长脚秧鸡跑得飞快，而且擅长躲在草丛里。因此，它宁愿步行穿越整个欧洲，悄无声息地在草丛和灌木丛中行进。

只有在万不得已的时候，它才会张开翅膀飞，而且只在夜间飞行。

现在，长脚秧鸡在我们这儿的高草丛里整天叫唤："克里克——克里克！克里克——克里克！"你可以听见它的叫唤，但是假如你想把它赶出草丛，仔细看看它长得啥模样，那可办不到。不信你就试试看吧！

几家欢乐几家愁

现在，在森林里，谁都高高兴兴的，只有白桦树在哭泣。

在炙热的阳光下，白桦树白色身躯里的树液越流越快，而且穿过树皮的孔流到外面来了。人们把白桦树液当作一种既好喝、又有益的饮料，所以他们割开树皮，让树液流到瓶子里。树液如同人体里的血液，如果树木流出了过多的树液，它就会枯萎而死。

松鼠开荤

松鼠吃了一个冬天的素食。它吃松果，还吃秋天储存起来的蘑菇。现在该是它开荤的时候了。

许多鸟已经筑了巢，产下了蛋。有的鸟甚至已经孵出了雏鸟。

在树枝上和树洞里找鸟巢，掏出小鸟和鸟蛋当饭吃，松鼠干起这一切可内行了。

在毁坏鸟巢这件事情上，这位啃东西的好手不会输给任何猛禽。

我们的兰花

在我国北方，这种有趣的花是稀世珍品。当你看见它的时候，不由自主地会想起它那声名显赫的亲戚：生长在热带森林里的奇兰。在那里，兰花长在树上。在我们这里，兰花只长在地上。

在我们这里，有些兰花的根部令人称奇，像一只张开五个手指头的胖胖的小手。有的花美丽非凡，有的花却丑陋无比。不过，无论哪种兰花都香得沁人心脾，令人陶醉！

但是直到最近，我才在罗普萨头一回看到兰花里面最出色的一种。这种我从未见过的植物，开着五朵美丽的大花。我把其中的一朵朝上翻了翻，立刻厌恶地缩回了手，因为有一只怪模怪样的红褐色苍蝇趴在上面。我用花穗拍它，它却一动也不动。我再仔细看了看，原来这不是只苍蝇。它长着毛茸茸的短翅膀，身子像天鹅绒似的光滑，其中夹杂着浅蓝色的斑点。它有头，还长着一对触须。不过，这毕竟不是苍蝇，只是花的一部分。这种花叫作蝇头兰，那时我还从未见过这种花。

■发自尼·芭芙洛娃

找浆果去

草莓熟了。在阳光充足的地方，已经可以看见熟透了的红色草莓浆果。它香甜无比！你吃过以后，会久久地回味它的香味。

覆盆子也熟了。沼泽地上的桑悬钩子也快要成熟了。覆盆子枝上结了无数的浆果；每棵草莓最多结五个浆果；桑悬钩子最吝啬，它的茎端只结一个浆果，而且并不是每一棵桑悬钩子上都结浆果，有的光开花不结果。

■发自尼·芭芙洛娃

这是只什么甲虫

我捉到一只甲虫，却不知道它的名字，也不知道该用什么来喂它。

它长得很像那种名叫瓢虫的甲虫，只不过瓢虫是红色的、带白色斑点，这只甲虫却通体乌黑。它有六只爪子，会飞。身子圆圆的，比豌豆稍大一点儿。背上长着两片黑黑的硬翅膀，硬翅膀下面长着黄色的软翅膀。每当它抬起黑翅膀、展开黄翅膀时，就起飞了。

当它遇到危险的时候，会把小爪子藏到肚皮底下，把触须和头缩进去躲起来，令人忍俊不禁。假如这时你把它拿在手里看，肯定不会说它是只甲虫。它更像一颗黑色水果糖。但是，如果等一会儿，谁也不碰它，它就会伸出爪子、探出头来，最后伸出触须。

恳请您回答我：这是只什么甲虫？

■发自柳霞（12岁）

编辑部的答复

由于你十分详细地描写了小甲虫，我们立刻就知道了它是只阎魔虫，也叫作小龟虫。它像乌龟似的，爬得很慢；它也会像乌龟那样，把身体缩到龟壳里面去。它的龟壳非常深，可以把头、脚、触须都藏到龟壳里。

有各种各样的阎魔虫：黑色的和其他颜色的。它们都吃腐烂的植物和厩粪。

有一种长着细毛的黄色阎魔虫，住在蚂蚁窝里。它想去哪儿就去哪儿，然后又飞回蚂蚁窝里。蚂蚁从不打扰它。蚂蚁不仅保护蚂蚁窝，也保护房客阎魔虫，不让敌人攻击它。

燕子筑巢

（摘自少年自然科学家日记）

5月28日

有一对燕子在邻居木屋的屋檐下（正好对着我房间的窗户）筑巢。我非常兴奋，这下我可以亲眼看到燕子如何建造它那著名的小圆房子了。我可以从头到尾看见整个建筑过程。我还可以知道，它们什么时候开始孵蛋、如何喂养小燕子。

我注意观察小燕子，看它们飞到哪里去衔建筑材料，原来是从村子的小河边衔来的。它们飞到紧挨水边的河岸上，用嘴挖起小块淤泥，马上衔着飞回木屋。它们轮流作业，把泥粘在屋檐下的墙上后，紧接着又去衔新的一块。

5月29日

可惜，不单我一个人看到新建筑感到高兴。今天一大清早，隔壁的一只大雄猫就爬上了房顶。这是只阴沉着脸的流浪猫，身上的毛都被抓破了，右眼也在跟别的猫打架时弄瞎了。

它一直用眼睛瞅着飞来飞去的燕子，而且不止一次地向檐下张望，看巢有没有做好。

燕子惊慌地叫唤。既然猫待在屋顶上不走，它们就不再继续筑巢了。难道它们要永远离开这里吗？

6月3日

最近几天，燕子筑好了形状像把细细的镰刀的巢的底部。大雄猫经常爬上屋顶吓唬它们，干扰它们干活。从今天中午起，燕子压根没再飞来过。显然，它们准备放弃这项建筑工程了。它们将在别处找到比较安全的地方，那我可就什么也看不到了！

好沮丧啊，好沮丧！

6月19日

最近几天一直炎热。屋檐下那个用黑泥做成的镰刀形状的巢基干了，变成了灰颜色。燕子一次也没飞来。白天天空布满了乌云，不一会儿下起白花花的雨来。这才叫真正的倾盆大雨！窗外仿佛挂起了一道用玻璃条编织成的细密的帘子。街上一股股雨水像小河似的在奔淌。小河泛滥了，水像疯了似的哗哗流淌，无论从哪里都不能涉水走过小河了。要是踩一脚岸边的稀泥，差不多没到膝盖了。

一直到将近黄昏的时候，雨才停。一只燕子飞到了屋檐下。它落到镰刀形状的巢基上坐了会儿，然后就飞走了。我想："也许燕子不是被猫吓走的，只是因为最近它们找不到筑巢用的湿泥，它们也许还会飞来吧？"

6 月 20 日

飞来啦！飞来啦！而且不止一对，有好大一群呢！它们在屋顶上盘旋着，不时地朝屋檐下看，激动地大叫，似乎在争论什么问题。

它们商量了大约十分钟，然后只留下一只燕子，其余的都飞走了。只见燕子用爪子抓牢镰刀形状的泥巢基，待在那里一动不动，光顾用嘴修理巢基，或者也许是把它那黏糊糊的涎水涂在泥基上。我认为这只雌燕子是这个巢的女主人。因为马上飞来了一只雄燕子，它嘴对嘴递给雌燕子一团泥。雌燕子接过后继续筑巢，雄燕子又飞去衔泥了。

大雄猫又上了房顶，可是燕子不怕它了。燕子一声也不叫唤，一直干到太阳下山。看样子，我总算可以看见燕子巢完工了！但愿大雄猫的爪子不要够到它。不过，燕子自己最清楚应该把巢筑在哪里吧。

■发自森林记者　维利卡

斑鹟的家

5 月中旬的一天，晚上八点左右，我在我家的花园里发现一对斑鹟。它们停在白桦树旁的板棚上。白桦树上挂着一个我做的带活动盖的树洞形人造鸟巢。后来，雄斑鹟飞走了。雌斑鹟留了下来，它落到鸟巢上，但是没有钻进巢里。

两天后，我又看见了雄斑鹟。它钻进了鸟巢，然后出来，停到苹果树上。一只朗鹬飞了过来，于是两只鸟开始打架。原因很简单：朗鹬和斑鹬都是在树洞里筑巢的鸟。朗鹬想抢斑鹬的巢，但是斑鹬坚决不让。这对斑鹬在树洞状鸟巢里住了下来。雄斑鹬不住地唱着歌，从鸟巢里钻进钻出。

一对燕雀落在白桦树梢上，但是这丝毫未引起斑鹬的注意。这道理也是明摆着的：燕雀和斑鹬不是死对头，燕雀自己给自己做窝，不住在树洞里，而且这两种鸟吃的食物也不相同。

两天后。早上，一只麻雀飞到了斑鹬巢里。雄斑鹬向它猛扑过去。于是，一场残酷的战斗在鸟巢里打响了。忽然，一点儿动静都听不见了。

我跑到白桦树旁，用木棍敲了敲树干。麻雀从鸟巢里蹿了出来。雄斑鹬却没有飞出来。雌斑鹬不停地绕着鸟巢飞，忐忑不安地叫唤着。我担心雄斑鹬被咬死了，就朝鸟巢里望了望。雄斑鹬还活着，只是十分衰弱无力。鸟巢里放着两个鸟蛋。

雄斑鹬在巢里躺了很久。它飞出来的时候，还是虚弱不堪。它停在地上，几只母鸡来追它。我很为它的命运担心，就把它带回了家，捉苍蝇给它吃。晚上，我又把它送回鸟巢。又过了七天，我朝鸟巢里瞧了瞧。一股腐烂的气息扑面而来。我看见雌斑鹬伏在巢里孵蛋。雄斑鹬躺在墙边。它已经死了。

我不知道雄斑鹬是死于第一次战斗，还是麻雀又袭击它了。甚至当我把雄斑鹬的尸体掏出来的时候，雌斑鹬都没飞出来。它最终还是把小鸟孵出来了。

■发自沃洛佳·贝科夫

森林里的战争（续一）

你们还记得，住在采伐迹地上的特约记者所写的报道吗？他们一直在等待，等待采伐迹地变得一片青绿，小枞树破土而出。

这一天真的来到了。下过几场温暖的春雨之后，在一个阳光明媚的早晨，采伐迹地一片葱绿。不过，到底是些什么家伙从土里钻了出来？

原来，根本不是小枞树！不知从哪里冒出来一大群凶悍的野草，竟然抢到了小枞树的前头。这是莎草和拂子茅，长得既快又密。现在无论小枞树怎样拼命地从土里往外钻，它们还是来晚了：野草大军已经占领了采伐迹地。

第一场肉搏战打响了！小枞树用锋利得像矛枪似的树梢，艰难地拨开头顶层层叠叠的野草。野草们也竭尽全力地往小树身上压。战斗既在地面展开，也在地下打响。野草和树木的根，就像凶恶的鼹鼠一样在地下乱钻。为了争夺那营养丰富、充满盐分的地下水，它们你缠我，我绕你，你勒我，我掐你。就这样，无数的小枞树始终未能见到太阳光。它们在地下就被像细铁丝一样既柔韧又结实的草根给勒死了。

而那些好不容易钻出地面的小枞树，面临的是野草茎那令人窒息的拥抱。野草紧紧缠绕住小枞树结实的树干。小枞树试图用尖树梢拨开富于弹性的、交织在一起的野草茎。可是，野草坚决不让小枞树钻到上面晒太阳。只在个别地方，偶尔有几棵小枞树成功地钻到了野草大军的头顶。

当采伐迹地上的战斗进入白热化的时候，河那边的白桦树才刚刚开花。不过，白杨树已经为远征做好了准备，它们将在河对岸登陆。

白杨树张开了柔荑花序。从每一个柔荑花序里，都飞出了几百颗带白色刷毛的小种子（单腿小伞兵）。每位小伞兵的头上都有一顶白色的小降落伞。风兴高采烈地抓住小刷毛。比羽毛还要轻的小刷毛，不住地在空中打转，像朵白云似的被风带到了河对岸。风松了手，把它们均匀地撒在采伐迹地上，一直撒到枞树国的国界。单腿小伞兵们像雪片似的，飘到小枞树和野草的头上。一下雨，它们就被冲入地下，埋入土里。于是它们暂时失去了踪影。

日子一天天地过去了。采伐迹地上的战斗还在继续。不过，现在已经很明显，野草根本斗不过小枞树。野草拼命地想往高里蹿，但很快就停止了生长。小枞树却还在继续长高。

这下子，野草们的日子可不好过了。小枞树那宽大黝黯的针叶树枝，铺展到野草的头上，夺走了野草的阳光。在树荫里，野草很快败下阵来，无力地倒伏在地上。

但是，这时另外一支队伍（小白杨）从土里冒了出来。它们成群结队地来到这世界，显得惊慌不安，相互挤在一起，浑身发抖。它们迟到了，没有力量与小枞树决一死战了。

枞树把晦暗的针叶树枝伸到小白杨的头上，小白杨只得蜷缩起身子。在树荫里，它们很快就枯萎了。白杨树非常喜爱阳光，离开太阳就活不了命。

枞树眼看就要胜利了。这时，又有一批新的敌国空降部队，降落在采伐迹地上。它们乘着两只翅膀的小滑翔机飞来，刚一露面，就躲进土里不见了。这是白桦种子。它们嬉戏着飞过了河，散落在整个采伐迹地上。

我们的特派记者还不清楚：它们能战胜先到的占领军——枞树吗？

我们将把有关它们的新报道，刊登在下一期的《森林报》上。

集体农庄纪事

　　集体农庄庄员们要干很多活：播种完后，必须把粪肥和化肥运到田里，给田施上肥，为秋播做好准备。接下来，必须忙菜园里的活儿：先种马铃薯，再种胡萝卜、黄瓜、芜菁、饲用芜菁和甘蓝。这时亚麻也长高了，该给它们除草了。

　　孩子们也没在家里闲着。他们在田里、菜园里、果园里忙碌，做大人的好帮手。他们协助大人播种、除草、修剪果枝。集体农庄里的活真多啊！他们得编完够用一整年的白桦帚（俄罗斯人用来洗澡的物件。他们把白桦树枝和枝叶扎成一束，洗澡的时候用来拍打身子。有点儿类似于我们的丝瓜条），拔嫩荨麻。嫩荨麻可以用来做汤喝，用嫩荨麻和酸馍做的绿色菜汤美味极了。他们还用各种方法捕鱼：用钓鱼竿钓小鲤鱼、斜齿鳊、红鳍鱼、鳜鱼、鲈鱼、鳊鱼、鲋鱼等；撒下鱼箔（插在水里，阻挡鱼类，以便捕捉的竹栅栏）和鱼梁捕鳕鱼和小梭鱼；用鱼饵抓鳜鱼、梭鱼和鳕鱼。

晚上，他们用大捞网捕捞各种鱼。捞网就是用一根长竿子，在一头绑上袋形网做成的捕鱼工具。

夜晚，他们在河岸边装好捕捉龙虾的篓，然后坐在篝火旁，等待龙虾陆续爬进篓里。大家边等，边轮流讲故事，既讲滑稽故事，也讲恐怖故事。

清晨，再也听不到田公鸡（灰山鹑）在田里叫唤了。秋播的黑麦已经长到了齐腰高；春播的庄稼也长高了。

田公鸡依旧住在老地方，但是它不能叫唤了。它停在了巢旁边，巢里有蛋，雌山鹑正在巢里孵蛋呢。现在它必须沉默不语，否则会招来祸事的：不是鹰应声而来，就是孩子们或者狐狸跑过来，他们可全都是捣毁鸟巢的高手啊。

帮助大人们干活

刚一放假，我们少先队员就开始帮集体农庄庄员们干活了。我们在田里除草、消灭害虫。

我们既休息又劳动。感觉好极了。

今后还有很多农活和麻烦事要做。马上就要收割庄稼了。我们将去拾麦穗，帮助女庄员们捆麦子。

■发自森林记者　安娜·妮基吉娜

新的森林

在俄罗斯联邦的中部和北部地区，春季造林工作已经结束。一共建成了大约 1000 平方千米的新森林。

今年春天，在苏联欧洲部分的草原地带和森林草原地带，各集体农庄新开辟了大约 0.25 平方千米的护田林带。与此同时，集体农庄还创建了大批苗圃，明年将可提供十万多亿棵乔木和灌木树苗。

到秋天，俄罗斯联邦林场将再新造几百平方千米森林。

■发自塔斯社

集体农庄新闻

逆风助手

突击队员集体农庄收到寄自亚麻田的一封投诉信。小亚麻抱怨，田里出现了敌人——杂草，杂草多得让它们没法活了。

集体农庄立刻派出女庄员去帮助亚麻。她们镇压敌人——杂草，细心呵护亚麻。她们脱下鞋子，赤着脚，小心翼翼地逆风行走。亚麻在女庄员的脚下，倒下去了，可是逆风把亚麻茎推了推，就把亚麻扶起来了。于是亚麻站起身来，好像什么事也没发生过一样。它们的仇敌却被消灭掉了。

今天第一次

今天第一次把一群小牛犊放到牧场上去。它们高兴极了，撅起尾巴，尽情地跑啊、跳啊。

绵羊妈妈脱衣裳

在红星集体农庄的绵羊理发室里，十位经验丰富的剪毛工人正在用电推子给绵羊剪毛。他们剪呀剪，把绵羊全身的毛都剪了下来，似乎给绵羊脱掉了一层皮。

当牧羊人把剪完毛的绵羊妈妈们放到小绵羊身边去的时候，小绵羊问："谁是我的妈妈呀？"

小绵羊咩咩地叫，可怜巴巴地问："妈妈，你在哪里呀？你在哪里呀？"牧羊人帮每一只小绵羊找到了妈妈，然后又回到绵羊理发室给下一批绵羊剪毛了。

牲口越来越多

集体农庄的牲口数一天比一天多。光今年春天，就出生了多少只小马、小牛、小绵羊、小山羊和小猪呀！

昨天一夜时间，小河村的小学生家畜饲养室里的牲口就扩大了三倍。从前只有一只山羊，现在增加到四只：山羊妈妈卡姆什卡和三只小山羊——库加、穆萨和施嘎利克。

好日子就要到了

果园里的好日子就要到了。草莓已经开过了花；圆圆的樱桃树上开满了白色的花；昨天梨树上也绽放出花蕾。一两天后，苹果树也要开花了。

在"新生活"集体农庄里

南方蔬菜——番茄秧——昨天搬了新家，搬到了池塘边的田里。以前它们住在温室里。黄瓜秧做了它们的邻居。番茄——这些体格健壮的半大小伙子，正要开花。黄瓜秧小宝宝躺在白色的封套里，只露出个小鼻尖。土地妈妈保护它们，不让馋嘴的鸟儿看见它们。黄瓜秧能很快长高，赶上番茄吗？

帮助六只脚的劳动者

一说到跟农业有关的昆虫，我们立刻想起一大群个儿虽小，但是对于庄稼来说十分可怕的敌人。我们竟完全忘记了，有很多六只脚的小朋友，在田里给我们干活。我们竟忘记了，它们在给植物授粉中，发挥着巨大的作用。有许多长着翅膀的六条腿的昆虫，比如蜜蜂、丸花蜂、姬蜂、甲虫、蝇类和蝴蝶，为黑麦、荞麦、大麻、苜蓿、向日葵等植物授粉，把花粉从一朵花送到另一朵花。

有时，这些小劳动者的力量还不够，不能满足全部庄稼的授粉需求。那么，我们就得亲自帮助它们。我们用一根长绳当耙子，为黑麦、荞麦、亚麻和苜蓿等授粉。两个人各拉住长绳的一端，从开花植物的梢头上拖过去，把梢头稍稍压弯下来。这样，花粉纷纷从花上落下来，随风飘散到田里，或者沾到绳子上，被带到其他花上去。给向日葵授粉时可以这样：先把花粉收集在一小块兔子皮上，再把兔子皮里的花粉撒到所有正在开花的向日葵花盘上。

城市新闻

列宁格勒市的麋鹿

5月31日一大清早，有人在列宁格勒市梅契尼克夫医院旁看见一只麋鹿。这并非麋鹿第一次出现在市区。近几年来，麋鹿出现了好几次。大家猜测，它是从弗希沃罗德区的森林里跑过来的。

说人话的鸟

一位市民来到《森林报》编辑部，讲述了这么一件事：

"早晨，我在公园里散步。忽然，有人从灌木丛里不断地用哨音大声地问我：'看见特利什卡了吗？'我朝四周瞧瞧，一个人也没有，只看见一只通体发红的小鸟，落在灌木丛上。我朝它打量了一会儿，心想：'这是只什么鸟呀？叫声那么清晰。它问的特利什卡又是谁呢？'紧接着，它又问起来了：'看见特利什卡了吗？'我朝它迈了一步，想走近点儿看个究竟。可是它嗖的一下飞进灌木丛中不见了。"

这位市民看见的鸟叫红雀。它是从印度飞来的。的确，它的尖啸声听起来很像在提问。不过，每个人都按照自己的理解，把它翻译成人的语言。有的人认为它在问："看见特利什卡了吗？"也有的人认为它在问："看见格利什卡了吗？"

海底来客

许多各种各样的鱼从大海和大洋里游到江河里产卵，然后小鱼又从河里游回到大海。

只有一种鱼，产在海洋深处，然后从深海游到河里来生活。它的出生地在大西洋的马尾藻海（大西洋北部的一个海，因海面漂浮大量马尾藻而得名。马尾藻海是世界上最清澈的海，其最清澈处能见度可达75米）。这种不同寻常的鱼，就叫扁扁鱼。

你没听说过这样的鱼吧？这也不奇怪：因为只有当它很小、还住在海洋里的时候，才这么叫的。那时候，它通体透明，连肚子里的肠子都看得清清楚楚。两侧扁扁的，像片树叶。等它长大了，却变得像条蛇了。这时，人们才想起它真正的名字——鳗鱼。

扁扁鱼先在藻海里住三年。到了第四年，它们变成了小鳗鱼，不过身体还是像玻璃般透明。现在，这种玻璃似的鳗鱼，正成群结队地涌进涅瓦河。它们从故乡大西洋神秘的深海游到这里，一路上至少要经过两千五百千米！

试 飞

当你在公园里、大街上或林荫路上走的时候，请不时地抬头瞧一瞧，看有没有小乌鸦或小椋鸟从树上掉下来，有没有小慈鸟或小麻雀从屋檐上摔下来，掉到你头上。现在它们刚刚离开巢，正在学习飞行呢！

城郊漫步

最近几天，住在城郊的人夜里会听到一阵阵断断续续的、低沉的嘶鸣声："吠契——吠契……吠契——吠契！"叫声先从一条沟里传过来，然后又从另一条沟里传过来。原来这是红骨顶鸡在城郊漫步。红骨顶鸡是长脚秧鸡的亲戚，也和长脚秧鸡一样，步行穿越整个欧洲，徒步走到我们这里来的。

采蘑菇

当老天爷尽情地下过一场温暖的大雨之后，你就可以到郊外去采蘑菇了。红菇、鳞皮牛肝菌和美味牛肝菌纷纷从土里钻出来。这是夏季的第一批蘑菇，统称为麦穗菇，因为它们出生的时候，秋播黑麦刚好开始抽穗。很快，一到夏末，它们就消失不见了。

当你看到花园里紫丁香花凋谢了，就知道春天过完了，夏天开始了。

有生命的云

6月11日，很多人在列宁格勒市的涅瓦河畔散步。烈日炎炎，天空中一丝云也没有。房子和街上的柏油马路，被太阳烤得滚烫，人热得连气都喘不过来。孩子们在玩耍。

突然，在宽宽的河那边，飘起了一大朵灰色的云。大家都停住了脚步，望着它。这朵云飞得很低，几乎贴着水面在飞。人们看着它越变越大。

终于，它带着沙沙的喧闹声，把散步的人团团围住了。这时大家才明白，这不是云，而是一大群蜻蜓。一瞬间，周围的一切都发生了神奇的变化。因为有这么多小翅膀在扇动，空气中掠过了一阵凉爽的微风。孩子们也不再顽皮了。他们欢天喜地地望着：阳光透过彩色云母似的蜻蜓翅膀，让空中闪着美丽的七彩霞光。游人们的脸一下子变得色彩斑斓起来——无数小彩虹、日影和小星星在他们的脸上跳跃。这朵有生命的云沙沙地响着，掠过河岸上空，后来升得越来越高，飞到房屋后面不见了。

这是一群刚出生的小蜻蜓，它们友好地、成群结队地去寻找新住所。人们始终不知道，它们是从哪里孵化出来的，又要飞到哪里去栖息。通常，在各处都能见到成群结队的蜻蜓。要是你看见了它们，不妨留意一下小蜻蜓飞自哪里，又将飞到哪里去。

列宁格勒州的新野兽

最近几年，在列宁格勒州叶非莫夫区和相邻几个区的森林里，猎人们经常碰到一种本地居民不认识的野兽。这种野兽的个头几乎跟狐狸一样高。原来它是乌苏里的浣熊狗，简称为浣熊。

它为什么会跑到这里来？答案很简单，用火车运来的。十年前，运来了五十只浣熊，放养在我们州的森林里。在这些年里，它们繁衍了大批的后代，现在已经允许猎人捕猎这种野兽了。

乌苏里浣熊的毛皮非常珍贵。因为它们在这里不冬眠，所以在我们州，整个冬天都可以捕猎浣熊。而在气候严寒的故乡，它们是冬眠的。

欧　鼹

有人以为欧鼹是啮齿类动物，跟住在地底下的老鼠一样，在地下乱爬，啃食植物的根。可是，这是对欧鼹的诬陷，因为鼹根本不属于鼠类，它更像是身穿天鹅绒般柔软光滑皮大衣的刺猬。鼹也是食昆虫的兽，吃金龟子和其他幼小的害虫，因此鼹对人类非常有益。在毁坏植物这件事情上它是无罪的。

不过，假如有人不肯原谅鼹，因为它在花园或菜园里刨洞，把一堆堆泥土抛撒在花台或菜畦上，进而碰坏了花或者好吃的蔬菜，那么可以从容地在地上插一根长竿子，在长竿子上端装一个小风车。

风一吹，风车就转，长竿子随之抖动，下面的土地也一起颤动，鼹洞里就会嗡嗡作响。这样一来，鼹立刻四处逃散了。

■发自少年自然科学家　尤兰

蝙蝠的回声探测器

夏天的夜晚，一只蝙蝠飞进了打开的窗户。"把它赶走！快把它赶走！"女孩子们大叫着，赶紧用围巾裹住自己的头。一位

秃头老爷爷嘟哝道："它是冲着窗户里的亮光来的，干吗要钻到你们的头发里去啊？"

直到不久前，科学家们还搞不明白，为什么蝙蝠在漆黑的夜间飞行，不会迷路。

人们曾经蒙住它们的眼睛，塞住它们的鼻子。可是，它还是能躲避空中的一切障碍物，连拴在屋里的细线都能躲开，灵活地逃避天罗地网。随着回声探测器的发明，谜底被揭开了。现在，科学家们确认：所有的蝙蝠，飞行时都用嘴发出超声波，

即人类耳朵听不见的、非常尖细的叫声。无论它碰到什么障碍物，都会反射回来。蝙蝠灵敏的耳朵可以"接收"这些信号："前方有墙！""有线！"或者"有蚊子！"只有妇女茂密细长的头发，不能很好地反射超声波。

秃头老爷爷当然没什么危险，可是女孩子们的浓密长发真的会被蝙蝠当成"窗户里的亮光"，很可能会冲着其中一"扇"猛扑过来。

给风打分数

当风小的时候，它是我们的朋友。

在炎热的夏季的中午，假如一丝风也没有，我们会热得喘不过气来。如果平静无风，烟囱里的烟就会笔直地升上天空。如果空气以每秒不到半米的速度流动，我们会觉得一丝风也没有，我们给它打 0 分。

微风的风速，是每秒 1 ~ 1.5 米，或每分钟 60 ~ 90 米，或每小时 3.5 千米 ~ 5.5 千米。这是人步行的速度，这种风已经能把烟囱里的烟柱吹歪了。我们觉得脸上凉风习习，不会感到气闷，很舒适。我们给这种微风打 1 分。

轻风的速度，是每秒 2 ～ 3 米，也就是每分钟 120 ～ 180 米，或每小时 7 千米 ～ 11 千米。这大约相当于人跑步的速度。树叶吹得沙沙作响。我们在记分簿里，给轻风打 2 分。

　　软风的速度，是每秒 4 ～ 5 米，也就是每小时 14.5 千米 ～ 18 千米。这大约相当于马小跑的速度。软风摇晃细树枝，快乐地推着纸折的小船跑。我们在记分簿里，给软风打 3 分。

气象学里的和风指的是：吹起道路上的灰尘，激起大海里的波浪，摇动树林里的粗树枝。它的速度是每秒 6 ~ 8 米。我们给它打 4 分。

疾风的速度，是每秒 9 ~ 10 米，或每小时 32 千米 ~ 36 千米。这大约相当于乌鸦飞行的速度。这种风吹响树梢，摇动树林里的细树干，掀起大海里的波浪。它吹散大大小小的蚊子。我们给它打 5 分。

大风开始捣乱了。它使劲摇晃森林里的树木，把晒在晾衣绳上的衣服扔在地上，把帽子从人脑袋上刮下来，把排球往旁边乱推，不让人好好打球。它的速度相当于每小时 39 千米～43 千米的火车客车行驶速度。幸亏气象学家们给风打分数，用的是 12 分制。像我们学校里的 5 分制，就不够用了。气象学家给大风足足打了 6 分。

　　接下来，请在第八期《森林报》上看我们关于风的报道：在我们这儿，秋天风最大。

打 猎

　　我国幅员辽阔。在列宁格勒附近，春天狩猎的季节早已结束，可是在北方，河水才刚刚泛滥，正是打猎的好时光。这时候，很多狩猎爱好者，赶到北方去打猎。

小船荡漾在春水泛滥的地区

　　天空乌云密布，今夜如同秋夜一样黑。

　　我和萨索伊其乘着一艘小船，在林中小河里快速滑行，这条河的两岸高耸陡峭。我坐在船尾划桨，他坐在船头。

　　萨索伊其这位猎人，擅长打各种飞禽走兽。他不喜欢捕鱼，甚至看不起钓鱼人。尽管今天他也去捕鱼，可是他并未改变老脾气：他认为他是去"猎"鱼，而不是用鱼钩钓鱼、用渔网捞鱼，或者用什么别的渔具捕鱼。

经过高耸的河岸，我们来到了宽阔的春水泛滥区。有些地方，灌木的梢头露出水面。再往前，只看见一片模糊的树影。然后，就是黑压压的、像一堵墙似的森林了。

夏天，有条窄窄的堤坝把小河和小湖隔开来，堤上长满了灌木。有一条狭窄的水道，从湖里通向小河。不过，现在四周水都很深，所以用不着去找这条水道。小船自由地穿行在灌木丛间。

船头的一块铁板上堆着枯枝和引柴。

萨索伊其擦了一根火柴，点着了篝火。

跳跃的火苗发出红黄色的光，照耀着平静的湖面，也照耀着小船旁边光秃秃的黑色的灌木枝。

我们现在没时间东张西望。我们全神贯注地盯着水下面，盯着火光照亮的水深处。我轻轻地划着桨，一直没有把桨伸出水面。小船悄无声息地行走着。

一个魔幻般的世界在我的眼前漂动着。

我们已经划到了湖中央。似乎有好几位巨人隐藏在湖底，他们的身子埋在泥里，只露出头顶，凌乱的长发静静地漂浮着。这是水藻还是野草呢？

瞧，这是一个深不见底的黑乎乎的水潭。也许它并没有那么深，因为火光最多只能照到水里二米深。可是，瞧着这漆黑的深潭，让人感到很恐惧：谁知道湖底藏着什么怪物啊？

瞧，从水底，从黑暗处，起初缓慢地、后来越来越快地升起一只银色的小球。球变得越来越大。

现在它冲着我的眼睛飞过来了，眼看就要跳出水面，击中我的额头……

我不由自主地把头缩了起来。

这只球变得火红火红的，冲出水面，然后就炸了。

原来是个普通的沼气泡！

我仿佛坐在飞艇上，穿行在一个陌生的星球上。

树木茂盛挺拔的岛屿在船底下滑过。岛上长的是芦苇吗？

一个黑乎乎的怪物，把它那双粗糙的手（触须），颤巍巍地朝我伸过来。这怪物很像章鱼，也像乌贼，不过，触须更多，样子更丑陋、更可怕。

这到底是什么呀？

原来是一根沉在水里的粗树干——一棵树根交叉生长的白柳树！

萨索伊其的举动，让我关注到他。

他站在小船上，左手举起鱼叉（他是个左撇子）。他的双眼炯炯有神，直盯着水里。他的样子威武极了，好像这个身材矮小、满脸胡髭的军人，擎起长矛将要刺死的，是跪在他脚下的敌人。

鱼叉的柄长二米，下端镶着五个闪闪发光的钢齿，每个钢齿上还带有倒齿。

萨索伊其朝我转过被篝火照得通红的脸，扮了个怪相。我把船停住了。

猎人开始小心翼翼地把鱼叉插入水里。我朝水下望了望，只见水深处有道笔直的黑影。起初我以为是根木棍，后来才明白是条大鱼的脊背。

萨索伊其慢慢地把鱼叉伸向水深处。他把鱼叉斜对着那条鱼，后来手握着鱼叉不动了。

突然，他把鱼叉竖直，猛地用尽全力刺进了那条鱼的黑脊背。

当他把猎获物拖出来时，湖水一阵翻腾：只见一条大鲤鱼在鱼叉上拼命挣扎。鲤鱼足有两千克重。

船继续前行。不久，我看见一条不是很大的鲈鱼。它把头钻入水底的灌木丛里，一动也不动，仿佛在冥思苦想着什么。

这条鲈鱼离水面很近，我甚至能清楚地看见它侧腰上的黑条纹。

我瞧瞧萨索伊其。他否定地摇了摇头。

我明白，这只猎物对他来说太小了。于是我们放过了它。

我们就这样绕着湖转。水下王国的迷人景象，一幕幕地在我眼前掠过。甚至当应该停住小船、观看猎人捕获水下猎物的时候，我还舍不得移开视线。

又是一条鲤鱼、两条大鲈鱼、两条金色的细鳞鲤鱼，它们都从湖底进入了我们的小船舱。黑夜就要过去了。现在我们的船在田里划行。一根根燃烧着的枯枝和通红的木炭，掉进水里嘶嘶作响。偶尔从头顶传来一阵野鸭扑腾翅膀的声音。在那黑漆漆的长满树的小岛上，一只小猫头鹰声音柔柔地叫着，仿佛在告诉什么人："我在睡觉，我在睡觉。"一只小水鸭在灌木丛后悦耳地低声吟唱。

我看见前方横着一根短木头，便把小船往旁边一拐，免得撞上它。可是，这时突然听见萨索伊其气呼呼地低声喝道：

"停……停……嗤！梭鱼！……"

他激动得连说话都带起嗤嗤声来了。

他迅速把鱼叉柄上端的绳子缠绕到自己手上，仔细地、久久地瞄准着，然后小心翼翼地把鱼叉插入水中。

他用尽全力刺向梭鱼。

这条鱼竟拖着我们走了好长一段路！幸亏鱼叉刺得深，它才没挣脱掉。

这条梭鱼足足有七千克重。

当萨索伊其费了好大力把它拖上船的时候，天几乎大亮了。

透过薄雾，从四面八方传来琴鸡清脆的、唧唧咕咕的叫声。

"太好啦！"萨索伊其兴奋地说，"现在我来划船，你来开枪。可别错过机会啊！"

他把烧剩的枯树枝扔进水里，我们调换了一下在小船里的座位。清凉的晨风很快吹散了薄雾。天空一片澄净。这是一个美丽晴朗的早晨。

我们沿着林边划着船。树木被一层绿色的薄雾笼罩着，光滑的白桦树干和粗糙的黑枞树树干矗立在水面。遥望远方，树林仿佛挂在半空中一般。往近处看，眼前浮动着两片树林：一片树林树梢朝上，一片树林树梢朝下。镜子般的水面，奇妙地荡漾着，反射出一根根白色和黑色的树干，摇散了千条万条细树枝。

　　"准备……"萨索伊其低声提醒说。

　　我们沿着银光闪闪的水面，划到了白桦树林旁。一群琴鸡栖息在光秃秃的树枝上。叫人不解的是：这么纤细的树枝，为什么没有被这群粗大笨重的鸟压垮呢？

　　在晴朗的天空下，雄琴鸡黑得格外耀眼。它的身体壮实，长着小脑袋、长尾巴，尾巴尖上还拖着两条辫子。淡黄色的雌琴鸡显得比较朴素、轻盈。

　　几只乌黑和淡黄色的大鸟，摇晃着脑袋，在丛林下面的水里荡悠着。我们已经离它们很近了。萨索伊其轻轻地划着桨，让小船沿着林边走。为了不惊动那些警觉的鸟儿，我缓慢地举起双筒枪。

　　所有的琴鸡都伸长脖子，朝我们转过小脑袋来。它们很惊讶：在水上漂的是什么玩意呀？危不危险呀？

　　鸟的思维很迟钝。现在我们离最近的一只琴鸡只有五十来步远了。它正在不安地转动着小脑袋，心想：万一发生了什么情况，该往哪里飞呢？它不停地倒换着两脚。细树枝被它压弯了腰。

为了保持身体平衡，它慌乱地扑扇了两三回紧绷的翅膀。不过，它看到同伴们都待在原地不动，也就放心了。

我开了一枪。枪声轰鸣着，沿着水面向树林滚过去，又像碰到一堵墙似的，传了回来。

琴鸡乌黑的身体扑通一声掉进水里，溅起一股七色水柱。一大群琴鸡急速地扑扇着翅膀，一下子都从白桦树上飞走了。

我急忙开了第二枪，射向飞离的一只琴鸡，可惜没打中。

但是，一大早就打到了这么一只羽毛美丽的琴鸡，难道还不满意吗？

"好收成！"萨索伊其向我道喜。

我们捞起湿漉漉、低垂着翅膀的死琴鸡，慢悠悠地划回家去。

一群群野鸭在水面上飞快地掠过；勾嘴鹬尖啸着；两岸的琴鸡叫得更清脆、更欢畅了，既叽叽咕咕地叫，也气呼呼地"丘哝丘哝"地吼。太阳升到了树林的上面。

百灵鸟在田野的上空鸣叫。我们虽然一宿没睡，却一点儿也不困。

■发自本报特约记者

诱　饵

熊在附近闹事。一会儿听说某个集体农庄里一条小牛被咬死了，一会儿又听说另一个集体农庄里一匹小马被咬死了。

在会上，萨索伊其说得挺有道理，他说："还等什么？在熊碰咱们的牲口群之前，必须采取措施。加甫利奇的小牛不是死了吗？把它交给我，我用它做捕熊的诱饵。如果熊也到咱们的牲口群边打转转、东张西望的话，那它一定会去瞧瞧诱饵。它要是来了，休想碰咱们牲口的一根毫毛。我一定想办法干掉它。"

萨索伊其是我们这里最出色的猎人。

集体农庄把加甫利奇的死小牛交给了他。让他放手去干吧！以后我们可以安心点儿。

萨索伊其把死小牛装在大车上，运到树林里，放到一块干净的空地上。

他把小牛翻了个身，让它头朝东躺着。

萨索伊其是打猎的行家。他知道，熊从来不碰头朝南或头朝西的尸体，它会怀疑这是圈套。

萨索伊其用未剥皮的桦树枝，做了一道矮栅栏，把小牛围了起来。接着在离栅栏二十来步远的地方，在两棵并排的树上，搭了个离地约两米高的棚子。这是个用树干搭的平台，猎人夜里可待在上面守候野兽。

全部准备工作完成了。可是，萨索伊其并没有爬到平台上去，而是回家去了。

一个礼拜过去了，他一直在家里过夜。早上他挤出点儿时间，去木栅栏那儿转了一圈，卷根烟抽了会儿，然后就回家了。

集体农庄庄员们开始嘲笑他了。小伙子们挤眉弄眼地对他说：

"怎么样？萨索伊其，在自家的热炕头上，睡得更香一些吧？你不愿意在树林里守夜，是不是？"可是他回答道："贼不来，守了也是白守呀。"

他们又对他说："小牛可已经发出臭味啦！"

他说："那不正好嘛。"

他那么泰然自若，你能拿他怎么办。

萨索伊其知道事情该如何处理。他也知道，熊已经不止一天地绕着牲口群打转转了。只是因为眼前有个现成的死牲口，所以它就没有来袭击活牲口。

萨索伊其知道熊闻到了死牛的臭味，像人的尸体那样的臭味。猎人的眼睛很敏锐，他在放小牛的栅栏周围，发现了熊的脚爪印。熊还没有碰过小牛，看来它的肚子还饱饱的，要等尸体发出更大的臭气，才更有滋有味地美餐一顿。这种毛烘烘的林中野兽的口味就是如此。

死小牛在树林里躺了一个多星期了。萨索伊其依旧在家里过夜。

最后，他根据脚印判断，熊爬过了栅栏，从牛尸上扯下了一大块肉。

当天晚上，萨索伊其背着猎枪爬上了平台。

夜里，树林里静悄悄的。野兽睡了，鸟儿也睡了。

不过，并非所有的动物都睡了。猫头鹰扑扇着毛茸茸的翅膀，悄无声息地飞过，它在寻找草丛里窸窣（xī sū）作响的野鼠。刺猬在林子里来回踱步，它在寻找青蛙。兔子在吭哧吭哧地啃着白杨树的苦树皮。獾在土里寻找它认识的细植物根。这时，熊悄悄地靠近了死小牛。萨索伊其困得上下眼皮直打架。往常这个时候，他睡得正香，所以现在正犯困。

突然，有什么东西吱的一声响，他不由得打了个冷战。

也许他听错了吧？

没有听错。虽然天上没有月亮，可是北方的初夏夜，即使没有月亮也亮堂得很。可以清楚地看见，一只黑黑的野兽在攀爬白桦树栅栏。

熊已经在大声地咀嚼着，在享用人家款待它的美味佳肴。

"等等，"萨索伊其自言自语地说，"我这里还有更好的东西招待你呢，请你尝尝铅弹丸子。"

他举起枪，瞄准了熊的左肩胛骨。

突如其来的一声枪响，如雷鸣般震动了沉睡的森林。兔子吓得一蹿半米高。獾吓得呼噜呼噜直叫，慌忙奔回洞穴。刺猬缩成一团，身上的刺一根根竖了起来。野鼠溜进了洞。猫头鹰悄悄地躲到大枞树的黑影里去了。

但是，很快就安静下来。于是夜里出动的野兽又放大了胆子，开始各干各的事了。

萨索伊其从平台上爬下来，走到栅栏边，卷了一支香烟，抽了起来。他不紧不慢地走回家去。天快亮了，得睡一会儿，哪怕睡一小会儿也好呀。

等到集体农庄里的人都起来了，萨索伊其对小伙子们说：

"嗨，好汉们，套上车，到树林里去把熊拉回来吧。熊再也伤不了咱们的牲口了！"

哥伦布俱乐部

第三月

幸福的日子来到了。在安德烈和莱姆琪卡的带领下，哥伦布俱乐部的全体成员登上了火车。大家都放下了鼓鼓囊囊的背包，只有尼古拉和弗拉基米尔还扛着枪，不过这也就是他们的全部行李。

火车开了一夜。第二天清晨，哥伦布们刚刚洗完脸，唱完诙谐的俱乐部会歌：

> 走啊，走啊，走啊，
> 去往遥远的地方！

这时，火车已经到达了赫瓦伊诺车站。哥伦布们在这里下了车。

大伙查看了地图，向当地人打听清楚去娄苏瓦村的路，就兴高采烈地出发了。

路程很远，足足有二十五千米。大伙前面十五千米走得很轻快，还唱着歌。早上空气清新，路两旁都是针叶林。有两处他们不得不用手拨开茂密的树林。他们走过了一段由白桦木铺的路，经过了一个小小的死湖，湖上早已盖满了杂草。在路上大家只遇到一小队集体农庄女庄员，她们的肩上扛着木棍。火车站上洋溢着节日前夕的气氛。女庄员们把漂亮的裙子掖到腰里，把皮鞋挂在木棍上，赤着脚走到车站去。

然后田野出现了，一条很小的小河，河边就是村庄。队员们在那里做了第一次休整，喝了浓得像鲜奶油一样的香甜可口的牛奶。接下来，路越来越难走，正午的太阳火辣辣地烤在宽阔的田野上，但是没有人抱怨。

在连绵一千米长的第二个村庄，不得不做了第二次休整。因为胖子巴甫洛沙一屁股坐到了井边的长凳子上。井旁竖着一块木牌，上面写着：

"严禁马饮水！"

"我……不是马！"胖子委屈地说，"我……走不了五十千米的路……喝不到这井里的水，我就不走了……而且……就一直坐在这里了。"

"瞧你，傻兄弟，"尼古拉尖刻地用俏皮话挖苦他，"你就不怕喝了井水后，变成只水羚羊？或者，瞧你那么胖，天知道还会变成什么动物呢。"

可是，善良的廖列琪放下了吊水杆，从井里打了些水给巴甫洛沙喝。胖子喝够了水，坐了会儿，然后哥伦布们又上路了。

出了村子，就是一片森林。但已经不是松树林，而是像火车站旁那样的混合林，而且是片原始森林。古老的、灰白的枞树和银白的白杨树、高大雪白的白桦树交织在一起。愉快的交谈不知什么时候自动终止了。快到"未知之地"的时候，只见塔金在那儿迎接他们。精疲力竭的旅行者们很快走到了娄苏瓦村，在两间由塔金租好的空房子里安顿下来。一间房给女孩，另一间给男孩。

在这里，最让哥伦布们震惊的，是城里人所不习惯的万籁俱寂。既听不见电车的金属嘎吱声，也听不见人群的喧闹声、头顶飞机的嗡嗡声，更听不见遥远的电力机车的汽笛声。少年自然科学家们觉得远离故乡千里之遥，他们的确走进了一片未知的、谁也没有发现过的领地。

公鸡的打鸣声、老牛的哞哞声丝毫不妨碍这一片生动的宁静。

安德烈说：

"真正的穷乡僻壤。顺便说一句，在快到这里的路上，我在原始森林里看见（最好别当着女孩的面说）一堆被熊刨开的蚂蚁。"

女孩们齐声宣布，她们不怕熊。

塔金说：

"这就对了。我希望，你们能很快会一会这只捣毁蚂蚁堆的熊。请相信，你们不会怕它的。"

"当然。"弗拉基米尔迫不及待地想在女孩面前炫耀一下自己的博学，"这些食蚁熊和毁坏麦田的熊都是些小野兽。"

塔金朝他看了一眼，想说点儿什么，但又改变了主意。

第二天早晨，塔金带哥伦布们参观了"未知之地"。游览花费了大半天工夫，哥伦布们惊叹所看到的一切：欢快的小河，一小片真正的原始森林，静静的湖，湖上树木茂盛的小岛，大片的农田，上面种满了长势良好的秋播黑麦，以及高大肃穆的松树林，红褐色的小松鼠从一棵树枝跳到另一棵树枝。

斯拉维米尔若有所思地说，这些挺拔匀称的树干，令人联想到诸如里沙或佐尔巴干这样的奇异的海港。港口聚集着来自世界各地的轮船，桅杆林立，恰似一座森林。他立刻做了首诗。因为没有押韵，他把它叫作自由体诗：

> 桅杆林立，针叶林
> 犹如绿色的帆。
> 在横桁上
> 我看见红褐色水手的尾巴。

兽类学家廖列琪微笑着说：

"我把你的红褐色水手，第一个列入'未知之地'土著居民名单。它们是我们在这里看到的第一批哺乳动物。"

米露琪卡插嘴道：

"你们居民的数量并不多。我们鸟类学家一上午，已经记录了三十七种长着翅膀和羽毛的土著居民，够厉害吧？"

"没关系，我们会找到更多居民的。我们的土著居民都躲起来了。当然，我们的人口没有你们的多。"

这时女孩们听见类似黄鹂的哨声，连忙朝塔金走去，他正站在一簇大灌木丛后面，朝她们挥手呢。

"我答应过，指给你们看破坏蚂蚁窝的那只熊。瞧，它就在这儿呢。"他神秘兮兮地悄声说。

米露琪卡和廖列琪吓得差点儿惊叫起来。在前面的松树下，在高高的蚂蚁堆旁，蹲着一只毛烘烘的大野兽。它站了起来。这时女孩们才看清，这不是一只野兽，而是一位个子高大的老人，穿着一件皮毛外翻的短羊皮袄。他整个身子站直后，扔掉了手里拿着的树枝，抖落了身上的蚂蚁，从地上拾起一只装得满满的口袋，把它搭在了背后。这时，他转过脸来，女孩们看到一张胡子拉碴的脸，很像树妖的脸。然后，他慢腾腾地朝森林深处走去。

塔金解释道：

"这是九十岁的布雷多夫老爷爷，他从前是护林员，现在耳朵全聋了，腿也几乎迈不动了。瞧，他给自己找了个活儿干：整天在林子里转悠，寻找野蜂，这也是诺夫戈诺德人从事的老行当。他还收集蚂蚁卵，村里的孩子把它们叫作'馅饼'。"

"那蚂蚁们怎么办呢？"富于怜悯心的廖列琪感到很伤心。

"母蚁会产下新的卵，勤劳的蚂蚁们很快就会修复被捣毁的蚂蚁城。而布雷多夫爷爷也不会在一个夏天两次捣毁同一座蚂蚁城。"

黄昏时分，疲惫的哥伦布们聚集在"草莓小山"上。他们给开满白色草莓花的、多林的小山丘取了这么个名字。

一只布谷鸟飞了过来，停在一棵高大的山杨树的树枝上，正好在他们头顶的上方。

"咕咕！咕咕！咕咕！"它不停地啼鸣，似乎想为哥伦布们唱上一百年。

塔金微笑着说：

"看起来，这家伙想把它的想法印入我们大伙的脑海。当雄布谷鸟唱歌的时候，雌布谷鸟就会偷偷地飞到其他鸟巢旁，用嘴衔出巢里的鸟蛋，再把自己的鸟蛋放进去。绝大多数情况下，女主人不会扔出布谷鸟的蛋，而会把它和自己的蛋一起孵出来，然后再把胃口很大的小布谷鸟养大！这真是个绝妙的主意！也就是说，一种鸟可以精心地养育另一种鸟的后代。在日常生活中，人类几乎还未运用过这一想法。母鸡孵出鸭子，鹅孵出火鸡，难道这类现象还少见吗？如果我们把想繁殖的蛋，放进野禽巢里，那么又会怎么样呢？布谷鸟的想法给我们提供了无限的可能性。"

廖列琪总是积极地回应他人的想法。她附和道：

"首先，可以拯救那些爸爸妈妈已去世的、还没生下来的小鸟。"

平静从容、善于思考的安德烈赞同地说：

"其次，可以在国外整箱购买加利福尼亚松鸡或极乐鸟的蛋，用喷气式飞机把它们运过来，让我们的松鸡和花尾榛鸡来繁殖它们。"

豪放的尼古拉迅速站起来，说道：

"走吧！"

"去哪儿？"哥伦布们感到很惊讶。

"当然是去实现布谷鸟的想法啊，应该最大限度地实施布谷鸟的创意。"

"哎……你……可真是个……急性子！"巴甫洛沙慢腾腾地站起来，懒洋洋地说道。

安德烈边走边说：

"首先必须搞清楚，几种大小差不多的鸟蛋是否可以相互放到对方的巢里，是否还会有新的鸟巢收留它们，然后……"

但是哥伦布们已经依次散开来了。他们相互距离五十步远，搜索路旁和河边的灌木林。他们边走，边用山雀的哨音相互召唤：

"舟维！舟维！舟维！"这哨音使队伍保持整齐。

只要看见小鸟从草丛和灌木中飞出，哥伦布们就会停下来，看看附近有没有鸟巢。

塔金用断断续续的鸫鸟哨音发出信号：

"特勿契！特勿契！特勿契！"（站住！）

哨音依次在队伍的前后响起。哥伦布们站住了，侧耳细听。

"费勿里勿！"（过来！）塔金用黄鹂的哨音叫道。

"费勿里勿！费勿里勿！费勿里勿！"

哨音依次传播开来，哥伦布们悄无声息地走着，不一会儿就聚集到了塔金的身旁。

"这里有只朱雀巢，"塔金低声说，用小木棒指了指前面的稠李丛，"请你们分别走到朱雀跟前，对它说几句好听的话。"

"这是为什么？"哥伦布们惊讶地悄声问。

塔金轻声回答：

"也许，我弄错了。但是，我觉得，鸟儿对人类的声音并非满不在乎。粗鲁的、尖厉的、恶狠狠的声音让它们感到害怕。当然，它们不是害怕语言的意义，而是害怕说话的腔调。友好的、低声的、悦耳的话语，就像平缓的动作那样，会让鸟儿安静下来。鸟儿能很好地理解人们对它的关爱。每种动物都会感受到善意。声音对鸟儿的作用尤其明显，因为鸟儿，特别是鸣禽，非常敏感，并且富于音乐天赋。"

于是哥伦布们一个接一个地走到灌木丛旁，轻轻地用手拨开灌木枝，对着那只长得很像小麻雀的、相貌平平的褐色小鸟，说了些动听的话语。小朱雀正躺在薄薄的干草窝里。

塔金说：

"我已经让它习惯我了。我每天都过来一趟，对着它说会儿话。现在它不太怕人了。"

这时朱雀待不住了，从巢里飞到了树枝上。巢中露出五只天蓝色的蛋，圆的那头带着黑色的小斑点。不过朱雀并没有飞走，而是停留在树枝上，用温柔但焦虑的声音啼叫起来，这声音很像金丝雀的不安的叫声，似乎在问：

"谁啊？谁啊？谁啊？"

廖列琪笑着回答：

"自己人！自己人！我们不会碰你的！你的蛋真漂亮！"

那天哥伦布们一共打扰了朱雀四次。先是廖列琪来了，她从干草窝里取出一只天蓝色的朱雀蛋，再把一只带着红色斑点的、白色的小柳莺蛋放进窝里。这一切都是当着朱雀的面做的。

安德烈找到了黑头莺的巢，取出了第二只天蓝色的朱雀蛋，放进了一只黑头莺的蛋——带着褐色小点的肉色蛋。女画家希格利特则带来了灰色捕蝇鸟的浅灰色蛋。

甚至连豪放的尼古拉，也像捧着青草上的露珠似的，小心翼翼地捧来了绿色的草地石䳡（fú）蛋，轻手轻脚地把它放进朱雀巢。在转运过程中，哥伦布们没有打碎或压破一只易碎的鸟蛋。

塔金看着队员们的工作，感到很欣慰。现在的孩子们和他当年读书时的孩子们相比，对待鸟儿的态度，有多大的不同啊！

那时的女孩子们，不知为什么，对鸟儿完全不感兴趣。而男孩子们……唉，最好他们别感兴趣！男孩子们冷漠地、无动于衷地捣毁成百上千只鸟巢，他们把这称为"收集鸟蛋标本"。有的人集邮，有的人集鸟蛋。可是，邮票因此得以保存了下来，而脆弱的蛋壳里的小生命却因此夭亡了。收藏家们把有生命的蛋黄和蛋白去掉，只留下空空的蛋壳。一两年之后，他们的兴趣过去了，便把蛋壳扔进了泔水桶。在无数代人心安理得地毁灭动物的生命之后，终于迎来了光荣的"少年哥伦布"这代人。他们生来热爱生命，保护生命，在生命中发现越来越多的新的奥秘。而以前的孩子们冷漠地对待动物的生命。

第二天大家发现，朱雀真是位伟大的母亲。它接受了五花八门的、别的鸟尚未孕育的后代，开始耐心地孵化它们。

无论哥伦布俱乐部成员们学的是何种专业，他们都对布谷鸟的想法很感兴趣。大家都在寻找鸟巢，重新安放鸟蛋。他们把鸟蛋用黑墨水涂黑，然后偷偷地放进不同的鸟巢里。俱乐部里堆起了厚厚的练习本。本子上详细记载着：谁、什么时候、从哪里把鸟蛋重新放到了什么地方，以及结果如何。

不久大家就搞明白了，有的鸟是多情的、富有自我牺牲精神的母亲，可以放心地把其他鸟的后代交给它们孵化。与之相反，有的鸟却怎么也不愿收养其他鸟蛋。例如，一只灰色的捕蝇鸟接连三次把给它的鸟蛋从巢里扔到一棵老松树的半月形树洞里。第四次它干脆扔掉了鸟巢，尽管那里面还躺着它自己的四只蛋。雌红尾伯劳是鸣禽中的食肉禽，它感激地接受了别的鸟蛋……立刻一口吞食了它。

哥伦布们不仅实施布谷鸟的想法，每个人都还记着各自的专业，编制了"未知之地"各类土著居民的名单。与其他名单相比，鸟类学的名单编制得最快。不过，树木土著居民种类的名单编制也进展顺利。虽然巴甫洛沙变得越来越胖、越来越懒，在森林里待的时间越来越短，可是多拉走遍了"未知之地"的每个角落，考察了每一片大大小小的树林。一次，当她想折断一根柳树枝的时候，甚至突然掉进了河里。她非常喜欢柳树。

动物学的名单编制得最慢。总的来说，地球上各类四条腿的动物已所剩无几。要发现它们，也不像发现静止不动的树木那么容易。

晚上，哥伦布们打排球、写信、吃晚饭。临睡前，如果天气好的话，大家聚在一起坐会儿：女孩们坐在露台上，她们小屋的阁楼上带有露台；男孩们则坐在楼下的土台上。有的干自己的事，有的互相开玩笑，从楼上开到楼下，又从楼下开到楼上。

斯拉维米尔的诗集中记录了这样的夜晚：

太阳落到了树后，

月亮抽起了旱烟。

在山丘的谷地里，

兔子煮起了啤酒。

蚊子成群飞舞着，

预示将有好天气。

希格利特画农舍后

紫色的阴影。

尼古拉敲响了碗碟：

他将出发去夜行军。

村庄沉睡了，

夜猫子唱起了歌。

斯拉维米尔非常仔细地倾听集体农庄庄员们的谈话，记录下他们的谚语。"月亮抽起了旱烟"，意指云层裹住了月亮。"兔子煮起了啤酒"，意指夜晚谷地上空的雾。从前诺夫戈诺德人自己酿制啤酒，把烧红的石块放入煮着啤酒的大锅里，于是一股白烟从锅里冒出来，弥漫在谷地的上空。斯拉维米尔曾经读过的诺夫戈诺德州谚语是俄罗斯最古老的谚语。在那里，喜欢黑暗的夜鹰被叫成了夜猫子。

打 靶 场

一箭射中目标！

一语击中答案！

第三场比赛

1. 什么甲虫以出生月份命名？

2. 蚱蜢靠什么发出咔嚓声？

3. 沙锥用什么发出"咩咩"的叫声？

4. 为什么红褐色的鹭鸶被叫作"水牛"？

5. 蜘蛛有几条腿？

6. 甲虫有几对翅膀？

7. 哪种鸟从南方到我们这里来，其中一段路是步行的？

8. 椋鸟孵出小鸟后，把啄破的蛋壳扔到哪里去了？

9. 哪种动物的耳朵长在腿上？

10. 哪种鸟叫起来像瘦弱的猫？

11. 青蛙卵和癞蛤蟆卵的区别何在？

12. 长脚秧鸡有多高？

13. 哪种鸟"汪汪"叫？

14. 哪种鸣禽最晚飞到我们这里来？

15. 丁香花开，是春天还是夏天？

16. 树根底下，热闹非凡；树林中间，铁匠打铁；树林上空，灯火明亮。这三句话分别指什么？

17. 行路的人用得上，赶车的人用得上，病人也用得上。请问这是什么树？

18. 洁白似雪，黑如甲虫，绿似嫩葱；转起圈来像疯子，在树林里直打转。（谜语，打一动物）

19. 不用手织，却编成了网。请问这是什么网？

20. 又细又长，落到苔草里；自己不出来，却把孩子放出来。（谜语，打一自然现象）

21. 请我来，等我来，我来了之后，它却躲起来。这又是指什么？

22. 像只小牛没有角，额头宽宽眼睛小；碰不得，摸不得，牲口群里有它就遭了殃。（谜语，打一动物）

23. 什么动物出生时就长着胡子？

24. 一个说："开始跑！"一个说："躺下来！"还有一个说："蹲下来！"这里提到的是哪三种自然现象？

通 告

演出和音乐，赶快去看！

在僻静的林中小湖上，长满了青草和芦苇。在这里，可以看到最有意思的演出。为了观看这场演出，必须在湖边搭个小棚子，躲进里面。

在晴朗的清晨的霞光中，两个服装艳丽的演员从草丛里游了出来。这是两只漂亮的小鸟，嘴巴又细又红，华丽的衣领一直到脸颊，在初升的太阳的映照下，闪着鲜艳的古铜色光芒。这是鸊鹈。请安静地坐着，看它们将如何表演。

瞧！它们并排游着，肩并着肩，仿佛列队的士兵一样。突然，似乎听见了"分开游"的命令，它们立刻转过身来，面对面鞠了个躬，跳起舞来。

然后，它们伸直脖子，头往后仰，微微张开嘴巴，仿佛在发表重要讲话。突然它们一起嘴朝下，猛地钻入水中，甚至没溅起一丝水花！一分钟后，一只、接着另一只从水里跳出来，立在水面上，仿佛站在地上一样。

　　它们挺直身子，互相传递着各自从水底衔起的一束青苔，仿佛在交换两条绿手绢似的。

　　你忍不住鼓起了掌，它们立刻消失不见了，躲到芦苇丛中去了！

第二场测验 "锐眼"称号竞赛

如何区分它们?

图 1 画的是哪两种水禽? 如何区分它们?

图1

图 2 和图 3 画的是我们这里的两种兔子:灰兔和雪兔。冬天,谁也不会混淆它们, 因为在冬天, 它们一只是灰色的, 另一只是白色的。但是到了夏天, 两种兔子都变成了灰色的, 该如何区分它们?

图2

图3

图4　　　　　　　　图5　　　　　　　　图6

图4、图5和图6画着三种小兽。它们的区别在哪里？各叫什么名字？

这里画着三条蛇和一条无脚蜥蜴。哪一条是蜥蜴？哪些蛇有毒？用什么咬人？哪些蛇无毒？

图7　　　　　　　　　　　图8

图9　　　　　　　　　　　图10

答案及解释

打靶场答案

请检查你的答案有没有击中目标。

第一场比赛

1.从 3 月 21 日开始。

2.肮脏的雪化得快,因为颜色比较深,更多地吸收阳光。(夏天戴黑帽子最热)

3.春天,毛皮兽换毛,脱掉浓密温暖的绒毛,这降低了毛皮的价值。另外,野兽怀着小兽。

4.蝙蝠等到它要吃的昆虫飞来后,才出现。

5.款冬、毛茛和雪花。

6.白山鹑。冬天它是白色的,夏天有花斑。

7. 雪融化前，它开始换灰毛的时候，或者地面比雪兔先变颜色的时候。

8. 眼睛是睁着的。

9. 在幽暗茂密的森林里生长的树木，快速向上面的光亮处伸长，因此下部就不长树枝了。在开阔地生长的树木，还保留着下部的树枝，而且向四周伸展得很开。

10. 小鹛鹛。它的长度只有 3.5 厘米（不算尾巴）。

11. 鹪鹩和戴菊鸟。它们差不多高，比蜻蜓还小。

12. 以植物种子和浆果为食的鸟，为了便于把核啄破，嘴巴粗大坚硬；以昆虫为食的鸟，嘴巴细小柔和；而猛禽的嘴巴像钩子，便于把肉撕碎。

13. 交嘴鸟。

14. 兔子是冬天啃这棵树的，这时地上的积雪有一米深，兔子吃不到下部的树皮。

15. 3 月 21 日和 9 月 21 日，分别是春分和秋分。

16. 冰柱。

17. 春天的太阳。

18. 雪。雪融化后变成小溪，潺潺地流淌。

19. 乌黑的马是河，车辕是河岸。

20. 大地。冬天，白雪皑皑；春天，鲜花遍开。

21. 雪。

22. 今天。

23. 鹿。

24. 喜鹊（俄语中，喜鹊这个单词的拼法正好是 40 个 A 连在一起）。

第二场比赛

1. 虾。

2. 羊肚菌和鹿花菌。

3. 农民耕地时会掘出许多蛆虫、幼小的甲虫和其他昆虫。白嘴鸦啄食它们。

4. 乌鸦巢扁平，有道槽；喜鹊巢圆圆的，有顶棚。

5. 那种不织网抓捕猎物的蜘蛛叫作"流浪蛛"。

6. 家燕。

7. 在灌木丛里、花园里和树洞里。

8. 它们把动物的毛衔回去筑巢。另外，啄食老动物皮里的昆虫和昆虫的幼虫。

9. 候鸟是我们的家鸭和家鹅的先祖。春天，每当野禽飞过的时候，家鸭和家鹅就感到郁闷：它们也渴望飞向远方。

10. 春天会出其不意地发大水，经常淹没那些在地上筑巢里的鸟蛋和小鸟。

11. 禁止捕杀任何鱼。大梭鱼于 4 月末游到春水泛滥的河湾里产卵。它们产卵的地方水很浅，脊背常常露在水外面，于是盗猎者就朝它们开枪。

12. 爬虫更加怕冷，因为它们的血是冷的。天气寒冷时，它们会被冻死。至于鸟儿，要是它们吃饱了，几乎就不怕冷。

13. 前舌尖。

14. 住在开阔地带的鸟，翅膀尖细狭长。不难推断出，住在树林和灌木丛里的鸟，翅膀不会长，因为长翅膀会缠住树枝和树干。住在密林里的鸟，翅膀宽宽的，短而圆。图中画着的是鸥和喜鹊的翅膀。

15. 家燕。

16. 蜜蜂。

17. 甲虫。

18. 会咬人的蚊子。

19. 雨水落下，大地吸收，青草生长。

20. 鱼。

21. 土地妈妈。

22. 铃兰的花蕾和花。

23. 云。

24. 指牛的四条腿、两只犄角和一条尾巴。

第三场比赛

1. 金龟虫：5 月金龟虫和 6 月金龟虫。

2. 蚱蜢的腿上长着小刺，翅膀上长着锯齿。
每当它用腿摩擦翅膀时，便发出咔嚓的响声。

3. 用尾巴。

4. 因为雄鹭鸶发出像牛一样的叫声。

5. 八条腿。

6. 甲虫长着两对翅膀。外面一对坚硬厚实，
主要用来保护下面那对飞行用的翅膀。

7. 长脚秧鸡，黑鹴（fán）。

8. 椋鸟衔着破蛋壳飞出巢，把它丢到离巢
很远的地方。

9. 蚱蜢的耳朵长在腿上，它的听觉不在头
部，而在一双前脚的小腿上。

10. 黄鹂。

11. 青蛙的卵，像一团团的冻胶漂浮在水面；蟾蜍的卵，
黏附在一条胶质带上，带子黏附在水草上。

12. 比椋鸟高一点儿，比鸽子矮一点儿。

13. 在春天的交配期，雄白山鹑发出狗一样的叫声。

14. 是色彩艳丽的鸟。等到我们这里的树上长满了绿色的嫩叶，它们才飞过来。

15. 春天。丁香花谢的时候，就认为夏天开始了。

16. 蚂蚁在蚁穴里忙忙碌碌；啄木鸟啄树好似铁匠打铁；夜晚，星星在天空闪烁，好像开着灯。

17. 白桦树。行路的人砍下白桦枝做拐杖；赶车的人用它做鞭子；在乡下，给病人喝白桦树汁。

18. 喜鹊。

19. 蜘蛛网。

20. 雨。雨落在草里，汇成小溪。

21. 雨。

22. 狼。

23. 山羊。

24. 河、河岸和岸边的灌木丛。

"锐眼"称号竞赛答案及解释

第一场测验

图 1 画的是天鹅。它在飞行的时候,伸直细长柔软的脖子,由此看上去翅膀似乎拖在后面。短腿缩了起来,因此看不见腿。

图 2 画的是雁。它飞行的时候很像天鹅,不过脖子要短很多,比较矮小,呈灰色。

图 3 画的是鹤。它在飞行的时候,把脖子和双腿伸得像木棒那么直。

图 4 画的是鹭鸶。很容易把它和鹤区别开来,因为它在飞行的时候,弯着脖子,翅膀也弯得很厉害。

这是什么树的阔叶?这是什么树的针叶?答案是:

1. 白桦树;2. 赤杨;3. 椴树;4. 白杨;5. 杨树;6. 桦树;7. 柳树;8. 槭树;9. 栎树;10. 榛树;11. 松树的针叶。

第二场测验

图 1 画的是矶凫和浅水野鸭。野鸭栖在水面时，把身体的后部抬离水面。它觅食时，像家鸭一样，只把身体的前部钻进水里。

矶凫栖在水面时，把身体后部的隆起处浸入水中。潜水时身子全部钻入水里。

图 2 画的是雪兔。雪兔的耳朵比较短，要是向前弯，够不到鼻尖。脚掌比较宽，尾巴圆圆的，尾巴尖有个小黑点，呈灰色。

图 3 画的是灰兔。夏天也很容易把灰兔和雪兔区别开来。因为灰兔比较高大，身上的毛略带棕红色或淡黄色。耳朵长长的，要是向前弯，可以超过鼻尖；腿细细的，尾巴比雪兔长，上面长着个长形的黑斑点。

图 4 画的是鼩鼱。它是有益的捕食昆虫的小兽。

图 5 画的是家鼠。它是有害的啮齿类动物。

图 6 画的是野鼠。它也是有害的啮齿类动物。

根据下列特征，很容易把这三种鼠类小兽彼此区别开来：鼩鼱的嘴巴长长的，像只长鼻子，身子弓起，几乎看不见眼睛，因为眼睛躲在毛里面；家鼠和野鼠的脸上没有长鼻子，家鼠的尾巴长些，野鼠的尾巴短些。

图 7 画的是无毒的游蛇。图 8 是有毒的灰蝰蛇。在温顺有益的游蛇的头两侧，可见清晰的黄斑。在毒性巨大而有害的蝰蛇的灰色脊背上，可以清楚地看见"罪犯的烙印"——黑色的锯齿形条纹。

图 9 画的是没有脚但非常有益的蜥蜴，又叫蛇蜥。图 10 是黑蝰蛇。千万不要把黑蝰蛇和游蛇混淆：黑蝰蛇的头上没有黄斑。跟游蛇一样，可以把蛇蜥拿在手里，因为它没有毒牙，不会伤害你。要是只抓住它的尾巴，像普通的蜥蜴那样，它会把尾巴留在你的手里。要是抓住蝰蛇的尾巴，它会猛一回头，用毒牙咬住你。你会因此中毒，甚至丢掉性命。所以，一定要学会正确区分蝰蛇、游蛇和蛇蜥。蝰蛇有各种颜色：从浅灰色到乌黑色。

跟蜜蜂和黄蜂不一样，蛇并不会蜇人。人们错误地认为，蛇那尖尖的、带分叉的小舌头会蜇人。实际上，毒蛇的毒藏在牙齿里。

无障碍阅读 名家名译版

森林报

（苏）维·比安基 著

周 露 译

夏

旅游教育出版社

责任编辑：何玲

图书在版编目（CIP）数据

森林报．夏 /（苏）维·比安基著；周露译 . -- 北
京 : 旅游教育出版社，2019.4
ISBN 978-7-5637-3938-7

Ⅰ．①森… Ⅱ．①维… ②周… Ⅲ．①森林－青少年
读物 Ⅳ．① S7-49

中国版本图书馆 CIP 数据核字（2019）第 068705 号

森林报 夏

（苏）维·比安基 著

周　露 译

出版单位：旅游教育出版社
地　　址：北京市朝阳区定福庄南里 1 号
邮　　编：100024
发行电话：（010）65778403　65728372　65767462（传真）
本社网址：www. tepcb. com
E－mail：tepfx@163. com
印刷单位：北京欣睿虹彩印刷有限公司
经销单位：新华书店
开　　本：170×240　　1/16
印　　张：56
字　　数：600 千字
版　　次：2019 年 4 月第 1 版
印　　次：2019 年 9 月第 2 次印刷
定　　价：140.00 元（全 4 册）

目 录

第 4 期　鸟儿筑巢月（夏季第一月）

第 5 期　小鸟出生月（夏季第二月）

第6期 成群结队月（夏季第三月）

森 林 报

第 4 期

鸟儿筑巢月

（夏季第一月）

6 月 21 日到 7 月 20 日

太阳转入巨蟹宫

太阳史诗——6 月

6月里，蔷薇花开了，候鸟搬完了家，夏天开始了。现在白昼最长。在遥远的北方，完全没有了夜晚，太阳一天二十四小时都挂在天上。在潮湿的草地上，花儿开得越来越富有阳光的色彩，金凤花、立金花、毛茛等把草地染得一片金黄。

这时，人们在太阳初升的黎明时分，采集可用于治病的花、花茎和草根，以备在突然生病的时候，可以把贮存在花草里的太阳的生命力，转移到自己身上来。

一年之中最长的一天（6月22日）夏至过去了。

从这一天起，白昼开始慢慢地、慢慢地缩短。缩短的速度跟春天光明增加的速度一样慢。不过人们感觉挺快。民间俗话说："夏天的头顶已经从篱笆缝里露出来了……"

所有的鸣禽都有了自己的巢，所有的巢里都下了蛋，各种颜色应有尽有。脆弱的小生命透过薄薄的蛋壳，露出来了。

各居其所

孵小鸟的季节到了。森林中的居民都给自己造了房子。

我们的记者决定去了解一下：那些飞禽走兽、鱼和昆虫都住在什么地方？它们过得怎么样？

漂亮的住房

原来，现在整个树林里，从上到下都住满了。不论哪里，一点儿空地都没有了。地上、地下、水上、水下、树枝上、树干中、草丛里、半空中，全住满了。

黄鹂把住房盖在半空中。它用大麻、草茎和毛发，编成一间轻巧的小篮子形状的住房，把它高高地挂在白桦树枝上。小篮子里放着黄鹂的蛋。你说怪不怪，风吹动树枝的时候，蛋却不会打破。

百灵、林鹨（liù）、鹀（wú）和许多别的鸟把住房搭在草丛里。我们记者最喜欢篱莺的巢棚。它用干草和干苔搭成，带有棚顶，门开在侧面。

鼯（wú）鼠（松鼠的一种，脚趾间有一层薄膜相连接）、木蠹（dù）贼、小蠹虫、啄木鸟、山雀、椋（liáng）鸟、猫头鹰和许多其他的鸟把住房盖在树洞里。

鼹鼠、田鼠、獾、灰沙燕、翠鸟和各种各样的昆虫把住宅建在地底下。

鸊鷉（pì tī）是一种潜水鸟。它的巢浮在水上，用沼泽地里的草、芦苇和水藻搭建而成。鸊鷉住在这只浮动的巢里，仿佛乘着木筏似的，在湖里漂来漂去。

河榧（fěi）子和银色水蜘蛛把小房子建在水底下。

最佳住房

我们的记者想找到一所最优秀的住房。原来，要确定哪一所住房最佳，可没那么容易呢！

雕的巢用粗树枝搭成，面积最大，搭在粗大的松树上。

黄头戴菊鸟的巢最小，只有小拳头那么大，而它的身子比蜻蜓还小。

田鼠的住房构思最巧妙，有许多前门、后门和安全门。无论你花多大力气，也别想在它的房间里捉到它。

卷叶象鼻虫的住房最精美。卷叶象鼻虫是一种带长吻的甲虫。它咬掉白桦树叶的叶脉，等到叶子枯萎的时候，就把叶子卷成圆柱形，再用唾液粘牢。雌卷叶象鼻虫就在这圆柱形的小房子里孕育后代。

戴领带的勾嘴鹬和夜游神夜莺的家最简陋。勾嘴鹬直接把四个蛋产在小河边的沙滩上。夜莺把蛋产在小坑里或者树底下的枯叶堆里。它们都不肯花大力气造房子。

反舌鸟（属于莺莺的一种，擅长模仿人的声音和其他鸟的叫声）的小屋子最漂亮。它的小巢搭在白桦树枝上，由苔藓和薄薄的桦树皮装饰而成。它还在别墅的花园里，捡拾人们丢弃的彩色纸片，把它们编在巢上当作装饰物。

长尾巴山雀的小巢最舒适。由于它的身材很像一只盛汤用的长柄勺，因此它也被称作汤勺。巢的里层用绒毛、羽毛和兽毛编成，外层用苔藓粘牢。整个巢呈圆形，像个小南瓜。有个小圆门开在巢的正当中。

河榧子幼虫的小房子最轻巧。

河榧子是长着翅膀的昆虫。当它们停止不动的时候，便收拢翅膀，盖在背上，刚好能遮蔽全身。但它的幼虫还没长出翅膀，全身赤裸，没有东西可以遮挡身体。它们喜欢住在小河和小溪底部。

河榧子的幼虫先找到跟自己的脊背差不多长的细树枝或者芦苇，接着用沙泥做成小圆筒糊在上面，然后倒爬进去。

这真的很方便，平时，全身躲进小圆筒里，在里面安心地睡觉，谁也看不见它；如果想搬家，伸出前脚，背着小房子去合适的地方，这所小房子可轻了。

有一只河榧子的幼虫，找到一支掉在河底的香烟，便钻了进去，就这样带着它四处旅行。

银色水蜘蛛的房子最不同寻常。它先在水底的水草间铺一张蜘蛛网，然后浮到水面，用毛茸茸的肚皮盛回一些气泡，放到蜘蛛网下。水蜘蛛就住在这种空气流通的水下小房子里。

还有谁会筑巢

我们的记者还找到了鱼巢和野鼠巢。

棘鱼给自己筑了个真正的巢。筑巢的工作由雄棘鱼来完成。它只拣分量重的草茎做建筑材料。即使用嘴把草茎从河底衔到河面上，草茎也不会漂浮。雄棘鱼用草茎铺设墙壁和天花板，先用唾液粘牢，再用苔藓堵住小窟窿。它还在巢的墙上开了两扇门。

小老鼠的巢跟鸟巢一模一样，由草叶和撕得很细的草茎编制而成。它把巢搭在离地大约两米高的圆柏树的树枝上。

用什么材料造房

鸟儿用各种各样的材料建成森林里的住房。

歌唱家鸫鸟把朽木屑当作水泥，涂抹在圆巢的内壁上。家燕和金腰燕用自己的唾沫把烂泥粘成巢。黑头莺用又轻又黏的蜘蛛网，把细树枝粘牢搭成巢。

鸸（shī）鸟会在笔直的树干上倒立着跑上跑下。它住在洞口很大的树洞里。为了不让松鼠闯入巢里，它用黏土把洞口封起来，只给自己留个刚刚能挤进去的小洞。

碧绿、棕色和蔚蓝三色相间的翠鸟，造的巢非常有趣。它在河岸上挖了一个很深的洞，在小房间的地上铺了一层细鱼刺。这样，它就得到了一床柔软的床垫。

借住别人的房子

要是有谁不会造房子，或者懒得自己造房子，可以借住在别人家里。

布谷鸟把蛋下在鹡鸰、知更鸟、黑头莺和其他会做巢的小鸟的家里。

树林里的黑勾嘴鹬，找到了一个旧乌鸦巢，便在那里孕育起后代来了。船碢（kē）鱼非常喜欢无主的虾洞。这种小洞在水底的沙岸上。船碢鱼就在小洞里产卵。

有一只麻雀把家安在了非常巧妙的地方。它先在屋檐下筑了个巢，可惜被男孩子们捣毁了。接着，它又在树洞里造了个巢，可是它产的蛋又被伶鼬拖走了。于是麻雀把家安在了雕的大巢里。雕的巢是用粗树枝搭成的，麻雀把巢安在粗树枝之间，地盘很大。

现在，麻雀可以过安稳日子，谁也不用怕了。大雕根本不会去理会这么小的鸟。至于那些伶鼬、猫和老鹰，甚至于男孩子们，也不会再来破坏麻雀的巢了，因为谁都怕大雕呀！

集体宿舍

森林里也有集体宿舍。

蜜蜂、黄蜂、丸花蜂和蚂蚁造的房子，可以容纳成百上千的住户。

白嘴鸦把果园和小树林作为自己的移民区，在那里筑了许多许多的巢。鸥占用了沼泽地、沙岛和浅滩。灰沙燕在陡峭的河岸上凿了无数小洞，把河岸搞得千疮百孔。

巢里有什么

巢里有蛋。蛋的模样各不相同。

不同的鸟产不同的蛋，这不是没有道理的。

勾嘴鹬的蛋布满大大小小的斑点。歪脖鸟的蛋却是白色的，略微带点儿粉红色。

原因在于，歪脖鸟的蛋产在幽深阴暗的树洞里，谁也看不见它。勾嘴鹬的蛋却直接下在草墩上，完全裸露在外面。要是它们是白色的，那谁都会看到了，所以它们的颜色跟草墩一致。很可能你看不见它们，会一脚踩上去。

野鸭的巢筑在草墩上，而且也是毫无遮拦的。但它们的蛋几乎是白色的，因为野鸭会耍计谋。当它们离开巢的时候，会咬下自己肚子上的绒毛，把蛋盖好。这么一来，蛋就不会被发现了。

为什么勾嘴鹬的蛋一头尖尖的，而猛禽兀鹰的蛋是圆的？

这道理也很好懂：勾嘴鹬是一种小鸟，身子是兀鹰的四分之一，但下的蛋却跟兀鹰一样大。它的蛋一头尖尖的，孵蛋的时候很容易放在一起：小头儿对着小头儿，紧靠在一起，不致占用很大的地方。要不然的话，它怎么能用它那小小的身体盖住那么大的蛋来孵它们呢？

可是，为什么小勾嘴鹬的蛋几乎跟大兀鹰的蛋一样大呢？

这个问题，只得等雏鸟出壳的时候，在下一期的《森林报》上解答了。

森林中的大事

狐狸怎样迫使老獾离开了家

狐狸家里遇到了祸事：洞里的天花板塌了，小狐狸差点儿被压死。

狐狸一看：事情不妙，得搬家了。

狐狸来到老獾家。獾挖了一个杰出的洞穴。出入口东一个西一个，里面分布着许多小地道，这都是为了防备敌人突然袭击。

它的洞很大，可以住下两家人。

狐狸恳求獾分间房子给它住，獾坚决拒绝了。獾是个严厉的主人，爱干净，爱整齐，容不得哪儿有点儿脏东西。它怎么能让一个带着孩子的人住进来呢！

狐狸被獾赶了出来。

"好哇！"狐狸想，"你这么不讲情面呀！等着瞧吧！"

狐狸假装走到了树林里，其实是躲在灌木丛后，在那里等待机会呢。

獾从洞里探出头来瞧了瞧，看到狐狸走了，这才从洞里爬出来，到树林里找蜗牛吃。

狐狸溜进了獾洞，在地上拉了一泡屎，把屋里弄得肮脏不堪，然后跑了。

獾回家一看：好家伙！臭气熏天！它气得哼了一声，就离开洞，到其他地方给自己再挖个洞。

这正中狐狸的下怀。

它把小狐狸都衔过来，在獾洞里舒舒服服地住下了。

有趣的植物

池塘里已经开始长满了浮萍。有些人把它叫作苔草。但是苔草是苔草，浮萍是浮萍。浮萍一点儿也不像其他植物，长得很有趣。它有着细小的根，绿色小圆片浮在水面上，附带着一个长圆的凸出物。这些形状很像小烧饼的凸出的东西，便是浮萍茎部的枝。浮萍不长叶子。有时也会开几朵花,不过这是极其稀罕的事。浮萍用不着开花。它繁殖起来又快又方便。只要从这小烧饼似的茎上脱落下来另一根小烧饼似的枝,一棵植物便变成了两棵植物。

浮萍的日子过得很快活,自由自在,无拘无束。如果有野鸭游过,浮萍可能会依附在野鸭的脚上,跟着野鸭飞到另一个池塘里去。

■发自尼·芭芙洛娃

会变魔术的花

在草场上,在林中空地上,绛(jiàng)红色的矢车菊开花了。我一看到它,就想起了伏牛花。因为这两种花都会变小魔术。

矢车菊的花不是结构简单的花,而是由许多小花组成的花序。它上面那些漂亮的、蓬松的犄角似的小花,都是些不结籽的空心花。真正的花藏在当中,是许多深绛红色的细管子。一朵雌蕊和好几朵会变魔术的雄蕊,藏在细管子里。

假如你碰一下绛红色的细管子,细管子就会倒向一旁,从小孔里喷出一小团花粉来。过一会儿,如果你再碰它一下,它又会歪向一旁,又喷出一团花粉来。

魔术就是这么变的。

这些花粉可不是平白无故喷洒的。只要昆虫向它要花粉，它都会给一点儿。拿走也行，吃掉也行，沾在身上也行，只要多少带点儿给另一朵矢车菊就成。

■发自尼·芭芙洛娃

来无影、去无踪的夜间强盗

森林里出现了来无影、去无踪的夜间强盗，林中居民个个惊恐不安。

每天夜里，总会丢失几只小兔子。小鹿、琴鸡、松鸡、榛鸡、兔子和松鼠，一到夜里就觉得危机四伏。无论是灌木丛中的鸟、树上的松鼠，还是地上的老鼠，都不知道强盗会从哪儿发起攻击。神出鬼没的凶手，一会儿从草丛里、一会儿从灌木丛里、一会儿又从树上冒出来。也许，凶手还不止一个，而是整整一支强盗大军呢。

几天前的一个夜晚，獐鹿全家（一只雄獐鹿、一只雌獐鹿和两只小獐鹿）在林中空地上吃草。雄獐鹿站在距离灌木丛八步远的地方警戒，雌獐鹿带着小獐鹿在空地上吃草。

冷不丁，一个黑影从灌木丛里蹿出来，只一蹦，就上了雄獐鹿的背。雄獐鹿倒了下去。雌獐鹿带着小獐鹿逃进了森林。

第二天早晨，雌獐鹿回到空地上去看，只见雄獐鹿只剩下两只犄角、四只蹄子。

昨天夜里麋鹿受到了攻击。当它穿过茂密的森林时，看见一个奇形怪状的大木瘤，长在一棵树枝上。

麋鹿在森林里算得上是条好汉，它用得着怕谁吗？它的一对犄角硕大无比，连熊都不敢侵犯它呢。

麋鹿走到那棵树下，正想抬起头仔细看看树上的木瘤究竟长什么样，冷不防，一个可怕的、重达三百千克的东西，猛地压在它的脖子上。

出其不意的袭击，把麋鹿的魂都给吓掉了。它猛地晃了下脑袋，把强盗从背上甩了下去，然后头也不回地拔腿就跑。因此，它也就没看清楚：夜里究竟是谁袭击了它。

我们这树林里没有狼。况且，狼也不会上树呀。熊现在正懒洋洋地躲在密林里呢。再说，熊也不会从树上扑到麋鹿的脖子上去。那么，这个神秘的强盗究竟是谁呢？

真相暂时还没有大白。

夜莺的蛋莫名其妙地失踪了

我们的记者找到一个夜莺的巢。一个小坑里放着两只蛋。当人走近的时候，雌夜莺飞离了蛋。

我们的记者没有动鸟巢，只是清楚地记下了鸟巢的所在位置。一个小时以后，他们又回到了那个鸟巢，但是巢里的蛋已经消失不见了。

两天以后才搞明白蛋的去处：原来雌夜莺担心人们会来捣毁鸟巢，便把蛋衔到别的地方去了。

勇敢的小鱼

我们已经描述过，雄棘鱼在水底下做的巢的模样。

雄棘鱼造好巢后，便给自己选了位棘鱼老婆带回家。棘鱼夫人从这边的门进去，产下鱼子，立刻就从另一边的门逃走了。

雄棘鱼又找了第二位夫人，接着又找了第三位、第四位，可是这些棘鱼夫人全都跑走了，只留下它们产的鱼子，让雄棘鱼照料。

家里堆满了鱼子，雄棘鱼只得独自留下来看家。

河里的许多家伙都爱吃新鲜鱼子。可怜的小个子雄棘鱼，不得不保护自己的家，不让凶恶的水底怪物前来侵犯。

不久前，馋嘴的鲈鱼闯进了它的家。小个子主人勇猛地扑上去，跟那个怪物搏斗。

它把身上的五根刺（背上三根，肚子上两根）全都竖起来，巧妙地对准鲈鱼的鳃刺去。

原来鲈鱼满身都披着厚实的铠甲——鱼鳞，只有鳃部没有防护。鲈鱼被小棘鱼的勇敢吓坏了，赶紧溜之大吉。

谁是凶手

（参见《来无影、去无踪的夜间强盗》一文）

今天夜里，树上的松鼠被谋杀了。我们查看了凶杀现场，根据凶手在树干上和树底下留下的脚印，我们弄清楚了这个神秘的强盗是谁。前不久就是它害死了獐鹿，闹得整个树林里惊恐不安。

我们根据脚印判断，凶手就是我们北方森林里的"豹王"，也就是凶残的"林中大猫"——猞猁。

小猞猁已经长大了。现在猞猁妈妈带着它们，在林子里四处转悠，在树上爬来爬去。

夜里，它的眼睛跟白天一样明亮。谁要是在睡觉前没藏好，那可就要倒大霉了！

六只脚的"鼹鼠"

我们的一位森林记者，从加里宁州发来以下报道：

"我把一根锻炼身体用的杆子插入土中。这时从土里蹿出一只不知名的小野兽。它的前掌有脚爪，背上长着两片像翅膀一样的薄膜，通体棕黄色的细毛，很像短而密的兽毛。这只小兽既像黄蜂，又像田鼠，身长五厘米。根据它有六只脚这个特点，我判断它是一种昆虫。"

这种独特的昆虫叫蝼蛄。它长得的确很像小兽，难怪它有一个兽的外号——"赛鼹鼠"。它跟鼹鼠最像，它们两个都有很宽的前爪，是掘土的高手。不过，蝼蛄的前脚生得像剪刀似的，这是它必备的武器。当它在地下行走的时候，就用这双脚剪断植物的根。而高大强壮的鼹鼠用它那强有力的爪子，就可以抓断这种根，要不然也可以用锋利的牙齿咬断它。

蝼蛄的两腭上，长着如同牙齿一般的、锯齿状的薄片。

蝼蛄在地下度过大部分时间。它像鼹鼠那样，在地下掘通道，在里面产卵，然后在上面堆个小土堆，恰似鼹鼠的窝一样。另外，蝼蛄还生着两只柔软的大翅膀。它擅长飞行，在这方面鼹鼠可比不过它。

蝼蛄在加里宁州并不多见，在列宁格勒州更少。可是在南方各州，蝼蛄很多。

谁要是想找到这种与众不同的昆虫，就到潮湿的泥土里去找吧！最好在水边、果园里和菜地里找。可以用以下方法捉到它：选定一处，每天晚上往上面浇水，然后用木屑把它盖起来。半夜里，蝼蛄会自动钻到木屑下的烂泥里来。

刺猬救了她

玛莎一大清早就醒了，连忙穿上衣服，赤着脚往树林里跑。

树林里的小山冈上长着许多草莓。玛莎飞快地采了一小篮，转身朝家跑。草墩被露水沾湿了，又凉又滑。一路上，她蹦蹦跳跳。突然她脚底下一滑，痛得大叫起来。原来她的一只光脚从草墩上滑下去，被某个尖东西刺出血了。只见一只刺猬蹲在草墩下，它被踢到后，立刻把身子缩作一团，"呋呋"地叫起来。

玛莎哭了。她坐到旁边的草墩上，用衣服擦掉脚上的血。刺猬默不作声。

突然，一条背上刻有锯齿形黑条纹的大灰蛇，径直朝玛莎爬过来。这是一条剧毒的蝰蛇！玛莎吓得胳膊腿儿直发软，蝰蛇越爬越近，嗞嗞地叫着，吐着它那叉子似的舌头。

这时，刺猬突然挺直身子，飞快地朝蝰蛇跑去。蝰蛇抬起前半身，像根鞭子似的抽打过来。刺猬赶紧敏捷地竖起身上的刺迎过去。蝰蛇嗞嗞地狂叫起来，想掉转身逃跑。刺猬猛扑到它身上，从背后咬住它的头，用爪子扑击它的背。

玛莎这才如梦初醒，一跃而起，跑回家去了。

蜥蜴

　　我在树林里的树桩旁捉到一条蜥蜴，把它带回了家。我把它养在一只大玻璃缸里，里面铺上了沙土和石子。每天给它换水、换草，放入苍蝇、甲虫、幼虫、蛆虫和蜗牛。蜥蜴贪婪地咀嚼着，大口地吞食着。它特别爱吃在甘蓝丛里生长的白蛾子。它飞快地把头转向白蛾子，张开嘴，吐出叉子似的小舌头，然后跳起来，扑向那美味的食物，就像狗扑向肉骨头似的。

　　一天早晨，我在小石子之间的沙土里，看到十来只白色的椭圆形小蛋，蛋壳又软又薄。蜥蜴挑了个能晒到太阳的地方孵蛋。一个多月后，小白蛋破壳了，十来个机灵的小不点儿蜥蜴钻了出来，长得跟妈妈一模一样。

　　现在，这一家子全爬到小石头上，正懒洋洋地晒着太阳呢。

　　■发自森林记者　谢斯嘉科夫

燕子巢

（摘自少年自然科学家日记）

6月25日

每天，我亲眼看着一对燕子辛勤地衔泥做巢。巢一点儿一点儿地变大。每天一大清早，它们就开始干活。中午休息两三个小时，然后又修修补补、涂涂抹抹，一直忙到离日落只有两小时光景才收工。的确，不能一直不停地往上面粘泥，必须让稀泥干一干。

有时候，其他小燕子也飞来做客。要是猫不在房顶上的话，小客人们就在梁木上坐一会儿，叽叽喳喳、和和美美地聊会儿天。新居的主人不下逐客令。

现在，巢已经做得很像下弦月了，就是月亮由圆变缺、两只尖角朝右时的样子。

我完全清楚，为什么燕子巢做成了现在这副模样，为什么不是左右两边均衡地增长。因为巢是雄燕子和雌燕子一起造的，可是它俩出的力不一样多。雌燕子衔泥飞回来的时候，它的头总是歪向左边。它干活儿很卖力，一个劲儿往左边粘泥，而且比雄燕子更频繁地飞去衔泥。雄燕子常常一飞走，就几个钟头不见踪影，准是在云霄里和别的燕子追着玩呢。它落到巢上的时候，头老是偏向右边。它干的活儿当然赶不上雌燕子的了，因此它那右半边巢，就比左半边短一截。所以，燕子巢两边并非均衡地增长。

雄燕子多么懒啊！它那么懒，怎么不知道害臊呢。按理说，它比雌燕子更强壮啊！

6月28日

燕子不再衔泥了，它们开始往巢里衔干草和绒毛，它们在铺床呢。我没料到，燕子把全部建筑工程设计得这么细致周到，原本就应该让巢的一边比另一边长得高些！雌燕子把巢的左边修到了顶，雄燕子的右半边巢却始终没有完工。这么一来，就形成了一只右上角留了一个缺口的泥圆球。不用说，燕子巢本来就应该是这个样子的：这就是它们家的大门啊！不然，燕子怎么飞进家呢？看样子，我当初责怪雄燕子懒，是冤枉人家了。

今天雌燕子第一次留在家里过夜。

6月30日

燕子巢完工了。雌燕子已经不出家门了，大概它已产下了第一只蛋。雄燕子不断地给雌燕子衔来一些小虫，嘴里不住地哼着歌儿，兴高采烈地说着贺词。

那一批燕子又飞来了。它们在巢附近扑扇着翅膀，一只接一只地从巢旁飞过，边飞边向巢里张望。这时，女主人的小脸蛋，正探在门外，也许客人们正在亲吻这位幸福的女主人呢！燕子们叽叽喳喳地喧闹了一阵，就飞走了。

猫儿经常爬上屋顶，往屋檐下张望。它是不是也在迫不及待地等待巢里的雏燕出世呢？

7月13日

雌燕子两个星期来几乎一直待在巢里。只是在中午，在一天中最暖和的时候，它才飞出来一会儿，那时娇嫩的蛋不容易着凉。它在屋顶上来回盘旋，捉几只苍蝇吃，然后飞到池塘边，低低地贴着水面飞，用嘴抄着水喝，喝饱了又飞回巢里。

可是今天，燕子夫妻俩开始一起频繁地从巢里飞进飞出。有一次，我看见雄燕子嘴里衔着一块白色的甲壳，雌燕子嘴里衔着一只小虫儿。不用说，巢里小燕子已经出世了。

7月20日

不好啦！不好啦！猫儿爬上了屋顶，几乎把整个身子从屋檐上倒挂下来，想用爪子掏鸟巢。巢里的小燕子可怜地啾啾叫着。

在这紧急关头，不知从哪儿飞来一大群燕子。它们大声叫着，盘旋着，鸟嘴几乎要啄到猫的脸了。哎呀，猫爪险些钩到了一只燕子。不好！猫儿又向另外一只燕子扑过去了……

太好了！这个灰强盗算计失误，扑通一声，从屋檐上摔下去了……

猫虽然没摔死，可也摔得遍体鳞伤。它"喵呜"叫了声苦，用三只脚一瘸一拐地走了。

这真叫自作自受。从今往后，它再也不敢来恐吓小燕子了！

■发自森林记者　维利卡

小燕雀和它的妈妈

我家的院子里一片葱绿。

我在院子里走着，突然，一只小燕雀从我脚底下飞了出来，它的脑袋上长着犄角似的绒毛。它飞了起来，接着又落下来。

我捉住它，把它带回了家。父亲让我把它放到打开的窗户前。

还不到一个小时，小燕雀的爸爸妈妈就飞来喂它了。

它就这样在我家里待了一天。晚上，我关上窗子，把小燕雀放进笼子。

早晨五点钟左右，我睡醒了，看见小燕雀的妈妈蹲在窗台上，嘴里衔着一只苍蝇。我跳起来，打开窗户，自己则躲到屋角偷偷观看。

不久，小燕雀的妈妈又飞来了。它落在窗台上，小燕雀唧唧啾啾地尖叫起来，这是在要东西吃呢！这时，燕雀妈妈才下定决心飞进屋子里来，跳到笼子跟前，隔着笼子喂小燕雀。

后来，它又飞出去找食物。我把小燕雀从笼子里拿出来，送到院子里。

等我想到再去看看小燕雀的时候，它已经不在那里了——燕雀妈妈把孩子带走了。

■发自贝科夫

金线虫

在江河里，在湖泊和池塘里，甚至在普通的深水沟里，生活着一种神秘的生物——金线虫。老人们说，金线虫是马的复活的毛发。在人游泳的时候，它似乎会钻到人的皮肤里去，在皮下游走，让人感到奇痒无比……

金线虫真像是谁的粗糙的棕红色毛发，更像是用钳子钳断的一截金属线。它无比坚硬，如果把它放在石头上，用另外一块石头敲打它，它一点儿都不在乎，还是不停地一会儿伸长，一会儿缩短，一会儿盘成奇妙的一小团。

实际上，金线虫是一种没有脑袋的软体虫，对人类没有危害。雌金线虫的肚子里装满卵。它们的卵在水里长成有角质的长吻和钩刺的小幼虫，然后它们依附在水栖昆虫的幼虫身上，钻进幼虫的身体里，被幼虫的外皮遮盖起来。以后，假如它们的"主人"没有被水蜘蛛或者昆虫吞到肚子里去，那么它们的一生就完结了。如果能进入到新"主人"的身体里，它们就在那里变成没有脑袋的软体虫，钻入水里，吓唬那些有迷信思想的人。

枪击蚊子

达尔文国家自然保护区建在半岛上，周围是雷宾海。这是一个全新的、独特的大海，不久前这里还是一片森林。海很浅，某些地方还凸立着树梢。海里流淌着温暖的淡水。无数只蚊子在海水里繁殖起来。

一大群小嗜血鬼聚集在科学家的实验室里、食堂里和卧室里，搅得他们吃不好、睡不好、工作也干不好。

晚上，突然从每个房间里传来枪声。

出什么事了？……没什么大事，只是开枪打蚊子。

当然，枪筒里装的既不是子弹，也不是铅弹。弹筒里先装入少量普通的打猎用的火药，用填药塞压实。然后撒入由昆虫制成的杀虫粉，从上面使劲压牢，以免药粉撒出来。

射击时，杀虫粉的细粉尘飘散在房间四处，钻入每条缝隙，杀死了所有蚊子。

一位少年自然科学家的梦

一位少年自然科学家正用心准备在班里做的报告。报告的题目是《跟森林和田园里的害虫做斗争》。

他读到以下两段："为了用机械和化学方法跟甲虫做斗争，共花费了13 700万多卢布。用手捉了1301万只甲虫。如果把这些甲虫装在火车里，可以装满813个车厢。""为了和昆虫作战，每一公顷（1公顷为0.01平方千米）土地上耗费了20～25人的劳动日……"

少年自然科学家看得头晕目眩。像蛇一样长的一串串数字，拖着由许多零组成的大尾巴，在他眼前晃来晃去。他只好去睡觉。

他做了一夜噩梦。连绵不绝的一队队甲虫、幼虫和青虫，从黑幽幽的森林里爬出来，飞也似的穿过田地，把他团团围住，想闷死他。他用手捻死一些虫子，又拖了水龙带用杀虫药水浇它们，可是虫的数量并不见减少，它们还是络绎不绝地涌过来。它们经过哪里，哪里就成为一片荒漠……少年自然科学家吓得醒了过来。

到了早晨，发现事情并没那么可怕。少年自然科学家在报告里建议，在飞禽节前，大家应该制作好很多很多的椋鸟屋、山雀巢和树洞形鸟巢。鸣禽捉甲虫、幼虫和青虫的本领，可比人大多了，而且它们还是免费干活的呢！

请试试看

据说如果在四周拉有铁丝网的露天养禽场上面，或者在不带顶盖的笼子上面，交叉着拉几根绳子，那么猫头鹰，甚至雕鸮，在扑向睡在铁丝网或者笼子里的飞禽之前，一定会先落在绳子上歇歇脚。在猫头鹰看来，这绳子很坚固。可是只要它一落到绳子上，就会一头栽下去，因为绳子太细了，而且绷得不紧。

猛禽害怕掉到地上摔死，会头朝下一直倒挂到第二天早晨：在这种姿势下，它是不敢扑扇翅膀的。等到天亮了，你就可以去把这个小偷从绳子上取下来。

请试试看这是不是真的。可以用粗铁丝代替绳子。

钓鱼测试仪

据说还有这么件事儿：如果你想从哪个湖或哪条河里钓鱼，可以先从那个湖或河里钓上几条小鲈鱼，把它们养在鱼缸或盛果子酱的大玻璃罐里。这样，你随时都可以知道，在这一天，你是否值得到那条河（或湖）边去钓鱼。只要在出发前，喂点儿东西给鱼缸里的小鲈鱼吃。假如它们争先恐后地游过来抢食吃，就说明这天是个钓鱼的好日子，湖里或河里的鲈鱼和其他鱼将很容易上钩。假如鱼缸里的鱼不吃食，就说明这天湖里或河里的鱼也没胃口，说明气压有了变化，天气马上要变了，也许会下雷雨。

鱼对空气和水里的一切变化都非常敏感。根据它们的行为，可以预测数小时后的天气。每个爱钓鱼的人都应该试试这种活的晴雨表，看看在室内和在露天条件下是否同样管用。

天上的大象

空中飘来一片黑沉沉的乌云，像一头大象似的。它不时把长鼻子甩向地面。大象鼻子一碰到地，立刻扬起一片灰尘。尘土像根柱子似的旋转着，旋转着，越变越大，终于和天上的大象鼻子连在一起，变成了一根不断旋转的、顶天立地的大柱子。大象把大柱子抱在怀里，又往前奔去了。

天上的大象跑到一座小城的上空，挂在那里不动了。忽然，从它身上喷出大雨点。大雨如注，是真正的倾盆大雨！屋顶和人们撑在头上的伞，响起了乒乒乓乓的声音。你猜猜，是什么敲得它们乒乓作响？是蝌蚪、小蛤蟆和小鱼！它们在大街上的小水塘里活蹦乱跳。

后来人们才弄明白，这块大象般的乌云，借助龙卷风（从地下一直卷到天上的旋风）的帮忙，在一座森林中的小湖里喝饱水，带着水里的蝌蚪、蛤蟆和小鱼一起，在天上飞驰了许多千米，然后把战利品统统丢弃在小城里，又继续向前飞奔。

绿色的朋友

曾经，我们的森林似乎大得无边无际。

可是，从前森林的主人（地主）玩忽职守，不知道保护森林、爱惜森林。他们毫无节制地砍伐树木、滥用土地。凡是森林被砍光的地方，就出现了沙漠和沟壑。

农田的周围没有了森林，旱风从遥远的沙漠向农田袭来。滚烫的沙子把农田掩埋起来，庄稼都被烧死了。没有东西可以保护这些庄稼。

江河、池塘和湖泊的岸边没有了森林，积水就开始干涸，沟壑开始向农田挺进。

但是，现在人民赶走了那些懒散的主人（地主），开始亲自管理自己的巨大财富。人们向旱风、旱灾和沟壑宣战了。

于是，绿色的朋友——森林成了人民的好助手。

哪里有裸露的江河、池塘和湖泊需要保护，希望不受烈日的炙烤，我们就把森林派往哪里。雄伟的森林挺起勇士般的身躯，用枝叶茂盛的大脑袋，遮蔽住江河、池塘和湖泊，不让太阳晒到它们。

哪里的农田需要保护，希望不受旱风的侵袭，我们就在哪里造林。恶毒的旱风总是从遥远的沙漠里携来热沙，掩埋耕地。森林勇士挺起胸膛，抵挡住它，像一道铜墙铁壁似的保护农田……

哪里耕松的土地塌陷，沟壑迅速扩大，贪婪地侵蚀着我们农田的边缘，我们就在哪里造林。我们的绿色朋友森林，用强有力的根紧紧抓住土地，把土地握牢，挡住四处乱窜的沟壑，不许它啃食我们的耕地。

征服旱灾的战事正酣。

重造森林

季赫维斯基地区的好几处森林，从前被砍得一干二净，现在正在重新造林。在2.5平方千米的土地上栽种了松树、枞树和西伯利亚阔叶松。在2.3平方千米树木被砍光的土地上，重新翻松了土地，以便让残留树木结的种子，落在地上容易发芽。

在0.1平方千米的土地上栽种了西伯利亚阔叶松。从树苗里长出了苗壮的芽。繁殖阔叶松，可以使列宁格勒州森林里贵重的建筑木材的产量大大增加。

还开辟了一个苗木场，培育了许多可以用作建筑木材的针叶树和阔叶树。

还计划培育许多果树和可以提供橡胶的灌木——疣枝卫矛。

■发自列宁格勒塔斯社

森林里的战争（续二）

小白桦的命运，跟野草和小白杨的差不多——它们都被枞树摧残死了。

现在，侵占者枞树在那块采伐迹地上再没有敌人了。我们的记者卷起帐篷，搬到了另外一块采伐迹地。不是去年，而是前年，林业工人在那里砍伐过树木。在那里，他们亲眼看见了侵占者枞树在战争进行到第二年的状况。

枞树种族非常强大。不过，它们也有两个不足。第一个不足是：它们扎在土里的根，虽然伸得远，却扎不深。秋天，在宽敞辽阔的采伐迹地上，狂风怒吼。许多小枞树被风从土里连根拔起，匍匐倒地。第二个不足是：小枞树还不够健壮，很怕冷。

小枞树上的芽全冻死了，瘦弱的树枝也被寒风吹断了。到了第二年春天，在那块被枞树征服的土地上，没有剩下一棵小枞树。

枞树不是每年结种子。所以虽然它们一开始很快取得了胜利，但是胜利并不稳固。在很长一段时间内，它们被赶出了战斗的行列。

那些勇猛的野草，第二年春天刚从土里钻出来，就重新投入了战斗。

这一回，它们必须跟小白杨、小白桦争斗。

可是，小白杨、小白桦都长高了，轻而易举地就把那些富有弹性的纤细野草，从身上抖落下去。野草紧紧地包裹住它们，对它们反而有好处。陈年枯草，像一条厚实的毛毯遮蔽大地，腐烂后散发出热量；新生的青草，掩盖住刚出世的娇嫩的小树苗，保护它们不受危险的早霜侵袭。

小白杨和小白桦长得很快，低矮的青草很难追上它们。它落后了。它刚一落到后面，马上就见不到太阳了。

当小树长到比青草高的时候，马上伸展开树枝，覆盖住小草。白杨和白桦没有枞树那般浓密黝黯的针叶。不过，这没什么影响，因为它们的树叶很宽，树荫浓郁。

如果小树长得稀疏的话，野草还能坚持得住。但是，在整个采伐迹地上，小白杨和小白桦都是一群群密集生长的。它们团结一心地进行着战斗，把手臂似的树枝连起来，相互靠得很近。

这简直就是一顶密不透风的树荫帐篷。小草在树荫底下见不到阳光，就枯死了。

不久以后，我们的记者看到，第二年的战争以白杨和白桦的完胜而告终。

于是我们的记者又搬到第三块采伐迹地上，去进行观察。

我们将在下一期《森林报》上报道他们在那里的所见所闻。

祝你一钓一个准

钓鱼和天气很有关系。夏天，大风和雷雨把鱼儿赶到避风的地方去，如深坑、草丛和芦苇丛。假如一连几天天气不好，那么所有的鱼都会游到最僻静的地方去，变得无精打采，什么也不想吃。

天热的时候，鱼往凉快的地方游，专找那些泉水叮咚、河水冰凉的地方。烈日炎炎的时候，只有早晨凉爽和傍晚暑气稍退的时候，鱼才会上钩。

夏天干旱的时候，河水和湖水的水位降低，鱼儿只得游到深坑里去。但是，深坑里的鱼食不够吃。所以，只要钓鱼人找对地方，就能钓到很多鱼，特别是当你用饵食钓鱼的时候。

麻油饼是最理想的饵食。先把它放在平底锅里煎一下，用咖啡磨或研钵捣烂，然后与煮烂的麦粒、米粒或豆子混在一起，或者撒在荞麦粥、燕麦粥里。这样，饵食就会散发出喷香的麻油味。鲫鱼、鲤鱼和其他许多鱼，都非常喜爱这种味道。必须天天撒饵食喂它们，使它们习惯于这个地方，然后像鲈鱼、梭鱼、刺鱼和海马这些食肉鱼也会跟着游过来。

短暂的小雨或雷雨，会使河水变凉，大大增进鱼的食欲。雾散开以后，天气晴朗的时候，鱼也容易上钩。

每个人都能根据晴雨表、鱼上钩的情况、云彩、日出后驱散的夜雾以及露水，学会预测天气变化。鲜艳的紫红色霞光，说明空气中积满了水蒸气，可能会下雨。反之，淡金红色的霞光说明空气干燥，也就是说，最近几个小时内不会下雨。

除了用带浮标和不带浮标的普通钓鱼竿以及绞竿钓鱼外，还可以乘着小船，边划船边钓鱼。只需预备一根结实的长绳子

（约五十米长，在手拉处接一段钢绳或牛筋），再预备一条假鱼。把假鱼拴到绳子上，拖在离小船 25 ～ 50 米远处。小船上坐俩人，一人划船，一人拉绳子。把假鱼拖在水底或水当中走。像鲈鱼、梭鱼和刺鱼这类猛鱼，看见假鱼在头顶游过，以为是真鱼，猛扑过去一口吞下，于是牵动了绳子。捕鱼人感到有鱼上了钩，便慢慢地把绳子往身边拉。用这种方法捕到的鱼，往往是大鱼。

在湖边，用假鱼和长绳子钓鱼的最佳之处，是在灌木丛生的陡峭河岸下的深坑里，或在芦苇和草丛附近的水域。在河里划船，得沿着陡岸或者水深而平静的水面划；得躲开石滩和浅滩，在离它们稍上或稍下一些的位置划。划着小船钓鱼的时候，必须轻手轻脚，尤其是在无风的日子，即使桨轻轻地触碰一下水面，鱼隔得老远也能听见。

捕　虾

名称中不带字母"Р"（俄语中5月、6月、7月、8月这几个月都不带字母"Р"）的那几个月，是捕虾的好时光。

捕虾人应该了解虾的如下生活习性。

小虾由虾卵孵化而来。虾卵出生之前，藏在雌虾的腹足里（河虾有十只脚，最前面一对是钳子）和尾巴下半部分（出于礼貌，通常把它称为虾颈部）。每只雌虾最多怀有一百粒虾卵，雌虾怀着虾卵过冬。初夏，虾卵裂开来，孵化出如蚂蚁一般大的小虾。古时候，一般认为只有最聪明的人才知道虾在什么地方过冬。可是现在，人人都知道虾在河岸和湖岸上的小洞穴里过冬。

虾在出生后的第一年，要换八次甲壳（这是它的外骨骼）；成年后，一年换一次。脱掉旧甲壳后，赤裸的虾懒洋洋地躲在洞里，等到新甲壳长硬了才肯出来。许多鱼都爱吃脱了甲壳的虾。

虾是夜游动物，白天它躲在洞里。不过，只要它一感到有猎物出现，那么即使在太阳底下，它也会从洞里蹿出来捕捉。这时，可以看见一串串气泡从水底冒上来——这是虾在呼气。小鱼、小虫这类水下小生物都是虾的食物。不过，它最喜欢吃腐肉。在水下，隔老远，它就能闻到腐肉的气味。

捕虾人用一小块臭肉、死鱼或死蛤蟆当饵食。晚上，虾从洞里游出来，头朝前在水底来回觅食。这时，正好捕捉它（虾只有在逃跑的时候，才往后倒着游）。

把饵食系在虾网上，把虾网绷在两个直径 30 ～ 40 厘米的木箍或铁丝箍上。得绷紧了，千万别让虾一进网就可以把网内的腐肉拖走。用细绳把虾网系在长竿的一端。人站在岸上，把虾网浸入水中。在虾多的地方，虾很快就会聚集到网中，缠在里面出不去了。

还有一些更加复杂的捕虾办法。不过最简便而收益最大的办法是：在水浅的地方赤脚走进河里，找到虾洞，用手抓牢虾背，把虾从洞里拖出来。当然，有时手指头会被虾钳住，不过，这丝毫不可怕。况且，我们并不是向胆小鬼们建议用手捉虾呀！

如果你随身带着一口小锅、盐和茴香，你立马就可以在岸边煮开一锅水，撒入盐和茴香，把虾煮着吃。

在温暖的夏夜，望着满天繁星，在小河边或湖边的篝火旁煮虾吃，别提有多美了！

集体农庄纪事

黑麦长得比人高了，已经开了花。一只田公鸡（山鹑）在那里面散步，仿佛在树林里漫步一般。雄山鹑还带着雌山鹑，后面跟着它们的小宝宝，如同小黄球，不停地滚——原来小山鹑已经孵出来了，而且跑出了巢。

集体农庄庄员们在忙着割草。有的地方用镰刀割，有的地方用割草机割。割草机在草场上驶过，挥舞着光溜溜的翅膀。高高的芳香多汁的牧草，在它后面一排排整齐笔直地倒下来。

菜地里的畦垅上，碧绿的葱长高了。孩子们在拔葱。

女孩们和男孩们一起去采浆果。本月初，在向阳的小山坡上，香甜的草莓成熟了。现在正是草莓长得最旺盛的时候。树林里的黑莓果也快熟了，覆盆子也快熟了。在林中长满苔藓的沼泽地里，结满籽儿的桑悬钩子，从白色变成了红色，又从红色变成了金黄色。你爱吃哪种浆果，就采哪种浆果吧！

孩子们还想多采点儿，可是家里还有一大堆活儿要干呢——得提水浇菜园子，得清除菜畦里的草。

集体农庄新闻

（发自尼·芭芙洛娃）

投诉信

青草寄来了投诉信。它们抱怨说，集体农庄的庄员们欺侮它们。青草刚准备开花。有的已经开花了，从小穗里探出白色的羽状柱头，沉甸甸的花粉垂在细丝上。

突然，闯进来一批割草人，他们把青草全部齐根割了下来。现在它们可开不成花啦！只好重新生长了！

森林记者们认真分析了这件事。原来，集体农庄庄员们割下青草，是准备晒干了，给牲口储备一冬的口粮。他们做得完全对。

农田里喷洒了神奇的水

这种神奇的水一喷到杂草身上，杂草就死了。对它们来说，这是致命的水。

可是当神奇的水喷洒到谷物身上的时候，谷物却依旧精神抖擞地站在那儿，兴高采烈的。对于它们来说，这是救命的水，对它们不仅没有坏处，还能改善它们的生活——消灭它们的敌人杂草。

太阳的受害者

在共青团员集体农庄里，两只小猪在散步的时候，被太阳光灼伤了背。灼伤的地方起了水泡。马上请来兽医给小猪看病。在炎热的时候，严禁小猪外出散步，即使跟猪妈妈一起去也不行。

避暑的客人不见了

两位不久前来河岸集体农庄避暑的女客人神秘失踪了。大家找了她们好长时间，才在离河岸集体农庄三千米远的干草垛上找到她们。

原来她俩迷路了。事情经过是这样的：早上，她们去游泳，记得路旁有块淡蓝色的亚麻田。午后，她们要回家时，却怎么也找不到那块淡蓝色的田了。于是就走错了路。

这两位避暑的女客人不知道亚麻一大清早开花，中午花就谢了，这时亚麻田也就从淡蓝色变成了绿色。

母鸡疗养地

今天一大早，集体农庄里的母鸡就出发到疗养地去了，它们的这一次旅行可真舒适——不仅乘汽车，连它们的房子都被放在汽车上，送到了疗养地。

母鸡的疗养地就在收割过的麦田里。麦子收完了，只剩下麦秸秆和落在地上的麦粒。为了不让这些麦粒白白浪费掉，就把母鸡送到这里来疗养。这里完全变成了一个母鸡村，只不过是临时的。等母鸡把地上最后一颗麦粒捡干净，就再次乘上汽车，到新的地方去捡新的麦粒。

绵羊妈妈的担忧

绵羊妈妈们焦虑不安，因为小羊要被人从身边带走了。但是，总不能让三四个月大的、已经成年的小羊，还跟在妈妈屁股后面转悠吧。应该让它们学会独立生活。以后，小羊们就单独吃草了。

准备上路

树莓（马林果）、醋栗和茶藨（biāo）果这些浆果都熟了。它们必须从集体农庄和国有农场出发去城里了。

醋栗不怕走远路。它说："带我去吧！我撑得住。越早走越好。趁我现在还没熟透，还硬邦邦的。"

茶麃果也说："装的时候仔细点儿，我能走到目的地。"

可是树莓（马林果）预先泄了气，它说："最好还是别碰我，让我待在原地吧！我最怕旅行了。颠簸是生活中最可怕的事。颠来颠去，就把我颠成一团浆了！"

乱哄哄的餐厅

在五一集体农庄的池塘里，竖着几根木棍，上面挂着块招牌，写着"鱼餐厅"。在每一个水下餐厅里，都摆着一张镶边的大桌子，没有椅子。

每天早晨，木牌周围的水域，一片沸腾：鱼儿们在焦急地等着吃早饭。鱼的纪律性很差，它们你碰我，我撞你，乱作一团。

七点钟的时候，工厂食堂的人乘着小船给水下餐厅送饭来了。有煮马铃薯、用杂草种子做的团子、晒干的小金虫和其他美味佳肴。

这时，餐厅里的鱼可多了，每个餐厅里至少有四百条鱼在吃早饭。

一个少年自然科学家讲的故事

我们的集体农庄位于一片小橡树林旁。以前不太有布谷鸟飞进这片树林，顶多叫个一两声"咕——咕"，就跟我们道再见了。可是今年夏天，我却经常听见布谷鸟在叫。恰好在这段时间，集体农庄的牛群被赶到那片树林里去吃草。一天中午，一个牧童跑过来大叫道："牛群发疯了！"

大家赶紧往树林里跑。不得了！那里已经闹翻了天！好可怕！牛儿们乱跑乱叫，用尾巴抽打自己的背，闭着眼睛往树上乱撞，真担心它们会把头撞碎，要不然，也会把我们都踩死！

大家连忙把牛群赶到别处去。这到底是怎么一回事呢？

原来是毛毛虫闯的祸。一条条毛烘烘的咖啡色大毛虫，真像小野兽。它们沾满了所有的橡树。有的树枝已经被啃得光秃秃的，树叶也被它们吃光了。毛毛虫身上的毛脱落下来，随风四处飘散，吹进了牛的眼睛，刺得牛好痛。简直太可怕了！

这里的布谷鸟可真多啊！我这辈子从未见过这么多的布谷鸟！除了布谷鸟之外，还有美丽的金色的带黑条纹的黄鹂和樱桃红色的翅膀上长着淡蓝色条纹的松鸦，都从周围飞到我们这橡树林里来了。

请猜猜看，结果怎样？橡树竟然都挺过来了。一星期不到，所有的毛毛虫都被鸟儿吃掉了。鸟儿真了不起，是不是？不然的话，我们这片小树林可就遭殃啦！简直太可怕了！

■发自尤拉

打 猎

不是打鸟，也不是打兽

夏天打猎，既不是打鸟，也不是打兽。与其说是打猎，还不如说是打仗。夏天，人类有很多敌人。比如，你开辟了一个菜园子，种上蔬菜，经常浇水。可是，你能保护蔬菜不受敌人的侵犯吗？

用木棍竖个稻草人立在那里，这起不了作用。稻草人可以帮助你对付麻雀和其他小鸟，不过，也不太管用。

菜园子里有这样一批敌人，不要说是稻草人，就是带枪的人都吓唬不了它们。用木棒敲不死它们，用枪射不中它们。

只能用计谋来对付它们。必须擦亮眼睛，时刻提防着。别看它们个头小，干坏事的本领却比别的敌人更强。

跳来跳去的敌人

一种背上长着两条白斜纹的小黑甲虫出现在蔬菜上。它们像跳蚤似的在菜叶子上跳来跳去。不得了啦，菜园子处于危险中。

菜园里的跳甲是非常可怕的敌人。才两三天时间，它们就能咬毁好几万平方米的菜园子。它们把还没长好的嫩菜叶子咬得千疮百孔，把叶子啃成了大花边，于是这片菜园子就算完蛋了！萝卜、芜菁、冬油菜和甘蓝特别怕这种跳蚰。

消灭跳甲

必须这样跟跳甲作战。先预备好系有小旗子的长矛，小旗子两面涂上厚厚的一层胶水，只留下下面的一条边（大约七厘米宽）不涂胶水。

把这种武器扛到菜园里去，在菜畦间来回走动，在蔬菜上面挥动小旗子，只让没涂胶水的边碰到蔬菜。

跳甲往上一跳，便被胶水粘住了。不过，还不能认为自己是胜利者。大批新的敌人，还会向菜园进攻。

第二天一大早，趁草上的露水还没干，就必须起床。把炉灰、烟末或者熟石灰，通过一面细筛子，撒在菜叶上。在集体农庄大面积的农田里，这活儿不是手工做的，而是从飞机上往下撒。

这些东西对于蔬菜无害，却能驱除菜园里的跳甲。

会飞的敌人

蛾蝶比跳甲更可怕。它们悄悄地在菜叶上产卵。卵变成了青虫，啃食菜叶和菜茎。

白天出现的最危险的蛾蝶有大菜粉蝶（个头很大，白翅膀上长着黑斑点）和萝卜粉蝶（颜色跟大菜粉蝶差不多，只是个头小一些）。夜里出现的有甘蓝螟（个小，翅膀下垂，身子前半部像赭石一样黄）、甘蓝夜蛾（全身毛茸茸的棕灰色蛾子）和菜蛾（一种浅灰色的小蛾子，长得很像织网夜蛾）。

只需用手跟它们作战：把它们的卵收集到一起，直接用手把卵按碎。还有一种方法，就是像驱赶跳甲那样，把炉灰、烟末或者熟石灰撒在菜上。

还有一种更可怕的敌人，它们直接进攻人类。

这种敌人就是蚊子。

在静止不动的死水里，有许多毛茸茸的小软体虫游来游去；还有许多肉眼几乎看不见的小蛹儿，头上长着小角，与身子相比脑袋显得特别大。

这是蚊子的幼虫和蚊子的蛹。在沼泽地里，还有蚊子的卵，有的粘在一起，像小船似的浮在水中，有的依附在沼泽地里的草丛上。

两种蚊子

沼泽里有两种不同的蚊子。一种蚊子，人被咬了之后，只觉得有点儿痛，起个红疙瘩。这是普通蚊子，没有危险性。还有一种蚊子，人被它咬了，就会得"沼泽热"。科学家把这种病叫作疟疾。得了这种病的人，一会儿热得要命，一会儿又冷得要死，浑身直打战。好个一两天，过后又会发作起来。

这种蚊子就是疟蚊。图中右边画的那只蚊子，就是疟蚊。

从外形看，这两种蚊子长得很像，只不过雌疟蚊的吸吻旁长着一对触须。雌疟蚊的吸吻上带有病菌。疟蚊叮人的时候，病菌随之进入人体的血液，破坏血球。

所以人就病了。

这些用肉眼是看不出来的。科学家用倍数很大的显微镜，仔细研究了疟蚊的血液，方才明白其中缘由。

扑杀蚊子

单单用手，不可能打死所有的蚊子。

当蚊子还是水下幼虫的时候，科学家就开始跟它们做斗争了。

拿一只玻璃瓶，从沼泽里舀一瓶带有蚊子幼虫的水，滴一滴煤油到这瓶水里，看看会发生什么变化。煤油会在水里弥漫开来。幼虫像蛇似的扭动身子。大脑袋的蛹一会儿沉到水底，一会儿又急速上蹿。

幼虫用尾巴，蛹用小角，都想冲破那一层煤油薄膜。

煤油把水面封死了，没留下一点儿空隙给幼虫呼吸。因此所有的幼虫和蛹都闷死了。人们就是用这种方法和其他许多办法跟蚊子做斗争的。

在沼泽地带，蚊子把人搅得坐卧不安，所以人们往死水里倒煤油。

只要一个月往死水坑里倒一次煤油，就足以使那个水坑里的蚊子断子绝孙了。

少有的事

我们这里发生了一件少有的事。

牧童从牧场上跑回来，大声叫道：

"小牛被野兽咬死啦！"

集体农庄庄员们大吃一惊，挤奶女工们甚至哭了起来。

我们这里最好的一头小牛被咬死了，它还在展览会上得过奖呢。

大家扔下手头的活，纷纷往林边牧场跑，想去看个究竟。

只见那头小牛躺在树林边的一个僻静角落里，已经死了。

它的乳房被咬掉了，脖子靠近后颈的地方也被撕破了，其他地方没见到伤痕。

"是熊干的，"猎人谢尔盖说，"熊总喜欢这样：咬死就扔在那儿，等肉发臭了，再来吃。"

"的确如此，"猎人安德烈说，"这没什么可争辩的。"

"大家先散了吧！"谢尔盖说，"我们在这树上搭一个棚。也许，熊今夜不来，明天夜里就会来。"

这时大家想到了我们这里的另外一位猎人萨索伊其。他身材矮小，站在人堆里不显眼。

"跟我们一起守候吧，好不好？"谢尔盖和安德烈问他。

萨索伊其一声不吭。他转身走到一旁,仔细察看地上的痕迹。

"不对，"他说，"熊不会上这儿来。"

谢尔盖和安德烈耸耸肩膀，说：

"随你怎么想吧。"

集体农庄庄员们散开了，萨索伊其也走了。

谢尔盖和安德烈砍了一些树条，在附近的松树上搭了一个棚。

他们看见萨索伊其带着猎枪和他的猎狗阿霞又来了。

他又察看了一番小牛周围的地面，不知为什么，还察看了附近的几棵树。

然后，他就到树林里去了。

那天晚上，谢尔盖和安德烈躲在棚子里守望着。

守了一夜，什么野兽也没看到。

又守了一夜，还是没看到。

第三夜，野兽还是没来。

两个猎人等得不耐烦，就聊了起来：

"也许，萨索伊其注意到了我们没有注意到的线索。他说得对，熊没有来呀。"

"我们去向他请教一下，好不好？"

"向熊请教吗？"

"干吗向熊请教呀？向萨索伊其请教。"

"别无他法，只好去向他请教了。"

他们去找萨索伊其，萨索伊其恰好从树林里走出来。

萨索伊其把一只大口袋搁在地上，就擦起枪来。

谢尔盖和安德烈说：

"你说得对，熊没有来。我们想请教请教你，这究竟是什么缘故呢？"

萨索伊其反问道：

"你们有没有听说过，熊把牛咬死，啃掉乳房，却不吃肉？"

两个猎人你看看我，我看看你，心想：熊的确不干这种胡闹事。

萨索伊其又追问道：

"你们看过地上的脚印吗？"

"看倒看过。脚印很大，大约有二十五厘米宽。"

"脚爪大吗？"

两个猎人感到很难为情：

"没看到脚爪印。"

"问题就出在这里。要是熊的话，很容易看到脚爪印。现在请你们说说，哪一种野兽把脚爪缩起来走路？"

"狼！"谢尔盖脱口而出。

萨索伊其只哼了一声：

"好个辨别脚印的高手！"

"胡扯，"安德烈说，"狼脚印跟狗脚印一样，只是大一点儿、窄一点儿而已。那是猞猁，猞猁走路的时候才缩起爪子，猞猁的脚印才是圆的。"

"千真万确，"萨索伊其说，"咬死小牛的正是猞猁。"

"你在开玩笑吧？"

"不信，请打开背包看。"

谢尔盖和安德烈急忙跑到背包前，打开背包一看，里面是一张很大的红褐色带斑点的猞猁皮。

这么说，咬死我们小牛的凶手就是它呀！至于萨索伊其怎样在树林里追上猞猁，怎样杀死猞猁，这只有他自己和他的猎狗阿霞知道。他们知道，可是绝口不提，不讲给旁人听。

猞猁会攻击小牛，这种事的确很少见，可偏偏我们这儿就发生了。

无线电呼唤

请注意！请注意！

这里是列宁格勒《森林报》编辑部。

今天是 6 月 22 日，是夏至，是一年里最长的一天。今天，我们将举办一次祖国各地无线电播报。

呼叫冻原带、沙漠、原始森林、草原、海洋和大山！

现在是盛夏，是白天最长、夜晚最短的时候。请谈谈你们那里的情况。

喂！喂！这里是北冰洋群岛

你们说的黑夜是什么样啊？我们完全忘记了黑夜和黑暗长什么样。

我们这里的白昼最长了，整整二十四小时都是白天。太阳在天上一会儿上升，一会儿下降，就是不往海里落。像这样要持续大约三个月。

我们这里一片光明，因此地上的草长得快极了，就像童话里说的，不是一天一天地长，而是一小时一小时地长。树叶越来越茂密，花儿越开越多。沼泽地里长满了苔藓。连光秃秃的石头上也爬满了五颜六色的植物。

冻原带复活了。

的确，我们这里没有美丽的蝴蝶和蜻蜓，也没有伶俐的蜥蜴、青蛙和蛇，更没有冬天躲到地底下冬眠的大大小小的野兽。我们这里的土地，全年冰冻着，即使在仲夏，也只有地面的一层开冻。

一大群蚊子在冻原带上空嗡嗡地飞，可是我们这里没有著名的蚊子歼灭者——动作灵敏的蝙蝠。它们在我们这儿哪能住得惯呢？哪怕在夏天也不成。它们只能在傍晚和夜里捕捉蚊子。可是我们这里整个夏天都没有黄昏和黑夜。

在我们这里的岛上，野兽的种类不多。只有旅鼠（个儿跟老鼠一般大、短尾巴的啮齿动物）、雪兔、北极狐和驯鹿。大白熊难得从海里游到我们这儿来，在冻原带上大摇大摆地走来走去，搜寻猎物。

不过，我们这里的鸟多得数也数不清！虽然在个别背阴处还有积雪，但是大批的鸟已经飞到我们这里来了。有各色各样的鸣禽——角百灵、北鹨、雪鹀、鹡鸰等。还有鸥鸟、潜鸟、鹬（yù）、野鸭、雁、管鼻鹱（hù）、海鸟、模样儿挺逗的花魁鸟，以及许多古里古怪的鸟，说起来你可能连听也没听说过。

到处是啼鸣声、喧闹声、歌唱声。整个冻原带，甚至连光溜溜的岩石都被鸟巢占领了。有些岩石上，成千上万的鸟巢紧挨在一起，连石头上很小的、只能容纳一个蛋的坑，都被做成了鸟巢。喧哗声此起彼伏，真像个鸟市场！假如有猛禽斗胆飞近这个地方，黑压压的一大群鸟就会向它扑去，叫声惊天动地，震耳欲聋。鸟嘴雨点似的朝猛禽啄过去，它们绝不会让自己的孩子受欺负。

瞧，现在我们冻原带上多么快乐啊！

如果你问："既然你们这儿没有夜晚，那么鸟兽什么时候休息呢，难道它们不睡觉吗？"

它们几乎不睡觉，因为没有工夫睡觉呀！打个盹，又得干活了：有的喂孩子，有的筑巢，有的孵蛋。谁都忙得不可开交，因为我们这儿的夏季太短暂了。

到冬天再睡觉也不迟，冬天，可以把一年的觉都补回来。

喂！喂！这里是中亚细亚沙漠

我们这儿正好相反，现在万物都睡着了。

毒辣辣的太阳把草木都晒枯了。我们已经不记得，上一场雨是什么时候下的。令人惊奇的是，草木竟然没有全部枯死。

带刺的骆驼草，本身勉强只有半米高，却故意把根钻到离火烫的地面五六米深的地方，这样，可以吮吸到地下水。其他的灌木和小草，不长叶子，却长满了绿色的细毛，这样，它们可以减少水分蒸发。沙树——一种沙漠中的矮树长起来了，它一片叶子也不生，只长绿色的细树枝。

风刮了起来，在沙漠上空卷起干燥的灰沙，把太阳都遮住了。突然，传来一阵令人毛骨悚然的喧嚣声、咝咝声，仿佛有成千上万条蛇在叫。

　　但这不是蛇，是沙树的细树枝，被风刮得在空中像鞭子似的抽动，咝咝作响。

　　蛇这会儿在呼呼大睡。金花鼠和跳鼠的天敌——草原蚺（rán）蛇，也钻到沙子的深处睡着了。

　　那些小兽也在睡觉。细腿的金花鼠，用一块土疙瘩堵住洞口，不让阳光晒进来。它整天睡觉，只是在大清早，才出洞找东西吃。

　　这会儿，它得跑多远，才能找到一棵没有晒枯的小植物呀！

　　黄色的金花鼠索性钻到地底下，它准备睡很久很久：睡一个夏天、一个秋天、一个冬天，一直睡到第二年春天。它一年只出来游荡三个月，其余的时间都在睡觉。

蜘蛛、蝎子、蜈蚣、蚂蚁都在躲避火烧火燎的太阳，它们有的躲到石头底下，有的躲到地下，有的躲到背阴的地方，只在夜里才爬出来。动作敏捷的蜥蜴和行动迟缓的乌龟，也不见了。

为了离水源近一些，野兽们都搬到沙漠的边缘去住了。鸟儿早已孵出了小鸟，带着它们一起飞走了。只有飞得很快的山鹑还待在这里，它们可以毫不费力地飞行上百千米，飞到最近的小河边，先自己喝个饱，然后装上满满的一嗉囊，匆匆忙忙飞回巢里喂小鸟。但是，等小鸟一学会飞翔，它们也就离开了这个恐怖的地方。

只有我们苏维埃人不怕沙漠。苏维埃人拥有强大的技术，在一切可能的地方，都挖掘了灌溉渠，把清水从遥远的高山引到这里来，让死气沉沉的沙漠，变成绿油油的牧场和农田，让花园和葡萄园在这里茁壮成长。

在没有人的沙漠，人类的第一天敌——风，便成了主人。

它会搬动干燥的沙丘，扬起沙浪，赶着它们往村子里跑，掩埋房屋。只有我们人才不怕风：人和水与植物结成同盟，给风划了一道铁的界线，不许它逾越。在人工灌溉的地方，树林像一道铜墙铁壁挡住沙子，青草用数不清的细根吸住沙子，沙丘再也无法移动了。

是的，沙漠的夏天一点儿也不像冻原带的夏天。生物都在太阳底下进入了梦乡。夜黑沉沉的。只有在黑夜里，那些受尽太阳凶残折磨的弱小生命，才能稍透一口气。

喂！喂！这里是乌苏里原始森林

我们这里的森林令人惊叹。它既不像西伯利亚的原始森林，也不像热带的密林。这里有松树，有落叶松，有枞树，还有缠满了带刺的葎（lǜ）草和野葡萄藤的阔叶树。

我们这里的野兽有驯鹿、印度羚羊、棕熊、西藏黑熊、黑兔、猞猁、虎、豹、棕狼、灰狼等。

鸟类有毛色朴素的灰松鸦和色彩艳丽的野雉，苏联灰雁和中国白雁，普通野鸭和落在树上的五颜六色的漂亮鸳鸯，还有长嘴的白头朱鹭。

白天，原始森林里闷热阴暗。阳光射不进由宽大树顶结成的绿色大帐篷。

在我们这儿，夜晚漆黑一片，白天也是一片漆黑。

现在，各种鸟都已经产下了蛋，或者孵出了小鸟。各种野兽的幼崽已经长大，在学习如何捕获猎物。

喂！喂！这里是库班草原

我们平坦的田野一望无际，大批收割机和马拉收割机正在忙着收割庄稼。今年是个丰收年。火车已经把我们的玉蜀黍运到莫斯科和列宁格勒去了。

在收割完庄稼的农田上空，鹰、雕、兀鹰和游隼（sǔn）在来回盘旋。

现在，它们可以好好惩治一下盗窃庄稼的敌人——老鼠、田鼠、金花鼠和腮鼠了。现在，隔着老远就可以看见它们从洞里往外探头。

连想想都觉得可怕，在庄稼还没收割的时候，这些恶毒的小野兽偷吃了多少麦穗呀。

现在它们正在为冬天贮藏口粮。它们捡拾散落在田里的麦粒，用来装满地下粮仓。野兽们也没有落在猛禽的后面，狐狸在收割后的麦田里捕捉小兽，白色的草原鸡貂帮助我们无情地消灭一切啮齿动物。

喂！喂！这里是阿尔泰山脉

在低洼的盆地上，闷热潮湿。朝露在夏天的炙热阳光下，很快就蒸发了。晚上，草场的上空浓雾弥漫。徐徐上升的水蒸气打湿了山坡，冷却后凝成白云，飘浮在山顶。瞧，天亮前，山顶上总是云雾缭绕。

白天，高空的太阳再次把水蒸气变成水滴，于是乌云密布，下起雨来。

山上的积雪不断消融。可是在那些最高的白色山峰上，冰雪封顶，终年不化。山顶上有大片的冰原、冰河。在那很高很高的地方，冰冷刺骨，连正午的太阳都晒不化那里的冰雪。

可是在这些山顶下，雨水和雪水奔淌着，汇成一条条山涧，沿着山坡滚滚而下，沿着岩石如瀑布般飞溅而下，一直流进江河里。于是一年里第二次，就像春天时一样，河水暴涨起来，冲出河岸，在盆地上泛滥。

在我们这里的山上，一切应有尽有：底下的山坡上是原始森林；往上是茂盛的高原草场——一种独特的高山草原；再往上是一片苔藓和地衣，如同在遥远的、严寒的冻原带上长的一般。在最高的山顶，终年冰雪封山，跟北极一样，永远是冬天。

在那最可怕的极高处，既不见飞禽，也不见走兽。只有彪悍的雕和兀鹰，才偶尔飞到那里，用锐利的眼睛从云端搜寻猎物。可是在稍稍往下的地方，就好像一座多层公寓，住满了各色各样的众多居民。它们各住各的楼，各占各的地。

在最高一层光秃秃的岩石上住着雄野山羊。稍往下面一层，住着雌野山羊和小野山羊，还有跟雌火鸡一样大的山鹑。

在茂盛的高山草场上，一群犄角笔直的山绵羊——羱羊在吃草。

雪豹紧随其后想猎取它们。那里是肥硕的旱獭和各类鸣禽的聚居地。再往下，就是原始森林了，里面住着松鸡、雷鸟、鹿、熊等动物。

以前，只在盆地里播种麦子。现在我们把耕地越来越往山上拓展。

在那么高的地方，已经不是用马，而是用高山上的长毛牛——牦牛来耕地了。我们殚精竭虑，要从土地上获得最好的收成。我们的目标一定能达到！

喂！喂！这里是海洋

大海一望无际。我们伟大的祖国三面临海：西边是大西洋，北边是北冰洋，东边是太平洋。

我们乘船从列宁格勒出发，经过芬兰湾，横渡波罗的海，来到大西洋。在大西洋上，我们经常碰到外国船队：有英国的、丹麦的、瑞典的，还有挪威的；有商船、邮船，还有渔船。渔船在这里捕捞鲱鱼和鳘（mǐn）鱼。

我们从大西洋来到北冰洋。沿着欧亚两洲的海岸，有一条伟大的北方航线。这儿是我们的领海，这条航线是我们勇敢的俄罗斯航海家开辟的。以前人们认为这条航线无法打通，因为这里四处冰封雪冻，充满致命的危险。可是现在，我们的船长们驾驶着一队队船只，由大力士破冰船开道，沿着这条航线航行。

在这些荒无人迹的地方，我们看见了许多奇异的景象。起初我们穿越的是大西洋的赤道暖流。我们在那儿碰到了漂浮的冰山，太阳把它们照得闪闪发亮，刺得人睁不开眼睛。在那里我们从水里拖出许多鲨鱼和海星。

然后这股暖流折向北方，流向北极。在那儿我们看到，巨大的冰原在水面上缓慢移动，一会儿分开，一会儿合拢。我们的飞机在上空侦察，随时可以通知船上：在冰原中，什么地方航路畅通。

在北冰洋的众多岛屿上，我们看见成千上万只懒洋洋的大雁，它们虚弱无助。原来它们翅膀上的硬翎脱落了，飞不起来。只要用脚就可以把它们赶进网里去。我们看见了趴在大冰块上休息的、长着獠牙的大海象。我们还看见了各式各样神奇的海豹。有一种大海兔，会突然把头上的大皮囊吹鼓，好像戴了一顶钢盔似的！我们还看见许多可怕的长着大牙、动作神速的逆戟鲸，在追捕大大小小的鲸鱼。

不过，关于鲸，咱们还是等下次到了太平洋再谈吧，那里的鲸更多一些。

再见！

我们夏季的祖国各地播报节目，到此结束。

下次播报，将于 9 月 22 日进行。

哥伦布俱乐部

第四月

不久，养母们在自己的巢里孵出了别家的孩子。有些鸟会从巢里扔出不像自己的蛋，但是既然软弱无力的黄嘴雏鸟是在你的巢里破壳而出的，那么就没有一个鸟妈妈会欺负它，拒绝照料它。在别家鸟巢出生的小鸟乞求给点儿吃的，养母们也会喂养它，而不分是自己家的还是别人家的孩子。

布谷鸟的想法在朱雀身上实施得很成功。小继母孵出了五个孩子，和红头、红胸的美男子丈夫一起，开始热心地喂养孩子们。当朱雀夫妇飞近鸟巢的时候，五条带着些许绒毛、像绳子一样细长的脖子一起伸过来，迎接它们。五只小脑袋在脖子上晃荡着，都还闭着眼睛呢。它们是三只嘴巴小巧的食虫鸟——石鹏（fú）、捕蝇鸟和柳莺，以及两只嘴巴宽大的食谷鸟——朱雀和苍头燕雀。

但是，无论是食虫鸟，还是食谷鸟，朱雀夫妇都用小毛虫和其他柔软的小昆虫来喂养。因此，哥伦布们并不担心，这支由杂牌军组成的小鸟们的生命安全。

哥伦布们还把纤弱的小鸟——白鹡鸰的蛋放到了普通的家雀的窝里，把普通家雀的蛋放到了鹡鸰的巢里。家雀孵出小鹡鸰的时间，比鹡鸰本身孵出孩子的时间，早了两天；鹡鸰孵出小家雀的时间，比预期的晚了两天。当小鸟们离开巢、越飞越远的时候，鹡鸰和家雀都可以凭声音认出自己的孩子。于是亲生父母亲毫不费力地便把孩子吸引到了自己身边。

朱雀这儿的情形也是如此。它喂养别家的孩子，只是在雏鸟们还没有学会飞行、还未飞到亲生父母身边的时候。不过，朱雀自己的孩子留了下来，在其他鸟巢出生的、由别的鸟喂养的小朱雀们，也飞到了它的身边。因此朱雀向哥伦布们证明了，它是位伟大的母亲。况且，在某些情况下，把一种鸟的蛋放到另一种鸟的巢里，无论对成年的鸟儿，还是对雏鸟来说，都是毫不困难的。

哥伦布们自己也成了养育者，他们直接从鸟巢里掏出羽毛尚未长好的雏鸟，带到身边饲养。

廖列琪是女孩中年龄最大的一个，她善良又严厉，精力旺盛，认真仔细。大家公认她是所有雏鸟的总管妈妈。在她的雏鸟托儿所里，什么样的鸟儿都有：小黄鹂、赤胸朱顶雀、苍头燕雀、大头伯劳、穿着五彩制服的啄木鸟，还有猫头鹰。它的毛色似乎与其他鸟儿一样，但长着凶恶的钩形嘴，眼睛鼓鼓的。哥伦布们亲切地称它们为"小宝贝"。天刚蒙蒙亮，只要小宝贝叫一声，就会惊醒总管妈妈，而她又去唤醒其他女孩——雏鸟的保姆们。所有的小鸟都能按时吃上早餐，肚子吃得饱饱的猫头鹰甚至连碰都没有碰一下小伙伴。哥伦布们从布雷爷爷那里得到了蚁卵，而猫头鹰常常会得到一小块鲜肉。

男孩中只有安德烈一人参加了饲养雏鸟的艰苦劳动。这并没有影响他广泛研究"未知之地"。安德烈用桦树皮搭了几只轻便的小盒子，把它们缝在腰间。一只盒子里装满了蚁卵，其余的盒子里装进了"小宝贝"。于是他就放心地跟着大伙一起到树林里去了。当盒子里传出鸟儿吱吱叫声的时候，安德烈落到同伴们的后面，坐在树墩上，打开小盒子，用小木钳子把鸟食塞入饥饿的小家伙们张开的嘴巴里。

尼古拉和弗拉基米尔这段时间跑遍了森林。他们用捕鼠器捕捉鼩鼱和小啮齿动物，这类动物通常悄悄藏在草地里的落叶下。他们还把装着诱饵的底很深的罐子埋入土中，罐边与土齐平。斯拉维米尔积极地帮助他们干活。但有时他突然就不见了，就像人们常说的那样，消失得无影无踪。他躲开大伙，藏到空地上高高的草丛中，或者河边的深沟里。他躺在地上，用手托着红头发的脑袋，眺望着神秘的、幽深的河流或者遥远的天空。远处白帆点点，隐约可见的船只在云下缓缓飘过。有时他若有所思地看着幽暗的森林，仿佛看到了背着公主的大灰狼，长着细脚、会走路的小木屋，以及只长着一只鼻孔、没有脊背的树妖（这些都是俄罗斯著名童话故事中的主要角色）。

突然，他回过神来，惊讶地发现天已经快黑了。于是他一跃而起，小声嘟囔着，有节奏地挥着手，跌跌撞撞地返回住处。迎接他的同伴们看见他魂不守舍的样子，便马上明白了，他在路上做了首诗。在他念给大家听之前，这首诗一直缠绕着他，让他不得片刻安宁。这时，画家希格利特总会抓起纸和彩色铅笔，飞快地给他的诗配画。她白天画风景，晚上画诗人诗歌中的形象。

她向女伴们诉苦：

"如果只是松林中的小松鼠，那还好办。但怎么画他喜爱的自然力——那些仙人呢？还记得吗，在写完阴雨天后，他在四行诗中写道：

太阳回来啦！

风——天庭的扫地人

把天空打扫得干干净净，

躺下睡觉了。"

米露琪卡出了个主意：

"那你就画个扫地人，当然不是普通的扫地人，而是真正天上的人，长着最最飘逸的大胡子……"

廖列琪赞同地说：

"他一躺下睡觉，扫帚就掉下来了，在云端打转转。"

就这样，哥伦布们轮流帮助女画家画画，经常给诗人提示诗歌中的形象，似乎大家拥有同一个诗魂。

只有巴甫洛沙一人不与大伙接近。自从多拉从树林里拖回树叶和树枝之后，巴甫洛沙就完全不去森林了。他把树叶摊在纸上晾干，不停地翻动它们，给树叶编上号，成天只干这件他自称为"整理植物标本"的活儿。一次，哥伦布们纷纷友好地数落他，说他跑这么远的路到这里来，却什么也不干，真不值得。可是，突然，他十分可笑地蹦出句话，让大家都呆住了：

"你们……从早忙到晚，跑得气喘吁吁，却什么也没发现。"

尼古拉轻蔑地打断他：

"难道你发现了什么！如果你们这组有新发现，那也是多拉的功劳，而不是你的。你就是块放平的石头，下面连水都流不过（俄罗斯谚语，意为一切事情主要靠自己努力）。"

巴甫洛沙出乎意料地、得意扬扬地说：

"我这块石头下面……却流过了水！我是个办公室里的学者，而不是……在森林里乱跑的人。我坐在这儿，比屁股坐不住的多拉干得更多。你们听说过'阿来树'吗？啊哈！都不出声了吧！谁也不知道吧！我查过所有的植物检索表，既查了'阿'，也查了'来'，都没找到。我们的书上从未登记过这样的树！这就是我的发现！"

巴甫洛沙兴奋极了，说话时既不带拖音，也不口吃了。

"真有趣！"多拉好奇地问，"你在哪里看到的？"

"还没看到过，听集体农庄庄员们说的。要是离得近些，我早就去看了。可是据说是在十八千米外的米涅耶夫村。古时候，地主不知从什么地方，也许是从非洲或澳大利亚运过来的。

据说，树很高大，含着蜜，蜜蜂一直围着它嗡嗡叫。多么神奇的树！散发出蜜香味，分泌出上天赐予的食物——花蜜。"

弗拉基米尔力图减轻胖子出人意料的发现给大家带来的震撼：

"既然它们是从澳大利亚的某个地方运过来的，那就不属于土著居民了。我们现在连一根树枝都没看到，终归不能相信你的'发现'。"

巴甫洛沙甚至连看都没看他一眼，就打断了他：

"这就更有意思了。它们是来自遥远国度的移民。据说，在原产地，这些树长得高极了，只要抬头看树枝，帽子准会从头上掉下来。这些树已经有一百岁了。"

第二天中午，弗拉基米尔带来一只小獾，与之相比，巴甫洛沙意外的发现所引发的轰动显得逊色了很多。

集体农庄的孩子们指给弗拉基米尔看森林里的獾洞，獾洞有许多入口和出口。弗拉基米尔很有耐心，天还未亮时他就爬上了树，从树上观察獾洞。他在树上一连蹲了好几个小时，饿坏了。这时已将近中午，他正想从树上爬下来，突然看见一只母獾的脑袋往外探了一下，接着又缩回去，消失不见了……五分钟后，母獾嘴里衔着一只小獾，从洞里爬了出来。它把小獾拖到小丘草丛中的沙地里，放在阳光晒得最热的地方，然后又返回洞里。

弗拉基米尔想，他准是去叼第二只小獾了。

但是他没有等它返回，就飞快地从树上滑下来，跑到小獾旁，抓住它的后脖颈，一溜烟儿跑了！

弗拉基米尔本想把小兽送给米露琪卡，可是小姑娘拒绝了。她说，爸爸妈妈不让她在家里养动物，说养得有感情后，最终还是得把它们送往动物园……弗拉基米尔便把小兽送给了廖列琪，她一直喜爱地看着它。

廖列琪非常喜欢这个小弟子！小兽没有很快习惯保育员。最初几天，廖列琪的手指总缠着绷带，稍有不慎，尚未驯化的小獾就会咬她一口。但是应该承认，廖列琪非常勇敢顽强，她强忍着疼痛，不当着小伙伴们的面哭，也不让他们看见她被咬伤的小手。她甚至一次也没有轻轻地敲一下或打一下小獾。

廖列琪解释道：

"如果在抚育过程中被施加暴力，小宝贝的性格就会变坏。我的叔叔米沙在莫斯科四楼的家里养过一只著名的狐狸，《星火》杂志上还刊登过这只狐狸的照片。他说，如果他是教育部长，他会让学龄前儿童的保育员先养小兽，再教育小孩。他说，人的孩子，野兽的孩子，甚至鸟儿的孩子，总体上都是一样的。对他（它）们需要有爱心、耐心和坚持。米沙叔叔把狐狸驯养得很温驯。还记得那张照片吗？在果戈里大街上，孩子们把木棒塞进狐狸的嘴巴里，抓它的舌头，而这只凶猛的野兽都没想到要咬他们。"

果真如此，两三天后，小獾不仅不再咬人了，还允许廖列琪摸摸它可爱的脸蛋、后脖颈。她让小獾在她背上打滚，甚至把它抛到半空，跟它一起玩。小兽完全信任她，不久就非常依恋她，像条狗似的跟在她后面。

已经 7 月 20 号了，孵鸟的季节已经结束，几乎所有的鸟儿都孵出了小鸟。突然，米露琪卡和廖列琪从森林里跑过来，激动地诉说，在林边的一株灌木丛下，找到了一只鸟巢，里面有只黑雌琴鸡在孵五只蛋。

廖列琪惊奇地说：

"怎么会这样？狩猎季节即将开始。林子里几乎所有的鸟儿都孵出了小鸟，而这个小傻瓜还在孵蛋呢！"

塔金说：

"显然，它的第一窝蛋夭折了。今年春天太可怕了。鸡呀，鸭呀，所有陆上的鸟儿都已孵出了蛋。突然寒流降临了，雏鸟都冻死了。第二次还是这样：又孵出了蛋，又冻死了。看来这只黑琴鸡已经是第三次孵蛋了。那么，也好，正合我们的意，在黑琴鸡身上也实践一下布谷鸟的想法吧。"

塔金来到鸡棚里，把一只花母鸡赶出鸡窝，从里面拿出一只鸡蛋。廖列琪和米露琪卡跑进森林，把这只白色的鸡蛋放到棕黄色的琴鸡蛋旁。又掏出一只琴鸡蛋。

回到住处，它就变冷了，原来这是一只没有孵出雏鸟的蛋，它没有胚胎。

"我听说，我们雌雷鸟的蛋里，已经传出了雏鸡的叫声！"廖列琪说。

"是吗？太有趣了。这是怎么回事？在黑琴鸡的巢里，白蛋特别惹人注目。难道它最终接受了白蛋吗？"塔金说。

"很明显,黑琴鸡丢弃了鸟巢。孵啊孵,却什么也没孵出来,都是些孵不出雏鸟的蛋。而且,还有人把这只畸形的蛋给扔到一边去了。当然,这只蛋让人害怕。"安德烈说。

他们边吃晚饭,边说话。尼古拉、米露琪卡、希格利特白天就到湖边去了,可是到现在还没回来,也许在什么地方耽搁了。

晚饭吃完了,他们仨人还没回来。天黑了,夜降临了。

米露琪卡、希格利特和尼古拉依旧不见踪影。

打靶场

一箭射中目标！

一语击中答案！

第四场比赛

1. 根据日历，夏天从哪一天开始？这一天的特点是什么？

2. 什么鱼会筑巢？

3. 什么野兽在草丛和灌木丛里筑巢？

4. 什么鸟不筑巢，直接把蛋下在沙地上、坑洼里？

5. 右图这种鸟蛋的颜色是什么样的？

6. 蝌蚪先长出前脚，还是先长出后脚？

7. 普通棘鱼的刺长在身体的哪些部位？一共有几根刺？

8. 金腰燕（短尾的）和家燕（尾巴像叉子）筑的巢，从外形上看有什么区别？

9. 为什么不能掏鸟巢里的蛋？

10. 雄萤火虫有翅膀吗？

11. 什么鸟把鱼刺铺在窝里当垫子用？

12. 为什么燕雀、金翅雀和柳莺在树枝上筑的巢，很少被发现？

13. 所有的鸟在夏天只孵一次蛋吗？

14. 我们这里有没有捕食小动物的植物？

15. 哪种动物在水下用气泡给自己造房子？

16. 孩子还没出生，就交给别人抚养，这是什么动物？

17. 一只老鹰，飞得老高，张开翅膀，遮住太阳。（谜语，打一自然现象）

18. 倒下的是一棵棵树，立起的是一座座山。（谜语）

19. 一串串宝物，挂满枝头树梢；我们的肚子，全靠它填饱。（谜语）

20. 一屈一弯，跳入水中；只见水花，不见踪影。（打一动物）

21. 赶也赶不走，拿也拿不起；时候一到，自动消失。（谜语）

22. 只见拔草，不见草鞋。（谜语）

23. 没有身子却能活，没有舌头却会说话；谁也没见过它，却谁都听说过它。（谜语）

24. 不是裁缝，却总是带着针。（谜语，打一动物）

通　告

第三场测验　"锐眼"称号竞赛

谁住在这里？

花园里有两个树洞，里面都能听见小鸟的叫声。仔细看看，怎样才能知道什么鸟在这两个树洞里筑巢？

图1　　图2

住在这片土地下的是哪种动物？我们很少见它露面。

图3

哪种动物住在这些洞穴里？

图4

树上的小房子是用苔藓搭成的。这是哪种动物的巢？

图5

这两个洞很相似，而且是同一个主人挖的。但是在里面住着不同的动物。它们是谁呢？

图6

图7

请珍惜朋友!

我们这儿的小朋友，经常捣毁鸟巢。他们完全没有必要这么做，只是因为调皮捣蛋。他们没有想到，这么做会给自己和祖国带来多么大的损害。科学家们统计过，每一只鸟，即便是最小的鸟，仅仅一个夏天，就给我们的农业和林业带来多达二十五卢布的收益。每只鸟窝里有 4～24 只鸟蛋，孵出 4～24 只雏鸟。你们自己算一算，捣毁一只鸟巢，使国家遭受多大的损失啊!

小朋友们!

请组织一支鸟巢保护队，不让任何人捣毁鸟巢。不要让猫跑到灌木丛或树林里，把它们从那里赶出来。因为猫会捉鸟吃，还会损坏鸟巢。请告诉大家，为什么必须珍爱鸟类，鸟儿如何尽心尽力地保护我们的森林、田野和果园，如何大量消灭难以捕捉的害虫，保护我们的庄稼不受害虫的侵害。

森 林 报

第 5 期

小鸟出生月

（夏季第二月）

7月21日到8月20日　　　　太阳转入狮子宫

太阳史诗——7月

7月是夏季的鼎盛时期。它不知疲倦地整顿世界，命令稞麦深鞠躬，把头低到地。燕麦已套上了长袍，荞麦却连衬衫都没穿上！

绿色的植物用阳光锻造身体。成熟的稞麦和小麦像一片金色的海洋。我们把麦子贮存起来，作为一年的口粮。我们也为牲口贮藏干草：割倒一片片青草，堆起一座座干草垛。

鸟儿现在没工夫唱歌了。所有的鸟巢里都有了小鸟。小鸟刚出生的时候，身上光秃秃的，没有毛，眼睛也是瞎的，需要父母照料很长时间。现在地上、水里、林子里，甚至空中，遍布着小鸟的食物，够大伙吃的。

森林里长满了鲜美多汁的小果实：草莓、黑莓、大覆盆子和醋栗；在北方，长着金黄色的桑悬钩子；在南方果园里，长着樱桃、洋莓和甜樱桃。草地脱下金色的外套，换上了甘菊的花衣裳，白色的花瓣反射着炙热的太阳光。现在可不能跟生命的缔造者——光明之神太阳开玩笑，它的爱抚会把你灼伤的。

森林中的大事

森林里的孩子们

谁家有几个孩子

一只年轻的雌麋鹿，住在罗蒙诺索夫城外的原始森林里。今年，它生下了一只小麋鹿。

在这片森林里，还有只白尾巴雕的巢。巢里有两只小雕。

黄雀、燕雀和鸸鸟各孵出五只小鸟。

蚁鹨（liè）（一种啄木鸟）孵出八只小鸟。

长尾巴山雀孵出十二只小鸟。

灰山鹑孵出二十只小鸟。

在棘鱼的巢里，每一颗鱼卵孵出一条小棘鱼。一个巢里总共有一百来条小棘鱼。

一条鳊鱼产的卵，能孵化出好几十万条小鳊鱼。

一条鳖鱼的孩子更是多得不计其数——大概有几百万条吧！

无人照料的孩子

鳊鱼和鳘鱼一点儿也不关心孩子。它们一生下鱼子，就游走了。它们完全不管小鱼怎样孵化出来，怎样过日子，怎样找东西吃。不过，如果你有几十万个或几百万个孩子，你不这样做还能怎么做？不可能一个个照顾到啊！

一只青蛙只有一千个孩子，即使这样，它也不管孩子！

当然，没有父母照顾的孩子们，日子很难过。水下有许多贪嘴的怪物，它们都爱吃美味的鱼子和青蛙卵、鲜嫩的小鱼和小蛙。

想想真是可怕，在小鱼、蝌蚪长大之前，它们会遇到多少危险，它们中间会有多少只被吃掉啊。

操心的父母

可是麋鹿妈妈和所有的鸟妈妈一样，都是非常操心的。

麋鹿妈妈为了它的独生子，随时准备牺牲自己的生命。即使大熊想进攻小麋鹿，麋鹿妈妈也会前后脚一起进攻。这一顿蹄子让熊大爷印象颇深，下次它再也不敢走到小麋鹿跟前来了。

我们《森林报》的记者，在田野里碰到一只小山鹬，它从他们脚跟前跳出来，一蹿，钻到草丛里躲了起来。

记者们捉住了小山鹑。小山鹑啾啾地大叫起来。山鹑妈妈不知从哪里跑了出来。它看见自己的孩子被人家抓在手里，就一边咕咕地叫着，一边扑了过来；然后又摔倒在地，耷拉着翅膀。

　　记者们以为它受伤了，就扔下小山鹑，光顾着追它去了。

　　山鹑妈妈在地上一瘸一拐地走着，眼看一伸手就可以捉到了。可是只要一伸手，它就往旁边一躲。这么追呀追的，忽然，山鹑妈妈扑扑翅膀，从地上飞起，仿佛什么事也没发生过似的飞走了。

　　记者掉转头来找小山鹑，谁知小山鹑连影子也不见了。原来山鹑妈妈故意假装受伤，把记者们从孩子身边引走，好救出它来。它把每个孩子都保护得那么好，因为它的孩子不多，总共才二十个呀！

鸟的干活时间

天刚透出亮光，鸟就起飞了。

椋鸟每天干活十七个小时，家燕每天干活十八个小时，雨燕每天干活十九个小时，朗鹟（wēng）每天干活二十个小时以上。

这些数字我都核实过。

它们每天不干这么长时间的活不行啊！

为了喂饱自己的孩子，雨燕每天至少要飞回家三十到三十五次，给小鸟送食物。椋鸟每天至少要送大约二百次，家燕至少要送三百次，朗鹟要送四百五十多次！

一个夏天，它们消灭掉很多对森林有害的昆虫和幼虫，数量多得数也数不清。

它们孜孜不倦地劳动着！

　　　　　　　　■发自森林记者　　尼·斯拉德科夫

鹈鹕和沙锥孵出了什么样的小鸟

这是小鹈鹕（tí jiān）。它刚钻出蛋壳，嘴上长着个白色的小疙瘩，这叫作"凿壳齿"。小鹈鹕钻出蛋壳的时候，就是用这颗牙齿凿破蛋壳的。

小鹞鹃长大后，会变成很凶残的猛禽，是啮齿动物的梦魇。

不过，这会儿它还是个长得挺逗的小不点儿，浑身毛茸茸的，眼睛半瞎半明。

它是那样的娇弱无助，连一步也离不开爸爸妈妈。假如爸爸妈妈不给它喂食，它准会活活饿死。

在小鸟里面，也有非常健壮的小家伙，它们刚一破壳而出，就站直了身子。它们会自己找食吃，也不怕水，遇见敌人会自己躲起来。

瞧！这是两只小沙锥。它们钻出蛋壳才一天，可是已经离开了家，自己找蚯蚓吃。

为了让小沙锥在蛋壳里长得壮实些，沙锥下的蛋一般很大。

我们刚才讲过的小山鹑，也是位斗士。它刚一出生，就会撒腿奔跑。

还有小野鸭——秋沙鸭。它刚一出生，马上一瘸一拐地走到小河边，扑通一声跳下水，游起泳来。它会潜水，在水面上做各种动作：伸懒腰，欠身，简直像只大野鸭。

　　而旋木雀的女儿非常娇气。它在巢里待了整整两个礼拜，现在刚飞出来，坐在树墩上。

　　瞧它那副气鼓鼓的样子！原来它很不满意，妈妈好长时间没来给它喂食了。

　　它出生已经快三个礼拜了，可还总是吱吱地叫着，要妈妈喂它吃青虫和别的美味佳肴。

海岛殖民地

在一个岛屿的沙滩上，许多小海鸥住在别墅里避暑。

晚上，它们睡在小沙坑里，每个小沙坑里睡三只。沙滩上到处是小沙坑，真称得上是海鸥的大殖民地。

白天，小海鸥在老海鸥的带领下，学习飞行、游泳和捉小鱼。

老海鸥一面教孩子，一面警觉地保护它们。

如果有敌人敢靠近它们，它们就成群飞起来，大叫大嚷地扑向它。这种声势，谁见了都害怕。

连海上的巨无霸白尾雕都会闻声而逃。

雌雄颠倒

从幅员辽阔的祖国各地，人们给我们写信，说他们看见了一种稀奇的小鸟。在莫斯科附近，在阿尔泰山上，在卡马河畔，在波罗的海上，在亚库金，在哈萨克斯坦，本月都有人看见过这种鸟。这种鸟既可爱，又漂亮，很像城里卖给年轻的钓鱼迷们的那种色彩艳丽的浮标。它们非常信任人，即使走到离它们只有五步远的地方，它们照样在你面前游来游去，一点儿也不害怕。

现在，别的鸟都待在巢里孵小鸟，或者养雏鸟。只有这些鸟聚在一起，周游全国。

令人惊奇的是，这些色彩艳丽的漂亮小鸟，全是雌的。别的鸟都是雄的比雌的明艳亮丽，这种鸟却恰恰相反：雄的灰不溜秋，雌的五彩缤纷。

更让人奇怪的是，这些雌鸟根本不管自己的孩子。在遥远的北方冻原带上，雌鸟在小沙坑里产完蛋，立即远走高飞了！雄鸟留在那里孵蛋，哺育小鸟，保护小鸟。

简直是雌雄颠倒！

这种小鸟名叫鳍鹬，是鹬的一种。

这种鸟随处可见，它们今天飞到这里，明天又飞到那里。

可怕的小鸟

苗条柔弱的鹡鸰妈妈，在巢里孵出六只光秃秃的小鸟。五只小鸟长得都挺像样。第六只却是个丑八怪：浑身上下皮肤粗糙，青筋直暴。长着一个大脑袋，一双凸眼睛，眼皮耷拉着。它一张嘴，准把人吓得连退三步：嘴巴像个无底洞，如同野兽的血盆大口！

出生后的第一天，它安静地躺在巢里。只在鹡鸰妈妈衔了食物飞回来的时候，它才吃力地抬起沉甸甸的大脑袋，张开大嘴，低声吱吱叫着："喂喂我吧！"

第二天清晨，凉风习习，鹡鸰爸爸和鹡鸰妈妈飞出去打食了。这时，小怪物蠕动起来。它低下头，把头抵住巢底，又开两腿，开始往后退。

它的屁股撞到了它的一个小兄弟，就开始把屁股塞在小兄弟的身子底下，又把光秃秃的弯翅膀往后面甩。接着，它那弯翅膀像把钳子似的钳住了小弟弟。它就这么背着小弟弟一个劲往后退，一直退到巢的边缘。

它那瘦弱眼瞎的小兄弟在它那光脊梁上不停地摇晃，好像盛在调羹里似的。丑八怪用脑袋和两脚撑住巢底，把小兄弟越抬越高，一直抬到跟巢顶一般高。

这时，丑八怪挺直身子，猛地往后一甩，小兄弟就从巢里飞了出去。

鹡鸰的巢是筑在河边悬崖上的。

可怜那个才一丁点儿大、光秃秃的小鹡鸰，啪的一声跌在砾石上，摔得粉身碎骨。

而凶恶的丑八怪自己也差点儿从巢里摔出来，它的身子在巢边不住地摇晃，幸亏它的大头分量重，才总算把身子重新坠回了巢里。

这可怕的罪恶行径一共只持续了两三分钟。

最后，精疲力竭的丑八怪一动不动地在巢里躺了大约十五分钟。

鹡鸰爸爸和鹡鸰妈妈飞回来了。丑八怪伸长青筋直暴的脖子，抬起沉甸甸的大脑袋，一副懵懵懂懂的样子，若无其事地张开嘴巴，尖声叫起来："喂喂我吧！"

丑八怪吃饱了，休息好了，又开始对付第二个小兄弟。

这个小兄弟没那么容易搞定：它拼命挣扎，不住地从丑八怪的背上滚下来。不过，丑八怪寸步不让。

五天后，丑八怪睁开了眼睛，它看见只有它自个儿躺在巢里。它的五个小兄弟都被它扔到巢外摔死了。

在它出生后的第十二天，它才长出羽毛。这时候真相大白了：鹡鸰夫妇俩倒霉透顶，它们抚养的是一只布谷鸟的弃婴。

可是小布谷鸟叫得可怜巴巴的，像极了它们自己那些死去的孩子；它抖动着翅膀，哀求着吃食，样子惹人怜爱。纤小温柔的夫妻俩不忍心拒绝它，不忍心丢弃它，让它活活饿死。

夫妻俩自己过着半饥半饱的生活。整天忙忙碌碌，连自己的肚皮都来不及填饱，从早忙到晚，给养子小布谷鸟送去肥壮的青虫。它们几乎把整个头伸进它的血盆大口，才把食物塞进它那贪得无厌、无底洞似的大喉咙。

一直忙到秋天，它们才把小布谷鸟养大。布谷鸟飞走了，从此一辈子再也没来看过养父母。

小熊洗澡

一天，我们熟识的一位猎人沿着林中小河的岸边走，忽然听见一阵树枝断裂的咔嚓咔嚓巨响。他大吃一惊，急忙爬上树。

一只棕色的大母熊从树林里走了出来，后面跟着两只活蹦乱跳的小熊和一个熊小伙子。熊小伙子是熊妈妈一岁大的儿子，现在暂时充当俩兄弟的保姆。

熊妈妈坐了下来。

熊小伙子叼住一只小熊的后脖颈，把它往河水里浸。

小熊尖声大叫起来，四脚乱蹬。可是熊小伙子紧叼着不放，直到把它浸在水里，洗得干干净净为止。

另外一只小熊怕洗冷水澡，飞快地溜进树林里去了。

熊小伙子追上去，打了它好几巴掌，然后照样把它浸到水里洗。

洗着，洗着，熊小伙子一不小心，把小熊掉在了水里。小熊吓得大叫起来！熊妈妈立刻跳下水，把小熊拖上岸，然后狠狠地揍了熊小伙子一顿，打得这个可怜虫干号起来。

两只小熊上了岸，似乎对洗澡挺满意。骄阳似火，它们穿着厚厚的、毛烘烘的皮大衣，热得难受，在冷水里洗个澡，感觉凉快多了。

洗完澡后，熊妈妈带着孩子们，又回到了树林里。猎人这才从树上爬下来，走回家去。

浆　果

各种各样的浆果成熟了。人们在果园里采树莓、红醋栗、黑醋栗和酸栗。

在树林里也可以找到树莓。树莓是一种丛生的灌木。假如你从一片树莓间走过，难免会碰断它干脆的茎，那时你就会听到脚底下噼里啪啦一阵响。不过，这不会对树莓造成危害。现在长着浆果的茎，只能活到冬天。瞧，这是它们的下一代。无数新鲜的茎从地下根里钻出来。它们毛茸茸的，长满细刺。明年夏天，就轮到它们开花结果了。

在灌木林和草墩旁，在伐木场的树墩旁，越橘就要成熟了。浆果的一面已经红艳艳的。越橘的浆果一丛丛长在茎梢上。有几棵越橘结的浆果又大又沉，压得茎都弯下来，躺在了苔藓上。

真想挖出这样一棵小灌木，移植到自己家里栽培，看浆果会不会变得大一点儿？但是，目前人工栽培越橘还没有成功的。越橘的确是一种很有趣的浆果。它的浆果可以保存一冬。吃的时候，只要用开水冲一冲，或者研碎，浆液就会自动流出来。

为什么越橘不会腐烂呢？因为它自己就能防腐。它内含安息酸。安息酸不会让浆果腐烂。

■发自尼·芭芙洛娃

猫儿奶大的兔子

今年春天，我家的老猫生了几只小猫，但小猫全都送了人。碰巧就在这一天，我们在树林里捉到一只小兔子。

我们把小兔子放到老猫身边。老猫的奶水充足，所以它很愿意喂养小兔子。

于是，小兔子吃着老猫的奶水逐渐长大。它俩很要好，连睡觉都不分开。

最好玩的是，老猫竟然教会了小兔跟狗打架。只要有狗跑进我们的院子，猫就扑上去，愤怒地抓它。小兔子也会跟过去，举起两只前爪，捶鼓似的朝狗身上击打，打得狗毛直飞。附近的狗都害怕我家的老猫和老猫的养子——小兔。

小蚁鴷的计谋

我家的老猫看见树上有一个洞，就认定那是鸟巢。它想吃小鸟，便爬上树，把头伸向树洞里看了看，只见几条小蝰蛇在洞底蜷曲蠕动着，并发出咝咝的叫声！猫儿吓得魂飞魄散，从树上跳下来，撒开腿亡命而逃！

其实躺在树洞里的根本不是蝰蛇，而是蚁鴷的孩子们。这是它们的计谋，用来防御敌人。它们把脑袋转来转去，脖子扭来扭去，仿佛蛇在蜷曲蠕动似的。同时，它们还发出像蝰蛇一样的咝咝声。谁都害怕剧毒的蝰蛇。所以小蚁鴷模仿蝰蛇，吓跑了敌人。

躺在眼皮底下

一只大鹃鹱搜寻到一只琴鸡和它带着的一窝小黄琴鸡。

它想：这下我的午饭有着落了。

它瞄准了目标，正打算从高空扑下去，却被琴鸡发现了。

琴鸡叫了一声，眨眼间小琴鸡都不见了。鹞鹰看了又看，还是一只也没看到，仿佛钻进了地缝似的！鹞鹰只得飞走找别的猎物。

　　琴鸡又叫了一声，在它周围立刻跳起来一群黄绒绒的小琴鸡。

　　它们并没有逃走，只不过身子紧贴着地面，躺在附近。不信你试试，看能不能从半空里把它们跟树叶、青草和土块区别开！

凶猛的花

一只蚊子在林中沼泽地的上空飞过。它飞啊飞，飞累了，想喝水。它看见一朵花，绿色的茎，茎梢上长着白色的钟形花，在下面茎的周围丛生着一片片圆圆的紫红色小叶子。小叶子毛茸茸的，一颗颗亮晶晶的露珠在细毛上闪烁着。

蚊子落在一片小叶子上，伸出嘴去吸露珠。谁知露珠黏糊糊的，把蚊子的嘴粘牢啦。

突然，所有的细毛都蠕动起来，像触须似的伸过来，捉住了蚊子。小圆叶子合拢来，蚊子被裹在里面，不见了踪影。

等到叶子重新张开的时候，一张蚊子的空皮囊掉在地上，因为花儿吸干了蚊子身上的血。

这是一种可怕的、凶猛的花，叫作毛毡苔。它会捉住小虫，把它们统统吃掉。

水下战斗

跟在陆地上生活的孩子一样，在水底下生活的孩子也喜欢打架。

两只小青蛙跳进池塘，看见怪模怪样的蝾螈躺在里面。蝾螈的身子细长，脑袋大大的，四条腿短短的。

"多么可笑的怪物呀！"小青蛙心想，"应该跟它干一仗！"

一只小青蛙咬住大头蝾螈的尾巴，另一只小青蛙咬住它的右前脚。

两只小青蛙使劲一拉，蝾螈的尾巴和右前脚留在了小青蛙的手里，蝾螈却逃走了。

几天后，小青蛙又在水下碰到这只小蝾螈。现在，它变成了真正的怪物：在该长尾巴的地方，长出一只脚爪；在扯断了的右前脚的地方，却长出一条尾巴。

蜥蜴也有这样的本领：尾巴断了，能重新长出一条尾巴来；脚断了，能重新长出一只脚来。而蝾螈在这方面的本领，比蜥蜴还要厉害。不过，有时它们会犯糊涂：在断了肢体的地方，会长出跟原先肢体完全不相符的东西。

不是风，不是鸟，而是水

　　我想给你们讲一讲小植物景天，讲一讲它开花时的样子。我非常喜欢这种小植物，尤其喜欢它那厚实饱满的灰绿色小叶子。小叶子密密地生在茎上，把茎都遮住了。景天的花也开得很美，是鲜艳的小五角星。

　　但现在景天的花已经谢了，结了果实。果实也是扁扁的小五角星。它们紧紧地闭拢着。但这并不代表果子没有成熟。天晴的时候，景天的果实总是闭拢的。

　　现在，我可以迫使它们张开来。只要从水塘里打点儿水就行，只要一滴水就够了。瞧，水滴正好滴在小星星的中间。于是我的目的达到了：果实的叶子舒展开来了。瞧，种子露出来了。景天的种子不像其他许多植物那样躲避水。相反，它们迎着水冲了上来。要是再滴上两滴水，种子就顺着水淌下来了。水接住种子，把它们播种到其他地方。

既不是风，也不是鸟，更不是兽，而是水帮助景天传播种子。我看见过一棵长在陡峭的岩石缝里的景天。这是顺着石壁往下流的雨水，把景天的种子带到那儿种上的。

■发自尼·芭芙洛娃

小矶凫学游泳

我到湖里去游泳，看见一只矶凫在教它的孩子们游泳，教它们怎样躲避人。大矶凫像只船似的漂浮在水面，小矶凫在潜水。小矶凫钻进了水里，大矶凫就在那里做警卫。最后，它们在芦苇旁钻出了水面，游到芦苇丛里去了。于是我就开始游泳了。

■发自森林记者　波波夫

奇特的小果实

荷兰蛑（máng）牛儿是长在菜地里的一种小草，它的果实非常奇特。这种小草本身其貌不扬，毛毛糙糙的。它开的紫红色花也稀疏平常。

现在，一部分花已经凋谢了，在每个谢掉的花瓣上竖起个鹳嘴似的小东西。原来每个"鹳嘴"，是五粒小尾巴长在一起的小果实。很容易把它们分开。这就是荷兰牻牛儿毛茸茸的、闻名遐迩的小果实。它上面尖尖的，下面好像长着条尾巴。尾巴尖弯得像镰刀，底部成螺旋形。这根螺旋一受潮就会伸直。

我把一粒小果实夹在两只手掌中，吹一口气。它转动起来，芒刺把手心挠得痒痒的。的确，它不再是螺旋形的，伸直了。

为什么这种植物要变这样一套魔术呢？原来小果实脱落的时候，戳在地上，用镰刀似的尾巴尖钩住小草。天气潮湿的时候，螺旋旋转起来，尖尖的小果实便旋进了土里。

小果实的退路已经给堵死了，因为它的芒刺是往上翘的，顶住泥土，不让它退出来。

这构思多么巧妙啊！植物自己给自己播种。

从前，人们利用荷兰牻牛儿的果实来测量空气的湿度。可想而知，这种果实的小尾巴有多灵敏。人们把小果实固定在一个地方，于是它的小尾巴就如同湿度计上的"指针"，旋转着，指明空气的湿度。

■发自尼·芭芙洛娃

小鸬鹚

我沿着河岸走，看见水面上有一种既像野鸭、又不像野鸭的小飞禽。我想：这到底是什么动物呢？野鸭的嘴应该是扁扁的，它们的嘴却是尖尖的。

我迅速脱下衣服，跳下水去追它们。它们躲开我，游到了对岸。我追过去，眼看要逮住了，它们却又往回逃了。我又追过去，它们又逃开了。它们就这样引着我顺流而下。我累得筋疲力尽，差点儿爬不上岸！我最终也没能逮住它们。

后来，我又见过它们好几次，不过，我没再下水追它们。原来它们不是小野鸭，而是䴙䴘的孩子们——小䴙䴘。

■发自森林记者　阿·库罗奇金

夏末的铃兰

（摘自少年自然科学家日记）

8月5日

在我们小河边的花圃里种着铃兰。伟大的科学家林内给这种5月盛开的花朵，取了个拉丁文的名字叫作"空谷百合"。

在所有的花中，我最爱铃兰。我爱它那小铃铛似的花朵，细瓷般洁白素净；爱它那富于弹性的绿茎；爱它那清凉湿润的细长叶子；爱它那奇妙的清香！总之，整朵花都是那么的清纯而富于朝气！

春天，一大清早我就过河去采铃兰花，每天带回一束养在水里。于是，屋子里整天都飘溢着铃兰花的幽香。在我们列宁格勒附近，铃兰在7月份开花。

现在，正逢夏末，我喜爱的花朵给我带来了出其不意的惊喜。

一天，我偶然发现，在它们宽大的、末端尖尖的叶子底下，长出了一种淡红色的小玩意儿。我跪下去，拨开叶子一看，只见里面长着一颗颗略带椭圆形的橘红色坚硬小果子。它们像花儿一样美丽，仿佛在请求我把它们做成耳环，送给我所有的女朋友呢。

■发自森林记者　维利卡

蔚蓝和翠绿

8月20日

今天，我一大早就起来了，往窗外一瞧，不由得惊叹起来：青草完全变成了蔚蓝色，湛蓝湛蓝的！小草被重重的露珠压弯了腰，浑身晶莹透亮。

要是你把白色和绿色这两种颜色掺在一起，就会看到变成了蔚蓝色。是露珠抛洒在鲜绿色的青草上，把它染成了蔚蓝色。

几条绿色的小径，穿过蔚蓝色的草丛，从灌木丛一直通到板棚前。一袋袋的麦子存放在板棚里。一群灰山鹑，趁着人们还在熟睡，跑到村子里来偷吃麦子。瞧，它们不正在打麦场上嘛：淡蓝色的山鹑，胸脯上长着棕色的马蹄形斑块。它们的小嘴"笃笃笃"地啄着，忙得不亦乐乎！趁着人们还没起床，它们得抓紧吃点儿。

再往远处，就在树林边上，还未收割的燕麦田里也是一片蔚蓝。

一个猎人手里举着枪，在那里走来走去。我知道，他肯定是在守候琴鸡。琴鸡妈妈经常带着它的一窝小琴鸡走出树林，到麦田里来增强营养。每当琴鸡从蔚蓝色燕麦田里跑过，麦田便变成了绿色，因为琴鸡边跑，边碰落了露水。猎人始终没有开枪，显然，琴鸡妈妈带着它那一窝小琴鸡，及时撤回树林里去了。

■发自森林记者　维利卡

请爱护森林

如果有闪电落在枯树枝上，就会大祸临头；如果有人把一根未熄灭的火柴丢在树林里，或者没把篝火弄灭就走人，也会带来大祸。

跳跃的火苗，像条纤细的小蛇，从篝火里蹿出来，钻入苔藓和一堆堆干枯的针叶和阔叶。突然，它从枯叶堆里跳出来，舔了一下灌木，又向一堆枯树枝跑去……

必须分秒必争！这是流动的林火呀！在它还是微火的时候，你一个人就可以扑灭它。赶快折一些带叶子的新鲜树枝，拼尽全力朝着火苗使劲扑打吧！别让它扩大，别让它转移！叫上你的同伴一起帮忙吧！

如果你手头有把铁锹，哪怕是根结实的木棍，就请赶紧挖点儿土，把泥土和一块块的草皮盖在火上。

　　如果火苗已经从泥土底下钻出来，从一棵树蹿到另一棵树，那么这就是场森林大火了。赶快撒开腿跑去叫人吧！赶快敲响救火的警钟吧！

森林里的战争（续三）

我们的记者来到第三块采伐迹地。十年前，林业工人们曾经在那里砍伐过树木。现在这块地还在白杨和白桦的掌控之中。

胜利者们不放任何植物进入自己的领地。每年春天，野草都想从土里钻出来，但是它们很快就在多阴的阔叶帐篷下窒息了。枞树每隔两三年结一次种子，每次它都会派一支新的空降部队登陆采伐迹地。不过，那些枞树种子没等钻出地面，就被小白桦和小白杨扼杀了。

年幼的小白桦和小白杨不是一天一天地长高，而是一个小时一个小时地长高。它们挤挤挨挨地耸立在采伐迹地上。有一天，它们终于觉得拥挤了，于是彼此之间开始打架。

每一棵小树都想在地上和地下多抢一点儿空间。每一棵小树都越长越宽，推挤着它们的邻居。采伐迹地上的树木你挤我，我推你，一场混战。

健壮的小树比瘦弱的小树长得快，因为它们的根更牢固、树枝也更长。健壮的小树长高之后，就把它的手（树枝）伸到旁边小树的头上，那些小树就被树荫遮住了，从此告别了阳光。

最后一批瘦弱的小树，被浓密的树荫害死了。这时，矮小的野草终于从土里钻了出来。不过，长高的小树已经不怕它们了。

就让小草在脚底下慢慢地爬动吧！还可以取取暖呢。但是胜利者们自己的后代（种子），落在这个黑暗潮湿的地窖里，都给闷死了。

枞树很沉得住气，它们继续每隔两三年就派一支空降部队到这片草木杂生的采伐迹地上来。胜利者们甚至没有注意到这些小东西。在胜利者口中，它们简直不值一提，就让它们在地窖里慢慢爬吧！

小枞树终于从地底下露出了头。在阴暗潮湿的地窖里，它们过得很艰难。不过，赖以生存的光线还是有的。它们长得瘦小纤弱。

可是这里也有好处，这里没有风来摇晃它们，把它们连根拔起。每当暴风雨来临的时候，白桦和白杨喘着粗气，被风吹得直弯腰，而小枞树躲在地窖里很安全。

这里非常暖和，有足够的食物。小枞树不会受到春季危险的早霜和冬季严寒的侵袭。地窖里的环境，跟赤裸裸的采伐迹地相比，大不一样。秋天，白桦和白杨的落叶在地上腐烂了，散发出热量，青草也散发出热气。只需要耐心忍受地窖里一年四季的阴暗。

小枞树不像小白桦和小白杨那样喜爱阳光。它们忍受着黑暗，不断地生长着。

我们的记者很怜惜它们。接着，他们又来到第四块采伐迹地。

我们在等待着他们的报道。

集体农庄纪事

　　可以收割庄稼啦。我们集体农庄的黑麦田和小麦田，好像一望无际的海洋。麦穗长得又高又壮，一排连着一排，每一棵麦穗里都藏着很多很多的麦粒。集体农庄庄员们干得真棒！这些麦粒很快将汇成一股股金灿灿的暖流，流进国家和集体农庄的粮仓。

　　亚麻也成熟了。集体农庄庄员们正在田里忙活。亚麻是用机器拔的，用机器拔麻可快了！女庄员们跟在拔麻机后面捆麻，把一排排倒下来的亚麻捆作一束束。再按十束一垛，把亚麻堆成垛。不久，亚麻田里就好像排列着一队队士兵似的。

　　山鹑只好带着一家老小，从秋播的黑麦田搬到春播的田里去了。

集体农庄庄员们在收割黑麦。一束束饱满结实的麦穗，在割麦机的钢锯下倒了下来。庄员们把麦子捆起来堆成垛。一垛垛麦垛竖在田里，仿佛运动会开幕式上站立的一排排运动员似的。

菜地里，胡萝卜、甜菜和其他蔬菜成熟了。集体农庄庄员们把蔬菜运到火车站，火车又把它们运进城。这些天，城里的居民都能吃到鲜嫩可口的黄瓜，喝到用甜菜做的红菜汤，尝到用胡萝卜做的馅饼。

集体农庄的孩子们到树林里采蘑菇和熟透了的树莓、越橘。这些天，哪里有榛子林，哪里就有一群群的孩子。休想把他们撵出林子，他们在那儿采榛子，把口袋装得鼓鼓囊囊的。

现在大人们可顾不上采榛子，他们必须割麦、打麻，用速耕犁耕完所有的田，把好耕过的地——秋播马上就要开始了。

森林的朋友

在伟大的卫国战争（即1941-1945年在苏联进行的反对德国法西斯侵略者的战争）期间，我国的许多森林被毁掉了。各处林区正在积极重新造林。我国各中学的学生们在这方面给予了很大帮助。

要栽培一片新的松林，需要几百千克松籽。三年来，孩子们一共收集了七吨半松籽。他们还帮助整地、照料苗木、守护森林，以防火灾发生。

■发自森林记者 查列夫

大家都有活干

早晨，天刚蒙蒙亮，集体农庄庄员们就开始下地干活儿了。只要有大人的地方，就能见到孩子们。在刈（yì，割）草场，在农田里，在菜地里，孩子们都在给集体农庄庄员们帮忙。

瞧，孩子们扛着耙子走过来了。他们飞快地把干草耙到一块，然后装上大车，送到集体农庄的干草棚里。

杂草也总是让孩子们忙个不停。孩子们经常给亚麻田和马铃薯田清除香蒲、滨藜、木贼等杂草。

到了拔麻的季节，孩子们比拔麻机先来到亚麻地。

他们拔掉亚麻地四个角上的亚麻，好让拖着拔麻机的拖拉机更容易拐弯。

在收割黑麦的田里，孩子们也找到了活儿干。麦子收完后，他们把掉到地上的麦穗耙到一起，捡起来。

■发自普斯可夫斯基州斯拉夫可夫斯基区
"大地"集体农庄

集体农庄新闻

（发自尼·芭芙洛娃）

来自麦田的消息传到了红星集体农场。麦子报告说："我们长势良好。麦粒已经成熟，很快就会脱落。你们不用再照顾我们，甚至不用来看我们了。现在我们自己就能干成一切。"

集体农庄庄员们微笑道："好像不是这么回事吧，不用来看你们！现在正是我们最忙的时候！"

联合收割机开向了农田。联合收割机是干活的能手：它会割麦、磨麦和扬麦。联合收割机开进麦田的时候，黑麦长得比人高；而当它离开麦田的时候，只剩下低低的麦茬儿。联合收割机为集体农庄庄员们准备好了干净的麦粒。庄员们晒干麦粒，把它们装进麻袋，然后上交给国家。

变黄了的马铃薯田

我们《森林报》的记者来到红旗集体农场。他注意到这个集体农场有两块马铃薯田。其中一块大一些，是深绿色的；另一块小一些，已经变黄了。第二块田里的马铃薯茎叶黄黄的，仿佛快要死了似的。

我们的记者决定弄清楚是怎么回事。后来他寄来了以下报道:"昨天,一只公鸡跑到变黄的田里。它刨松土,唤来许多母鸡,请它们吃新鲜的马铃薯。一位女庄员正好经过,看见后笑了起来,对女伴说:'你瞧!公鸡第一个来收我们早熟的马铃薯了。也许它知道我们明天就要开刨早熟的马铃薯了吧!'"

由此可见,茎叶变黄了的马铃薯,是早熟的马铃薯。它已经成熟了,所以它的茎叶变黄了。而那块面积大的深绿色田里,种的是晚熟的马铃薯。

森林简讯

在集体农庄的树林里,第一朵卷边乳菇从土里钻出来了。多么结实肥厚的一朵卷边乳菇啊!

卷边乳菇的帽子上有个小坑,周边是湿乎乎的穗子。上面依附着许多松针。卷边乳菇周围的土略微隆起。假如把这块土挖开,就可以找到很多很多大卷边乳菇、小卷边乳菇、小小卷边乳菇和最最小的卷边乳菇!

鸟 岛
——寄自远方的一封信

我们乘着船在喀拉海东部航行。周围是无边无际的海水。

忽然,桅顶监视员叫道:

"正前方，有一座倒立的山！"

"他到底看到了什么？"我心想，也爬上了桅杆。

我清楚地看见，我们的船正驶向一座岩石陡峭、倒挂在空中的岛屿。

一块块岩石上下颠倒地挂在空中，没有什么东西可依托！

"我的朋友，"我自言自语地说，"你的脑子是不是进水了？"

突然我想起来了："啊！是折射！"于是情不自禁地笑了起来。折射是一种奇特的自然现象。

在北冰洋上，常常会出现"折射"现象。这种现象又叫作海市蜃楼。当船在海面行驶的时候，你突然看见远处的海岸或者一艘船，倒挂在空中。这是它们在空中颠倒过来的影像，如同在照相机的取景器中看到的那样。

几小时后，我们的船抵达那座远方的小岛。小岛当然没有倒挂在半空中，而是稳稳地矗立在水面，陡峭的岩石也都好端端地立在那儿。

船长测定了方位，查看了地图，说这座岛叫比安基岛，位于诺尔杰歇尔特群岛的海湾入口处。这座岛是为了纪念俄罗斯科学家瓦连京·利沃维奇·比安基而命名的，也就是我们《森林报》所纪念的那位科学家。所以我想，也许你们很想知道这座岛的模样和岛上的东西。

这座岛由许多杂乱的岩石堆成，既有巨大的圆石头，也有大石板。岩石上既不长灌木，也不长青草，只闪烁着一些淡黄色的和白色的小花。另外，在背风朝南的岩石上，长满了地衣和短短的苔藓。岛上还长着一种苔藓，很像我们那儿的平茸菇，柔软肥厚。在其他地方，我从未见过这种苔藓。在倾斜的海岸上，堆着一大堆漂来的木头，有圆木，有树干，也有木板。这些都是从海上漂来的，也许漂了几千千米呢！这些木头都干透了，只要弯起手指轻轻一叩，就会发出清脆的响声。

现在是 7 月底，可是这里的夏天才刚刚开始。不过，这并不妨碍那些大冰块、小冰山，在太阳底下闪着耀眼的光芒，悄悄地从岛旁漂过。这里的雾很浓，低低地垂在海面上，以至于只见过往船只的桅杆，不见船身。况且，很少有船经过这里。岛上荒无人烟，所以这里的野兽一点儿也不怕人。无论谁，只要身上带着盐，都可以往它们的尾巴上撒点儿盐，抓住它们。

比安基岛是座真正的鸟的乐园。这里没有鸟的集市，没有几万只鸟拥挤在一块岩石上做巢的情形。无数只鸟无拘无束地在岛上安排自己的住所。成千上万只野鸭、大雁、天鹅、潜鸟以及各种各样的鹬在这里做巢。海鸥、北极鸥和管鼻䴕在稍高一些的、光秃秃的岩石上做巢。这里海鸥品种众多：既有浑身雪白、翅膀黑黑的鸥，也有小巧玲珑、尾巴像剪刀般叉开的粉红色的鸥，还有高大凶残的北极鸥，这种鸥吃鸟蛋、小鸟和小兽。这里还有通体雪白的北极大猫头鹰。美丽的白翅膀白胸脯的雪鹀唱着歌，像百灵鸟一样飞向高空；北极百灵鸟在地上边跑边唱，它们的脸上长着黑胡子，头上矗起一对黑色的小犄角。

这儿的野兽就更有趣了……

我带着早点，坐在海岬边的海岸上，旅鼠在身旁窜来窜去。这是一种小巧的啮齿动物，浑身毛茸茸的，长着黑、灰、黄三色相间的花斑。

在岛上有很多北极狐。我在石堆中看见过一只，它正偷偷地靠近一窝还不会飞的小海鸥。忽然，大海鸥们发现了它，尖叫着、大喊着一齐向它猛扑过去，吓得这个小偷夹起尾巴，撒腿就跑。

这里的鸟善于保护自己，不让自己的孩子受欺负。这样一来，野兽可就要挨饿了。

我开始往海上远眺。那里有许多鸟在游水。

我吹了声口哨。忽然，从岸边水底下钻出几颗光溜溜的圆脑袋，一双双乌黑的眼睛好奇地盯住我，也许在想："这是个什么样的怪物？他为什么吹口哨？"

这是海豹，一种个头不大的海豹。

一只个头很大的海豹，从离岸稍远的地方冒了出来。一些个头更大、长着胡子的海象在更远的地方戏水。刹那间，所有的海豹和海象都钻进水里不见了，鸟儿大叫着飞向天空。原来，一只白熊从水里露出头，从岛旁游过。白熊是北极地区最强悍、最残暴的野兽。

我感到肚子饿了，想拿出早点吃。我记得很清楚，把它放在了身后的一块石头上，可是早点不见了。石头底下也没有。

我跳了起来。

一只北极狐从石头底下蹿了出来。

小偷，小偷！就是它悄悄走近我，偷走了我的早点。它嘴里还叼着我用来包三明治的那张纸呢！

瞧，这里的鸟把一只正派的野兽逼到什么地步了！

■发自远航领航员　马尔丁诺夫

打 猎

现在小鸟还没长大，甚至还没学会飞，该打什么呢？不能打小鸟小兽，法律禁止在这个时期打飞禽走兽。

不过，即使在夏天，法律也允许打那些专吃林中小动物的猛禽和危险有害的野兽。

恐怖的黑夜

夏天的夜晚，要是你走出屋子，就会听见从树林里传来一阵阵"呼呼呼！"或者"哈哈哈！"的声音，令人毛骨悚然，仿佛有蚂蚁从脊背上爬过似的。

有时在黑暗中，有谁在阁楼或屋顶上闷声闷气地嗡嗡叫，似乎在召唤：

"一起走！一起走！上坟墓！……"

立刻，两盏圆圆的绿灯在漆黑的半空中燃起，宛如一双邪恶的眼睛。紧接着，一个悄无声息的阴影一闪而过，差点儿擦到你的脸。这怎能不叫人心生恐惧呢？

由于害怕，人们讨厌各种猫头鹰。树林里的鸮鸟，夜夜在那里刺耳地狂笑；栖息在屋顶上的枭鸟，用一种不祥的声音在召唤：

"一起走！一起走！"

即使在白天，假如一颗长着巨大的黄眼睛的脑袋，突然从一个黑幽幽的树洞里探出来，同时钩子似的尖嘴巴发出吧嗒吧嗒的响声，也很容易让人受到惊吓呢！

要是深更半夜里，家禽中间出现慌乱，鸡在鸡窝里咯咯叫，鸭在嘎嘎叫，鹅在嘎嘎吵，第二天早晨，主人又发现少了小鸡，那他就会直接怪罪到鸮鸟或枭鸟头上。

光天化日之下的抢劫

不仅是黑夜，就是大白天，猛禽也不让集体农庄庄员们清闲片刻。

老母鸡一不注意，小鸡就被鸢鹰抓走了一只。

公鸡刚跳上栅栏，鹞就把它抓走了！鸽子刚从屋顶飞起，不知从哪儿飞来只游隼。游隼冲入鸽群，只猛击一下，就见羽毛四处飘散；它抓住那只死鸽子，逃得无影无踪。

要是干坏事的猛禽被集体农庄庄员碰上，他们才不管哪只鸟好、哪只鸟坏，只要一看见长着钩形嘴和长爪子的猛禽，就立刻消灭它。不过，很快他们就会后悔不已，因为田里的老鼠将大量繁殖起来，金花鼠会吃光庄稼，兔子会啃光大白菜。

这样一来，集体农庄庄员将蒙受很大的经济损失。

分清敌友

为了避免上述状况发生，首先要学会辨别有益的猛禽和有害的猛禽。那些伤害野鸟和家禽的猛禽，是有害的。那些消灭老鼠、田鼠、金花鼠、蚱蜢、蝗虫以及其他具有毁坏作用的啮齿动物的猛禽，是有益的。

这是鸮鸟和枭鸟，无论模样多么可怕，它们都是益鸟。只有最大的鸮鸟——大角枭和圆头大鸮鹰才是害鸟。不过，即使它们，也常常捕食啮齿动物。

在白天出动的猛禽中，老鹰带来的危害最大。我们这里的老鹰分为两种：高大的游隼和小个子的鹞鹰（比鸽子瘦小细长些）。

要区分老鹰和其他猛禽并不难。老鹰都是灰色的，胸脯上长着五颜六色的波纹斑；小脑袋，低前额，淡黄色的眼睛；圆翅膀，长尾巴。

老鹰是一种非常健壮、凶残的鸟。它们敢于袭击个头比自己大的动物；即使肚子吃饱的时候，也会不假思索地杀死别的鸟。

尾巴尖分叉的鸢比老鹰弱很多。根据鸢的尾巴的特征，很容易辨认它。它不敢攻击个头大的飞禽走兽，只是四处张望，看哪儿可以拖出只笨头笨脑的小鸡，或者哪儿可以啄食腐烂的动物尸体。

另外，大隼也是害鸟。

它们长着弯成镰刀形的尖翅膀，比其他鸟飞得都快，而且常常在高空飞行时扑鸟，以免扑空时猛地撞到地上，撞破胸膛。

最好不要去惊动那些小隼鹰，它们中有些是非常有益的。例如红隼，人们给它取个外号叫作"摆子鬼"。

常常可以在田野的上空看到红褐色的红隼。它悬在空中，似乎有根无形的线把它挂在云霄处。它扇动着翅膀（扇动翅膀时像打摆子一样，因此人们把它叫作"摆子鬼"），在搜寻草丛里的老鼠、蚱蜢和蝗虫。

雕给我们带来的害处比益处多。

打猛禽

一年四季都可以捕杀有害的猛禽。有各种各样打猛禽的方法。

在巢旁打猛禽是最简便的方法。但是，这很危险。

为了保护自己的孩子，高大的猛禽会狂叫着向人直扑过来。必须在离它很近的地方开枪。枪要打得既快又准，不然你的眼睛可就保不住了。但是，很难找到它们的巢。雕、老鹰和游隼都把住房安置在难以攀登的悬崖上，或者密林里的大树上。大角枭和大鸦鹰的巢做在岩石上，或者做在茂密树林里的地上。

偷　袭

雕和老鹰常常停在干草垛上、白柳树上或独自屹立着的枯树枝上，搜寻猎物。它们不让人靠近。

这就必须实施偷袭，就是从灌木丛或者石头后面悄悄地靠过去。必须用远射程的步枪和小子弹来打。

带上助手

猎人常常带着大角枭，去打白天飞出来的猛禽。

他先把木杆插在小丘的某个地方，然后在木杆上安一根横木；在离木杆几步远的地方，先栽入一棵枯树，再在树旁搭个小棚子。

第二天早晨，猎人带着大角枭来到这里，把它系在木杆的横木上，自己躲在小棚子里。

用不着等多久。只要老鹰或者鸢看见这个可怕的怪物，马上就会向它扑过来。大家都想报复一下大角枭这个夜间大盗。

它们盘旋着，向大角枭一次次扑过来，然后落在枯树上，朝这个强盗大喊大叫。

被绑着的大角枭只得竖起浑身的羽毛，眨巴着眼睛，吧嗒着嘴巴，对猛禽却毫无办法。

怒火冲天的猛禽没有注意到小棚子。这时，你尽管开枪射击吧！

黑夜打猎

黑夜打猛禽是最有趣的。很容易发现老雕和其他大猛禽飞去过夜的地方。例如，在没有悬崖的地方，雕就睡在孤零零的大树树梢上。

在一个没有月光的黑夜，猎人来到大树旁。

雕睡得正香，所以猎人可以走到树下。突然，猎人打开手里的强光灯（手电筒或者电石灯），朝雕照去。雕被这道出其不意的亮光照醒了，眯缝着眼。它什么也看不见，什么也不明白，目瞪口呆地坐在那儿。

猎人从树下望上去，看得一清二楚。他瞄准雕，开枪了。

允许打猎了

从 7 月底起，猎人们就等得急不可耐了，雏鸟已经长大，可是州执行委员会还没有确定今年可以开始打猎的日期。

终于等到了这一天：报上登出公告说，今年从 8 月 6 日起允许在树林里和沼泽地打鸟兽。

每个猎人都早已装好弹药，反复检查了猎枪。8月5日那天下班的时候，各个城市的火车站上挤满了扛着猎枪、牵着猎狗的猎人。

火车站上各式各样的猎狗应有尽有！有尾巴像鞭子那样直的短毛猎犬和光毛猎犬，它们的颜色各种各样：白色带小黄斑点的；黄色带杂色斑点的；棕色带彩色斑点的；白色为主，但眼睛、耳朵、全身都带有大黑斑的；深咖啡色的；浑身乌黑发亮的。有毛很长、尾巴像羽毛的谍犬，它们的颜色有白色，夹杂着泛着青光的小黑斑点的；白色，带大黑斑的。有"红色"的长毛猎狗：浑身火黄的，浑身火红的，几乎是纯红色的。还有大个子猎犬：它们很笨拙，行动迟缓，毛色黑黑的，带黄色斑点。这些猎狗都是为了夏天打猎、打刚离巢的野禽而饲养的；它们都经过训练，一闻到飞禽的气味，就会停住脚步，一动不动，等候主人过来。

还有一种毛很长、腿和尾巴都很短的矮小的猎狗，它的长耳朵几乎垂到地，这是西班牙狗。它不会停下来指明方向，可是带着它在草丛里、芦苇里打野鸭，或者在茂密的树林里打琴鸡，都非常有用。

这种狗会把飞禽从水里、芦苇丛里、茂密的灌木林里或者任何地方撵出来，会把打死或者受伤的飞禽衔来，交到主人手中。

大多数猎人都乘近郊火车下乡，每一节车厢都有。大家都朝他们看，看他们漂亮的猎狗。车厢里的话题全都是关于野味、猎狗、猎枪和打猎的事迹。猎人们觉得自己简直成了英雄，他们不时骄傲地望望这些"普通人"——没带猎枪和猎狗的乘客。

6号晚上和7号早晨的火车，又把这些乘客运了回来。可是，唉！好些猎人完全没流露出胜利的神情。瘪塌塌的背包悲伤地垂在背上。

"普通人"笑呵呵地迎接这些不久前的打猎高手。

"你们打的野味在哪里呀？"

"野味留在林子里了。"

"飞到海上送死去了。"

然而，一阵低低的赞叹声迎接着一个从小车站上来的猎人：他的背包装得鼓鼓囊囊的。他不朝任何人看，只顾找座位，很快就有人给他让座了。他骄傲地坐了下来。可是他那眼尖的邻座已经在向全车厢的人宣布了："咦！为什么你这野味全带绿脚爪！"说着，毫不留情地掀开背包的一角。

枞树的树梢儿从包里露了出来。

多尴尬呀！

哥伦布俱乐部

第五月

夜黑沉沉的，下着雨。哥伦布们谁也没睡。弗拉基米尔最着急，他坐立不安，犹如笼中之兽，在房间里直打转。他不时奔到雨中，在去湖边的路上来回走。塔金推测，米露琪卡、希格利特和尼古拉仨人在普拉瓦湖边的村庄里过夜了。但弗拉基米尔不断地说：

"我感到米露琪卡发生了不幸。怪不得这个湖的名字那么不祥（在俄语中，"普拉瓦"一词含有"深渊、泥潭"的意思）。"

当懒洋洋的晨光刚刚闪现在窗口，哥伦布们已经全体出发，去搜寻失踪者了。他们决定直接去普拉瓦湖边的别列佐夫村，但沿途必须搜索湖周围的原始森林。

雨停了，但脚底下尽是水洼和烂泥，特别是走进幽暗的森林的时候。大家决定，巴甫洛沙慢慢地沿大路走，不时呼唤几声。而其余七人呈散兵线沿森林走，以哨声互相呼应，以免走失。总管妈妈在家里留守，照顾小獾和所有的小鸟。

弗拉基米尔精力充沛地穿越丛林。只要他前面的乔木和灌木一让出道路，他立刻就会设想，在半明半暗的森林里，在黑幽幽的枞树下，躺着米露琪卡的尸体。他不敢想象，米露琪卡和其他两位同伴，到底遭遇了什么。

　　从散兵线的左边和右边，不时传来山雀的哨声。弗拉基米尔回应着。突然，有个东西嗖的一声从他前面的灌木丛里钻出来，飞向一旁，黑色的翅膀啪啪地碰断了树枝，他不由得打了个冷战。过了好一会儿，他才回过神来，这是森林里的大公鸡——松鸡。在清晨的朦胧中，他觉得原始森林非常神秘可怕，充满奇异的怪物。

　　突然，他站住了，他似乎听见前面传来既像叫喊又像呻吟的声音。但是，他搞不明白，响声发自哪里。他竖起了耳朵……

　　又响起来了！有谁嘶哑着嗓门在叫，却听不清楚在叫什么：

　　"……是的！……哦！这里！……"

　　弗拉基米尔迅速迈开脚步，不顾一切地向长满小枞树的密林奔去。他还没来得及看清眼前的大坑，就滑了下去，双脚飞快地朝地底下飞去……

　　大概在坠落过程中被震昏了，短暂地失去了意识，弗拉基米尔怎么也搞不明白，他在哪里，谁声音喑哑地在他耳边说话：

　　"热烈欢迎！我们早就等着你了。请随意吧，就像在家里一样！"

　　弗拉基米尔破口骂道：

　　"真见鬼！黑得像在地狱里一样！"

"这里就是地狱！瞧，这是死人骨头。"

弗拉基米尔费力地转过头来，他的脖子一直在痛。他看见周围全是在黑暗中泛着白光的骨头，而尼古拉就站在不远处。

"这是在哪里？"他一边把头转来转去，一边问。但是，他立刻看见了，在他的另一边，坐着希格利特和头垂到膝盖上的米露琪卡。

"她怎么了？"弗拉基米尔跳了起来，脱口叫道。

"没关系，没关系！"米露琪卡自己回答道，"稍稍扭伤了脚，仅此而已。"

"喂，你来叫吧。"尼古拉说，"我已经喊破了喉咙。"

弗拉基米尔想起了找人的同伴们，扯开嗓子开始大喊：

"快到这里来！快到这里来！"

女孩子们跟着喊：

"小心！这里有坑！"

几分钟后，传来了塔金的声音：

"嘿，在坑底呢！怎么掉到坑里面去了？你们感觉怎么样？弗拉基米尔在你们这里吗？"

"我们在研究地狱美洲！"弗拉基米尔快乐地回应道，"米露琪卡的一只脚脱臼了。坑大约六米深。"

大伙儿费了好大的劲，才把不幸的人从深坑里拉出来。只得给米露琪卡搭了副担架。身强力壮的安德烈和弗拉基米尔把她抬到了住处。

在屋子里，尼古拉叙述了发生的一切：

"我们在湖边稍微耽搁了会儿，走进森林时，天已经黑了。米露琪卡走在前面，突然只听得一声大叫，我连忙朝她跑去，也跟着她掉进了这该死的洞里。出于同志间的同情，希格利特跟着我们一起跳进了坑里。

"地洞里黑极了，伸手不见五指。但眼睛习惯后，还是能看清一些东西。一面是通道，另一面还是通道。显然，进入了地下通道。我本来想去调查一下通道的走向，猫着腰可以走过去。但女孩们乞求道：不要走开，我们害怕。而和可怜的米露琪卡一起钻出这可恶的坑，又根本不可能——坑很深，坑壁又滑又陡……也指望不上你们，夜里上哪儿找去？天亮前等不到救援。而且总的来说，我们还很怀疑，你们是否能找到我们。

"幸亏我带着一整盒火柴。我点亮一支，很快就熄灭了。周围是那么怪异！脚底下遍布着骨头和骨骼。的确，都是些小骨头，但对于女孩们来说，绝不是合适的陪伴物，即使她们是少年自然科学家。我明白：兔子呀，青蛙呀，蟾蜍呀，蛇呀，从上面摔下来，坑边很滑，它们怎么也爬不上去，就死在这里面了。

"我们就这么坐着、坐着，周围一片漆黑，无事可做，各种念头都冒了出来。我们一直在想，这条地下通道是什么样的，谁挖的，为什么挖。希格利特说，也许，这是用来诱捕法西斯的，或者准备用来躲人的，想必是游击队员挖的。而米露琪卡想起来，曾经读到过一个童话故事：一只水怪觉得所住水塘里的鱼总比另一个少，于是就从自己的水塘里挖了条地下通道，通往另一个水塘，把鱼沿着地下通道赶过来。大家知道，水怪不可能从陆地走。

"她刚刚讲完，突然尖叫起来：'啊！眼睛！……那边！在那边！'

"的确，我也看到了，两只可怕的眼睛在黑暗中闪着光，我的皮肤上不禁起了一层鸡皮疙瘩。那双眼睛起初喷着绿色的火，然后是红色的，最后熄灭了。

"'这是水怪在偷看我们！'希格利特声音颤抖地小声说。

"我对她说：'别说话！'

"那双眼睛又喷出了火。唉，我真后悔，没有随身带着猎枪！当然，我马上想到了，这是狼。只要朝它放上一枪，它就完了！女孩们紧紧地靠着我，浑身发抖，我又能做些什么呢？难道有谁能赤手空拳地击退狼吗？那双眼睛正挑衅地盯着我们呢。

"突然我领悟到，狼非常害怕人的声音，那么，就吓唬它一下吧！我预先悄悄地告诉了女孩们，然后拼尽全力高声叫喊起来：'勿呵塔——塔——塔！！！'姑娘们也长声尖叫起来，喊声震耳欲聋。"

"你的嗓子都喊哑了。"希格利特说。

"现在是哑了，可当时真的很高兴，狼眼消失了。"

"反正狼眼后来又出现了。"希格利特不肯让步。

"也许它根本就没有逃走，大概通道很快就到头了，或者那边的通道被堵住了。"

尼古拉继续说：

"总之，我想好了，不再号叫，改为点火柴。只要狼眼一开始靠近我们，我就对着它划根火柴。多亏是夏天，夜不太长，终于从上面透来一丝亮光。接着听到了弗拉基米尔的声音，米露琪卡立刻听出来是他！"

希格利特证实，尼古拉说的句句属实，并诚恳地承认：

"唉，伙伴们，我们真是吓坏了！说实话，要不是尼古拉在，我和米露琪卡肯定给吓死了。你们只要想想看：那双可怕的眼睛在闪闪发光，我们吓得魂飞魄散，似乎觉得，这个怪物马上就要扑向我们了，我们的骨头在它的牙齿里咔嚓作响！"

狼为什么待在地下通道里，依旧是个未解之谜。安德烈、弗拉基米尔和尼古拉决定最近几天搞清楚这一点。但大家手头都有很多要紧的事，只好推迟考察神秘地洞了。

8月5日打猎开始了。现在弗拉基米尔和尼古拉每天都会带回来琴鸡呀、野鸭呀、鹬呀什么的。哥伦布们详细研究每只鸟，包括鸟身上的一切，乃至一根小羽毛：登记鸟的大小和重量，把肉烤熟，把漂亮的羽毛放入鸟儿相册，希格利特用细纸条把它们粘上去。哥伦布们制定了严格的规矩：如果剥夺了美丽动物的生命，那么就应该保存有关它们的记忆。他们剥下珍稀动物的皮，再用棉花或柔软的纤维充填动物。

哥伦布们曾经在黑琴鸡身上实施了布谷鸟的想法，现在终于搞清了这一实验的结果。姑娘们把鸡蛋放到了黑琴鸡旁，但是第二天早晨，她们在巢里并没有看到黑琴鸡，只见到已经冷却的棕黄色琴鸡蛋，也就是说，这些蛋被抛弃了。还散落着一些白蛋壳。谁也不知道，小鸡去了哪里。是黑琴鸡把它啄死了吗？因为它一直没有孵出自己的后代。哥伦布们试图帮它孵出四只蛋，但是跟第一只一样，它们都是些孵不出雏鸟的蛋。

突然，有一天早晨，尼古拉从森林里回来，讲述了这么一件事：

"我沿着原始森林旁的田边走，那里种着燕麦。露水还挂在麦子上，我看到那里有黑琴鸡，它们在麦田里漫步，碰落了露珠。突然，一只雌黑琴鸡飞了起来，后面跟着一只小黑琴鸡，只有一只，长得怪模怪样的，不是黄色的，而是彩色的，有花斑的！……我放下枪，心想，这是什么怪物？

"黑琴鸡越飞越远，而这只怪物啪地落到了树枝上。它停在树的半腰上，离我很近，我不用望远镜也能看清楚，这是只小公鸡！是我们花母鸡的儿子！真是太棒了！

"这时，黑琴鸡柔声招呼它：'弗勿！弗勿！咕咕咕！'小公鸡迅速飞了起来，它飞得好极了，像只真正的黑琴鸡！瞧，养母甚至教会了它飞行！它飞到另一棵树上，躲在树枝间，和我玩起了捉迷藏。嗬，完全是只野公鸡，猎人眼中真正的野禽。我听说过变野的家鸡，可是第一次亲眼看见。照这样子，也许，我们可以培养出新的野鸡品种——改良过的家鸡！"

尼古拉讲述这一切的时候，大家正好在吃早饭。他们围坐在一棵大枞树下的一张大桌子旁，稍稍长大的小鸟，自由自在地飞来飞去，不时飞到他们身旁，落到他们的肩上，在桌子上跳来跳去，捡拾食物的碎屑。

小獾温驯地蹲在廖列琪的脚旁，等待着从桌上掉下来的美味佳肴。

8月21日到了，这是我们这儿每年最后一批雨燕离开的日子。塔金提前一礼拜通知了雨燕飞离的日期，现在哥伦布们确信，这些快速飞翔的小鸟严格遵循自己的日历，虽然它们根本不必着急：空中到处飞舞着它们要吃的野味——苍蝇和蚊子。燕子和夜鹰也以苍蝇为食，它们连想都没想过要飞走呢。

哥伦布们也该准备回城了，9月1日学校就开学了。一星期后他们将回到列宁格勒。

他们决定，离开之前，全体在普拉瓦湖上集合，在湖中的小岛上度过一整天。

打靶场

一箭射中目标！

一语击中答案！

第五场比赛

1. 鸟什么时候长牙齿？

2. 通常哪种牛吃得更饱：有尾巴的牛还是没有尾巴的牛？

3. 人们为什么把这种蜘蛛（见右下图）叫作"割草蛛"？

4. 猛禽和猛兽在一年中的哪个季节吃得最饱？

5. 哪种动物出生两次、死亡一次？

6. 哪些动物必须出生三次，才能长大？

7. 当人们形容某件事对人毫无影响时，为什么总是说"仿佛水从鹅背上流下来"？

8. 为什么狗觉得热了，会吐舌头，马却不这么做呢？

9. 什么鸟的雏鸟不认识自己的妈妈？

10. 什么鸟的雏鸟，在树洞里发出像蛇一样的咝咝叫声？

11. 如何根据白嘴鸦的嘴巴，区分小鸟和老鸟呢？

12. 哪种鱼会在孩子长大之前一直照顾它们？

13. 蜜蜂蜇人之后，它自己将会如何？

14. 刚出生的小蝙蝠吃什么？

15. 中午时分，向日葵的花朝向何方？

16. 公牛在山上跑，母牛在山涧里跑；公牛大声叫，母牛直眨眼。（打两种自然现象）

17. 早晨，田是淡蓝色的；到了中午，就变成绿色的了。（打一植物）

18. 几个小老头，戴着红帽子；谁要走近它，就得把腰弯。（打一植物）

19. 坐在细棒上，穿着红衬衫，肚皮亮晶晶，装满小石头。（打一植物）

20. 灌木丛中咝咝叫，突然朝你脚上咬。（打一动物）

21. 夜里睡在地上，早晨无影无踪。（打一自然现象）

22. 谁住在森林里头，砍树不用斧头，盖房没有柱头？

23. 眼睛长在角上，房子驮在背上。（打一动物）

24. 花朵美若天仙，刺儿尖利无比。（打一植物）

通　告

第四场测验　"锐眼"称号竞赛

猜一猜谁是爸爸，谁是妈妈，谁是孩子？

卷尾琴鸡

　　因为琴鸡爸爸的尾部羽毛向两边卷起，所以被叫作卷尾琴鸡。不过，你可别只看尾巴，因为琴鸡妈妈的尾巴就不是这样的，而小琴鸡根本没有长出尾巴。

野　鸭

野鸭妈妈的嘴巴是扁平的，小鸭和野鸭爸爸的嘴巴也这样。野鸭的脚趾间长着蹼，你仔细瞧瞧，这是什么样的蹼，可别把野鸭和鸊鷉搞混了。

燕雀妈妈

跟其他鸣禽的雏鸟一样，小燕雀破壳而出的时候，也才一点儿大，赤裸着身子，软弱无助。燕雀爸爸和燕雀妈妈的体形、身高和尾巴都很相似，只是羽毛有所不同。只要看看雏鸟的脚，就可以认出燕雀的雏鸟。

红脚隼妈妈

　　猛禽的嘴巴也很凶猛，长得像个钩子，脚爪锋利。雏鹰也是这样。

　　图中画着雌䴙䴘。雄䴙䴘跟它长得很像。很容易辨认小䴙䴘，只要看看它的脚蹼和嘴就行。䴙䴘的脚蹼和野鸭的脚蹼完全不一样。

下面画着五种不同的鸟儿画像，顺序完全被打乱了。每一种鸟都有两只———一只雏鸟，另一只是它的爸爸或妈妈。请拿出一张纸，按照以下顺序，重新画一遍：鸟爸爸在小鸟的左边，鸟妈妈在小鸟的右边。

图1　　　　　　　　图2　　　　　　　　图3

图4　　　图5　　　图6　　　　图7

图8　　　　　　图9　　　　　　图10

请帮助无家可归的小鸟

在这个小鸟出生的月份里，我们经常可以看到小鸟从巢里掉下来，或者失去了妈妈。它躺在地上，无助地把头往灌木丛或草丛里钻，想躲开你这个长着两条腿的庞然怪物。可是它的小脚还很软弱，还不会飞。它不知所措。你当然可以捉住它，把它拿在手里，仔细端详，暗想："小家伙，你是谁啊？属于哪一族的？你妈妈呢？"

可它只会唧唧地叫，声音响亮，孤苦无依。显然，它是在叫它的妈妈。你很想把它送还给它的亲生父母，可问题是：谁是它的爸爸妈妈呢？

这时，你会张大嘴巴问：怎么办？其实你应该闭上嘴巴，睁大眼睛。的确，要猜中它们是什么鸟，不是很容易，因为小鸟长得不太像爸爸妈妈，而且鸟的爸爸妈妈也常常长得彼此不相像。但是，你有一双雪亮的眼睛。你仔细看看，小鸟的脚和嘴长什么样，然后再去找那些长着相似的脚和嘴的老鸟——雌鸟和雄鸟。鸟爸爸和鸟妈妈的羽毛可能不一样，至于雏鸟，可能根本还没有长出羽毛，或者只长着绒毛，或者浑身光溜溜的。可是根据它的脚和嘴，你立刻能分辨出它的父母亲。这样一来，你就可以把这只丢失的流浪鸟送还给它的爸爸妈妈了。

森林报

第6期	**成群结队月** （夏季第三月）

8月21日到9月20日　　　　　　　太阳转入室女宫

太阳史诗——8月

8月是闪亮的月。夜里，流动的启明星无声地照亮树林。

草地在夏季里最后一次换上新装。现在，它变得五彩纷呈，花儿变成深颜色的——蓝色的、淡紫色的。太阳光开始减弱，应当收藏临别的阳光了。

像蔬菜、水果这类较大的果实快要成熟了；像树莓、越橘这类晚熟的浆果也快要成熟了；沼泽地上的蔓越橘和树上的山梨，也都快成熟了。

蘑菇长出来了，它们活像小老头，不喜欢火辣辣的太阳，躲在阴凉的地方，尽量不让太阳晒到自己。

树木已经不再长高长粗了。

森林里的新习俗

森林里的孩子们已经长大，钻出了鸟巢。

那些春天里成双作对、住在固定地盘上的鸟儿们，现在带着孩子们，在树林里过起了游牧生活。

森林里的居民们互相做客。

即使猛兽和猛禽，也不再严守着自己打食的地盘。野味到处都有，大家都有东西吃。

貂、黄鼠狼和白鼬在树林里闲逛。无论在哪里，它们都很容易搞到吃食，有的是笨头笨脑的小鸟、缺乏经验的小兔、麻痹大意的小老鼠。

鸣禽一群群地在灌木和乔木间漫游。群有群的习俗。习俗是这样的。

我为人人，人人为我

谁先看见敌人，必须尖叫一声，或者吹声口哨，警告大伙，让大伙赶快四处逃散。假如有只鸟遇到危险，大家一齐上阵，大喊大叫，吓退敌人。

上百双眼睛、上百双耳朵在警戒着敌人，上百张尖嘴巴准备打退敌人的进攻。加入鸟群的小鸟当然越多越好。

小鸟在鸟群里必须遵守如下规矩：一举一动都得模仿大鸟。大鸟们不急不慢地啄麦粒，小鸟也必须啄麦粒。大鸟们仰起头来一动不动，小鸟也必须仰起头来一动不动。大鸟们逃跑，小鸟也必须跟着跑。

教练场

鹤和琴鸡都有一处真正的教练场地，供孩子们学习。

琴鸡的教练场在树林里。小琴鸡聚集在一起，看琴鸡爸爸干什么。

琴鸡爸爸咕噜咕噜叫，小琴鸡也跟着咕噜咕噜叫。琴鸡爸爸"丘呋！丘呋"地叫，小琴鸡也细声细气地"丘呋！丘呋"地叫。

只是现在琴鸡爸爸不像春天时那么叫了。春天时，它好像在叫："我要卖掉皮袄，我要买件外套！"现在好像在叫："我要卖掉外套，我要买件皮袄！"

小鹤排着队飞到教练场上来，它们学习在飞行时如何保持正确的三角形队形。必须学会这样飞，在长途飞行时才能节省力气。

身体最棒的老鹤，飞在三角形队列的最前面。作为全队的先锋，它必须花很大的力气冲破气浪。

等到它飞累了，就退到队尾，由另一只健壮的老鹤代替它当领队。

小鹤跟着排头兵飞，头对尾，尾对头，均匀地扇动着翅膀。谁的力气大些，就飞在前面，谁的力气小些，就跟在后面。三角形队列的尖头冲破一个个气浪，如同小船用船头破浪前进一般。

“咕尔，啰！咕尔，啰！”

这是在发布命令：“听口令，飞到了！”

鹤一只接着一只地落到地上。这里是田野当中的一块空地，小鹤在这儿练习跳舞和做体操：跳啊，转啊，富有韵律地做出各种灵巧的动作。它们还必须练习最困难的一项：先用嘴把一块小石子往上抛，再用嘴接住它。

它们在为长途飞行做准备……

蜘蛛飞行员

没有翅膀，怎么飞行？

必须想办法呀！瞧，蜘蛛摇身一变，成了气球飞行员。

小蜘蛛从肚子里抽出一根细蛛丝，挂到灌木上。微风吹得细蛛丝左右摇晃，却吹不断它。细蛛丝像蚕丝那么坚韧。

蜘蛛丝在树枝和地面之间飘荡。小蜘蛛站在地上，不停地抽丝。丝把身子缠住了，好像裹在蚕茧里似的，可是丝还在不断地抽出来。

蜘蛛丝越抽越长，风越刮越大。

小蜘蛛用脚爪抵住地面，牢牢地抓住地面。

一,二,三，小蜘蛛迎着风走上去，咬断挂在树枝上的那一端。

一阵风，把小蜘蛛推离了地面。

飞起来了！

赶紧把缠在身上的丝解开！

小气球上升了……在草地和灌木丛的上空高高飞翔。

飞行员从上往下看：降落在哪儿最合适呢？

下面是树林，是小河。继续往前飞！继续往前飞！

瞧，这是谁家的小院？一群苍蝇正萦绕在粪堆旁。停下来吧！降落！

飞行员把蜘蛛丝绕到自己身底下，用小爪子把蜘蛛丝缠成一个小团儿。小气球越降越低……

预备——着陆！

蜘蛛丝的一头挂在草丛上，小蜘蛛着陆了！

可以在这里平静地过日子了。

可以看到许多小蜘蛛带着细丝在空中飞舞，这往往是在秋天干燥晴朗的日子里。这时农民们就会说："夏老婆子来了！"那是秋的银发在飘。

森林中的大事

一只山羊啃光了一片树林

这不是说笑话，一只山羊确确实实啃光了一片树林。

这只山羊是护林员买的。他把它带回树林里，拴在草地的一根树桩上。半夜，山羊挣脱绳子，逃走了。

周围全是树木。它会上哪里去呢？幸亏附近没有狼。

护林员找了三天，也没找到。第四天，它自己跑回来了，"咩，咩，咩"地叫着，好像说："你好！我回来了！"

晚上，邻近的一个护林员跑来了。原来山羊把他那个地段上所有的树苗都吃光了，啃掉了整整一片树林！

树木小的时候，完全没有自卫能力。随便哪只牲口都能欺负它，把它连根拔出来吃掉。

山羊喜欢细小的松树苗。它们像小棕榈似的，模样俊极了：下面是细细的小红柄，上面是扇形的柔软的绿针叶。也许山羊觉得它们很美味吧！

显然，山羊不敢去碰大松树，大松树会把它刺得头破血流！

■发自森林记者　维利卡

抓强盗

黄篱莺成群结队，在林子里游荡。从一棵树飞到另一棵树，从一棵灌木飞到另一棵灌木。它们飞遍了每一棵树、每一棵灌木，上上下下搜了个遍。树叶下、树皮上、树缝里，凡是有青虫、甲虫或蝴蝶飞蛾的地方，都钻进去瞧一瞧，把小虫拖出来吃掉。

"啾咿！啾咿！"一只小鸟惊慌地叫起来。所有的小鸟立刻提高了警惕，只见一只凶恶的貂隐藏在树根之间：它一会儿露出乌黑的脊背，一会儿消失在伏地的枯树之间。它那细长的身子像条蛇似的扭动着，一双恶狠狠的小眼睛在黑暗中射出凶光。

"啾咿！啾咿！"小鸟的叫声从四面八方响起，篱莺们连忙全体撤离了大树。

天亮时还好办。只要一只鸟发现了敌人，大家就可以获救。夜晚，小鸟蜷曲着在树枝下睡觉。敌人可没睡觉！猫头鹰用柔软的翅膀拨开空气，悄无声息地飞过来，看清楚后就用爪子一抓！睡眼惺忪的小鸟吓得四处逃窜，可是总有两三只会被抓住，在强盗的铁爪中挣扎着。天黑的时候可真糟糕！

这时，这群篱莺从一棵树飞到另一棵树，从一棵灌木飞到另一棵灌木，钻进了密林的深处。这些轻盈的鸟儿，穿过浓密的树林，飞进了最隐蔽的角落。

一根粗大的树桩子立在丛林中间。一簇模样丑陋的木耳长在树桩上。一只篱莺飞到木耳跟前，想看看有没有蜗牛爬在上面。冷不丁，木耳的灰帽檐往上翻，一双圆溜溜的眼睛在下面一闪一闪的。

这时，篱莺才看清一张猫一般的圆脸，脸上有一张凶恶的弯嘴巴。

篱莺大吃一惊，连忙往旁边一躲，尖叫起来："啾咿！啾咿！"鸟群骚动起来，可是一只小鸟也没逃离。大家聚集在那根可怕的树桩子周围。

"猫头鹰！猫头鹰！猫头鹰！救命！救命！"

猫头鹰生气地吧嗒着嘴巴："哼！竟然找上我啦！不让我睡个好觉！"

听见篱莺的警报，小鸟们从四面八方飞过来。

抓强盗！

小不点黄头戴菊鸟，从高大的枞树上飞下来。机灵的山雀从灌木丛里跳出来，勇敢地投入战斗。它们在猫头鹰的眼前飞来飞去，盘旋着，讥讽地朝它大叫：

"来呀！来碰我们呀！来呀！来抓我们呀！尽管追过来抓我们呀！大白天里你倒试试看！你这个卑鄙无耻的夜行大盗！"

猫头鹰只能吧嗒着嘴巴，眨巴着眼睛。光天化日之下，它能怎么办呢？

鸟儿还在络绎不绝地飞来。篱莺和山雀的尖叫与喧嚣，引来了一大群勇敢强壮的林中老鸦——长着淡蓝色翅膀的松鸦。

猫头鹰吓得胆战心惊，扇动着翅膀，赶紧开溜。趁着还未受伤，赶快逃吧，要不然会被松鸦啄死的。

松鸦紧追不舍，追呀，追呀，一直把它赶出了森林。

今天夜里，篱莺可以安稳地睡一觉了。受过这样的惊吓之后，猫头鹰绝不敢很快回到老地方来。

草　莓

在森林边，草莓变红了。鸟儿找到红色的草莓果，衔着飞走了。它们将把草莓的种子撒播到远方。可是有一部分草莓的后代依旧留在原地，和亲生母亲长在一起。

瞧，在这棵草莓旁，已经长出了匍匐的细茎——藤蔓。一棵小植株长在藤蔓梢上，那是一簇丛生的小叶子和根的胚芽。这里又是一棵。在同一棵藤蔓上，长着三簇丛生的小叶子。第一棵小植株已经扎下了根，其余两棵的梢头还未长好。藤蔓从母本植株向四面八方延伸开去。必须在野草稀疏的地方找，才能找到带着上一年出生的子女的母本植株。比如说这一棵，中间是母本植株，孩子们围在它的周围，一共有三圈。每一圈有五棵。

草莓就这样一圈圈地扩展，占领土地。

■发自尼·芭芙洛娃

狗熊被吓死了

一天晚上，猎人很晚才走出森林，返回村庄。他走到燕麦田边，看见麦地里有个黑影在闪动。那是什么东西呀？难道是牲口闯到了不该去的地方？

仔细一看，我的天啊！原来是只大狗熊。它肚皮朝下趴在地上，两只前掌抱住一束麦穗，把麦穗压在身子底下吮吸着！它懒洋洋地趴着，满意得直哼哼。看来，它很喜欢喝燕麦浆。

　　猎人没带子弹，只带了一颗小霰弹（他原本是去打鸟的）。可他是个勇敢的年轻人。

　　他想："嘿！不管打中打不中，先开它一枪再说。总不能让狗熊糟蹋集体农庄的麦地吧！不打伤它，它是不会挪地方的。"

　　他装上霰弹，啪的一枪，枪声正好在大熊的耳朵边炸响。

　　这突如其来的响声把狗熊吓得一蹦三尺高。麦田边上有一丛灌木，狗熊像只飞鸟似的跃了过去。

　　狗熊摔了个大跟头，爬起来，头也不回地继续向森林里跑。

　　猎人看到狗熊胆子这么小，感到很好笑。然后他就回家了。

　　第二天，他想："得去瞧一瞧。不知田里的燕麦给狗熊糟蹋了多少？"他来到昨晚那个地方，只见熊粪的痕迹一直延伸到森林里，原来昨天狗熊吓得拉肚子了。

他顺着痕迹找过去，看见狗熊躺在那儿，已经死掉啦！

这么说，它竟然被意外的响声吓死了。狗熊还号称是森林里最强悍、最可怕的野兽呢！

食用蘑菇

雨后，蘑菇又长出来了。

长在松林里的白蘑菇是最好的蘑菇。

白蘑菇（学名叫美味牛肝菌）长得肥硕厚实。它们的帽子是深栗色的，散发出的香味特别好闻。

油菇长在林中道路两旁低矮的草丛里。有时它直接就长在车辙里。它们小的时候像只小绒球，长得很漂亮。漂亮固然漂亮，可是黏糊糊的，总有点儿什么东西粘在上面，不是枯树叶，就是细草秆。

松乳菇长在松林中的草地上，火红火红的，隔老远就能看见。这种蘑菇可真多！大的几乎跟小碟子一般大，帽子被虫子蛀得都是洞，颜色变绿了。中等大小、比分币稍微大一点儿的蘑菇最好。这种蘑菇最厚实，它们的帽子中间往下凹，边沿卷起。

　　枞树林里也有很多蘑菇。白蘑菇和松乳菇也长在枞树下，但是和松林里长得不一样。白蘑菇的帽子是淡黄色的，柄更细长一些。松乳菇的颜色跟松林里长得完全不同，它们的帽子上面不是棕红色，而是蓝绿色，而且有一圈一圈的纹理，仿佛树桩上的年轮似的。

　　在白桦树和白杨树下，各自长着蘑菇。因此，它们分别被称为白桦菇和白杨菇（学名分别叫作鳞皮牛肝菌和变形牛肝菌）。白桦菇在离白桦树很远的地方也能生长，白杨菇却紧紧地靠着白杨树，它只能生长在白杨树的根上。白杨菇长得很漂亮，亭亭玉立，端庄大方。它的菇帽和菇柄如雕如琢。

　　■发自尼·芭芙洛娃

毒蘑菇

雨后，也长出了不少毒蘑菇。食用菇主要是白色的。不过，毒菇也有白色的。你可得小心辨认！它是毒菇中最毒的一种。吃下一小块毒白菇（学名叫毒鹅膏），比让毒蛇咬一口还可怕。它可以让人丧命。要是有人误吃了这种毒菇，很难恢复健康。

幸亏毒鹅膏很容易辨认。它和一切食用菇的区别，就是它的柄仿佛是插在细颈的大花瓶里似的。据说，很容易把毒鹅膏跟香菇混淆，因为它们的菇帽都是白的。不过，香菇的柄是普通样子的，谁也不会认为它仿佛插在花瓶里。

毒鹅膏最像蛤蟆菌。有人甚至把它叫作白毒蝇菇。要是用铅笔把它画下来，人们会认不出，这是毒鹅膏还是蛤蟆菌。毒鹅膏跟蛤蟆菌一样，菇帽上有白色的碎片，菇柄上像戴着一条小领子似的。

还有两种危险的毒菇，很容易把它们当作白蘑菇。这两种毒菇分别叫作胆菇和鬼菇。

它们不同于白蘑菇的特点是：它们的菇帽背后不像白蘑菇那样是白色或淡黄色的，而是粉红色，甚至是红色的。另外，假如把白蘑菇的菇帽掰碎，它还是白色的；假如把胆菇和鬼菇的菇帽掰碎，它们一开始变成红色，然后又变成黑色。

■发自尼·芭芙洛娃

暴风雪

昨天，在我们这儿的湖面上，暴风雪大作。轻盈的鹅毛大雪在空中飞舞，眼瞅着就要落到水面了，却又腾空跃起，盘旋着，从空中洒落下来。天气晴朗，骄阳似火，热气流在炙热的阳光下缓慢地流动，没有一丝风。可是湖面上大雪飘飘！

今天早上，一片片干燥沉寂的雪花落在湖面和湖岸上。

这种雪花可奇怪了：在灼热的太阳下不会融化，在阳光下也不会闪闪发光。它温暖易碎。

我们走过去看，等走到岸边时，才搞明白：这根本不是雪花，而是成千上万只长着翅膀的小昆虫——蜉蝣。

昨天它们从湖里飞了出来。它们在黑乎乎的湖底已经住了整整三年。那时，它们是些模样丑陋的小幼虫，在湖底的淤泥里蠕动。

它们以淤泥和臭气熏天的水藻为食，从未见过太阳。

它们就这样过了三年，过了整整一千天。

昨天，这些幼虫爬上岸，脱掉身上丑陋的幼虫皮，展开轻盈的翅膀，释放出三条尾巴，即三条细长的线，飞到空中去了。

　　它们只被给予一天的生命，可以在空中旋转跳舞、寻欢作乐。因此，它们被叫作短命鬼。

　　整整一天，它们在阳光下跳舞，像轻盈的雪花在空中飞舞旋转。雌蜉蝣降落到水面，在水里产下细小的卵。

　　然后，当太阳西沉、黑夜降临的时候，蜉蝣的尸体撒满了湖岸和水面。

　　蜉蝣的卵将孵化成小幼虫。幼虫又将在黑暗的湖底度过整整一千天，然后展开翅膀飞到湖面上空，做一天快活的短命鬼。

白野鸭

一群野鸭降落在湖中央。

我在岸边看着它们。我惊讶地发现，在这一群生着夏季羽毛的纯灰色雄野鸭和雌野鸭中，有一只浅颜色野鸭特别引人注目。它一直待在野鸭群的中间。

我拿起望远镜，把它全面仔细地研究了一番。它从头到尾都是奶白色的。当清晨明亮的太阳从乌云背后钻出来时，它突然变得雪白耀眼，在那群深灰色的同类中，显得特别扎眼。其他方面，它和别的野鸭并无两样。

在我五十年的狩猎生涯中，还是第一次看见这种得了白化病的野鸭。患这种病的鸟兽，血液里缺乏色素。它们天生就是通体雪白，或者颜色非常淡，一辈子都是这样。它们丧失了在自然界里具有救命意义的动物保护色，这种保护色可以使它们在居住的地方不那么显眼。

我当然很希望打到这只稀奇的野鸭。不知道是什么奇迹，让它免于死在猛禽的利爪下。不过，现在可打不到它，因为这群野鸭落在湖心休息，就是为了不让人走近前去开枪。我变得心神不安起来，只希望以后在岸边再遇到这只白野鸭。

我没想到，这一天很快来临了。

一天，我正沿着狭窄水湾的岸边走，忽然几只野鸭从草丛里飞了出来，那只白野鸭也在其中。我连忙朝它射击。但是，在开枪的一瞬间，一只灰野鸭用身体挡住了白野鸭。灰野鸭被我的霰弹打中，摔了下来。白野鸭却和别的野鸭一起逃走了。

这是碰巧吗？毫无疑问，是的！不过，那年夏天，我在湖中心和水湾里，又见过好几次这只白野鸭。它总是由几只灰野鸭陪伴着，仿佛是它的保镖似的。所以，普通灰野鸭总会不由自主地挡住猎人的霰弹，而白野鸭在它们的保护下却安然无恙。

至少我始终没能打着它。

这件事发生在皮洛斯湖上。皮洛斯湖位于诺甫戈罗德州和加里宁州的交界处。

■发自维·比安基

绿色的朋友

应该种哪几种树

您知道最好用哪几种树来造新的树林吗？

我们知道，为了造林已选好十六种乔木和十四种灌木，这些树木在我国各地都可以栽种。

最主要的树木有：栎树、杨树、桴树、桦树、榆树、槭树、松树、落叶松、桉树、苹果树、梨树、柳树、花楸树、洋槐、锦鸡儿、蔷薇、醋栗等。

孩子们应该对此有所了解，并且必须牢记，为了开辟苗圃，需要采集哪些植物的种子。

■发自森林记者　彼·拉甫诺夫

谢·拉利昂诺夫

机器栽树

必须种很多很多树，光靠双手可来不及。

机器来帮忙了。人类发明制造了各种复杂巧妙的种树机。这些机器不但能播树木种子，还能栽种苗木，甚至栽种大树。有专门栽种森林带的机器，有在峡谷边上造林用的机器，有挖池塘的机器，有整地的机器，甚至还有照料苗木的机器。

新　湖

在你们列宁格勒，有许多河流、湖泊和池塘。所以夏天不太热。可是在我们克里米边疆区，池塘很少，根本没有湖。只有一条小河流经这里；可是一到夏天，这条小河也干涸了，我们只要稍微卷起点儿裤腿，就可以赤脚走过河。

以前，我们集体农庄的果园和菜地，经常遭受旱灾。

现在果园和菜地再也不会缺水了。我们这一区的集体农庄庄员们新挖了一个水库——一个非常非常大的湖，蓄水量为五百万立方米。

这个湖的水足够用来浇灌我们五平方千米的菜地，还可以养鱼、养水禽！

■第聂伯罗彼得洛夫州　克里米边疆区少先队员　瓦·普龙钦科

列·卡巴特敏科

我们要帮助造林

我国人民现在正忙于伟大的和平建设。在伏尔加河、第聂伯河和阿姆河上，正在建造前所未有的水电站；用运河把伏尔加河和顿河连接起来；到处都在造可以保护农田免受沙漠恶风袭击的森林带。苏联全国人民都在参加共产主义建设。我们少先队员和小学生，也想帮助大人们从事这项有意义的事业。每一位少先队员都记得，他曾在同伴们面前宣过誓，要做一名祖国的名副其实的好公民。也就是说，我们的责任就是要竭尽全力，亲手建设共产主义。

数十万棵小栎树、小槭树和小梣树在伏尔加河沿岸立起来了，从草原的这一头一直排到草原的那一头。现在树苗还小，还没长结实，每一棵树苗都面临着许多敌人——害虫、小啮齿动物和干燥的热风。

我校的共青团员和少先队员们决定帮助大人们保护小树，不让它们受到敌人的侵袭。

我们知道，一只椋鸟一天可以消灭二百克的蝗虫。要是这种鸟住在森林带附近的话，它们就会给森林带来很大的好处。我们和乌斯契·库尔郡、普里斯坦等地的少先队员们一起，制作了三百五十个椋鸟房，挂在小树旁。

金花鼠和其他啮齿动物给小树带来很大的危害。我们要和农村的小朋友们一起消灭金花鼠：往鼠洞里灌水，用捕鼠机抓它们。

我们要制作一批专门捕捉金花鼠用的捕鼠机。

我们州的集体农庄将补种护田林带中未成活的小树。所以，他们需要大量的种子和树苗。今年夏天，我们将收集一千千克种子。乌斯契·库尔郡和普里斯坦各学校，将开辟苗圃，为护田林带培育栎树、槭树以及其他树苗。我们将和农村的小朋友们一起组织少先队员巡逻队，保护林带，以免它们遭受践踏、损坏和发生火灾。

当然，所有这些都是我们少先队员应该做的微不足道的事情。不过，如果苏联全国的少先队员和小学生都照我们的样子做，我们就可以给祖国带来很大的益处。

■萨拉托夫城第六十三中（男子七年制中学）全体同学

帮助振兴森林

我们少先队员参加了造林活动。我们收集各种林木种子，上交给集体农庄和护田造林站。我们在校园的附属地块上，开辟了一个小苗木圃，种植了橡树、枫树、山楂子、白桦和榆树。我们自己采集了这些树的种子。

■发自少先队员　嘉·斯米尔诺娃

尼·阿尔卡吉耶娃

园林周

在我国各个城市和农村，决定每年举办一次园林周。在中部和北部各州，10月初举办；在南方各区，11月初举办。

在筹备庆祝十月革命三十周年的活动时，举办了第一届园林周。当时，新开辟了数千个集体农庄花园。在国有农场、农业机器站、学校、医院等机关的院子里，在公路和街道两旁，在集体农庄庄员、工人和职员的住房附近，新种了几百万棵果树。瞧，少年林业家和少年园艺家为了迎接这个伟大的节日，献给国家一份多么好的礼物啊！

在今年的园林周前，国营苗木场早就准备好了几千万棵苹果树和梨树的树苗，以及大量浆果和观赏性植物的苗木。现在正是开辟新花园的大好时机。

■发自塔斯社

森林里的战争（续四）

以下是我们记者在第四块采伐迹地采访到的新闻。这片森林是大约三十年前砍光的。

瘦弱的小白桦和小白杨，都死在了健壮的姐姐们的辣手之下。这时，在丛林的下面一层，只剩下枞树还活着。

当枞树在阴影里悄悄生长的时候，高大强壮的白桦和白杨树继续在上面大饱口福、大打出手。历史又重演了，只要哪棵树长得比旁边的树高一些，成了胜利者，就残酷无情地扼杀失败者。

失败者干枯了，倒下了。这样，阳光透过树叶帐篷顶上新出现的窟窿，如瀑布般飞泻而下，射入地窖，径直落到小枞树的头上。

小枞树吓了一跳，病了。

得过上一段日子，它们才能习惯阳光呢！

它们渐渐恢复了健康，换掉了身上的针叶。这时，它们开始飞快地长高，敌人甚至来不及补好头上的破帐篷。

这些幸运的枞树，最先长到跟高大的白桦、白杨一般高。其他结实多刺的枞树紧随其后，也把长矛似的树梢尖伸到上头来了。

漫不经心的胜利者白杨和白桦这时才发现，它们让多么可怕的敌人住进了自家的地窖里。

我们的记者亲眼见证了这场仇敌之间的惨烈的肉搏战。

刮起了阵阵强劲的秋风。秋风让挤成一团的树木焦躁不安。阔叶树扑向枞树，用长手臂（树枝）拼命地鞭打敌人。

连平时哕哕嗦嗦、说话轻声轻气的胆小鬼白杨，也盲目地挥舞起树枝，想跟黑黝黝的枞树干一仗，扭断它们的针叶树枝。

不过白杨是个很差劲的战士。它们毫无弹性，手臂也不粗壮。结实的枞树根本不怕它们。

白桦就是另外一回事了。它们体格健壮，力大无穷，柔韧性又好。即使风不大，它们那富有弹性的、弹簧似的手臂，也会摆动起来。要是白桦摇晃身子，那附近的树都得小心，因为它的拥抱太吓人了！

白桦和枞树展开了贴身战。白桦用柔韧的树枝鞭打枞树，抽断一簇簇的针叶。

只要白桦一扭住枞树的针叶树枝，枞树的针叶就干枯了；只要白桦缠绕住枞树干，枞树的树梢就枯萎了。

枞树能击退白杨，却抵挡不住白桦。枞树本身很坚硬，虽然不容易折断，却很难弯曲，它们无法用僵硬的针叶树枝缠绕住别的树。

我们的记者没有看到森林里这场战争的最终结果。他们必须在这里住上很多年，才能看见结果。所以，他们前去寻找森林里那些已经结束了战争的地方。

我们将在下一期的《森林报》上报道，他们在何处找到了这样的地方。

集体农庄纪事

在集体农庄里，庄稼收割已进入尾声。现在是农活最忙的时候。每个集体农庄都争先恐后地把收割下来的第一批最好的粮食，上交给国家。

庄员们割完黑麦割小麦，割完小麦割大麦，割完大麦割燕麦。等割完燕麦，就要收割荞麦了。

一辆辆大车满载着集体农庄新收获的粮食，从集体农庄驶往火车站。

拖拉机还在田里轰鸣，秋播作物已经种完，现在正在耕地，为明年的春播做准备。

夏季的浆果已经落幕了，可是果园里的苹果、梨和李子才刚刚成熟。树林里蘑菇遍地。在长满苔藓的沼泽地上，蔓越橘红了。农村的孩子们在用棒子打落一串串沉甸甸、红艳艳的花楸果。

带着妻儿老小的田公鸡（山鹑）可倒了霉：最初它们从秋播庄稼地搬到了春播庄稼地；现在又必须飞呀，跑呀，从这块春播庄稼地搬到另一块春播庄稼地里去。

山鹑躲藏在马铃薯地里。谁也不会去那里打扰它们。

不过，现在集体农庄庄员们又到马铃薯地里来挖马铃薯了。出动了马铃薯收割机。孩子们点起篝火，搭起小灶，就在地里烤马铃薯吃。每个人的脸都给烟熏得漆黑一团，看起来怪吓人的。

灰山鹑从马铃薯地里跑出来，飞走了。现在它们的孩子已经长大，足以成为猎人们的猎物了。

必须找个藏身觅食的地方。可是，到哪里才安全呢？田里的庄稼都割完了。哦，对了，秋播的黑麦已经长得相当高了。有地方觅食了，有地方逃避猎人的火眼金睛了。

锐眼人的报告

8月26日，我赶着一辆大车运干草。半道上，忽然看到一只大猫头鹰落在一堆干树枝上，它的两只眼睛一直盯着树枝堆。我停住车，感到很奇怪：猫头鹰离我这么近，为什么不飞走呢？我跳下车，走近几步，捡起一根树枝，朝猫头鹰扔去。猫头鹰飞走了。它刚一飞走，几十只小鸟就从干树枝堆底下飞了出来。原来它们藏在那儿，躲过了天敌猫头鹰。

■发自森林记者　列·波里苏夫

集体农庄新闻

战斗策略

敌人杂草埋伏在只剩下干巴巴麦茬的田里。杂草的种子伏在地上,细长的根茎藏到地下。它们在等待春天的到来。春天,等地一翻耕完、马铃薯一种上,杂草就疯长起来,开始阻碍马铃薯的生长。

集体农庄庄员们决定欺骗一下杂草。他们把浅耕机开进田里。浅耕机把杂草种子埋到土里,把杂草根茎切成一节节。

杂草以为春天来了,天气暖和,土又松软。于是它们开始生长。种子发芽了,根茎也发芽了,田地变得绿油油的。

集体农庄庄员们高兴坏了,杂草上当了。等杂草长出来以后,晚秋再把地耕一遍,把杂草翻个底朝天。这样一来,到了冬天它们非冻死不可。杂草呀杂草,你们再也不能摧残我们的马铃薯了!

虚惊一场

林中的鸟兽非常担忧,一批人来到森林边缘,往地上铺着什么。啊!也许,这是一种新式捕兽器!林中居民将被杀死!

但这不过是一场虚惊，人们来到这里，完全是出于好意。他们是集体农庄庄员。他们往地上铺上一层薄薄的亚麻，一行行排列得很整齐。亚麻在这里受到雨水和露水的滋润。过后，就很容易取出亚麻茎里的纤维了。

兴旺的家庭

在五一集体农庄，母猪杜什卡生下了二十六头小猪。在2月里刚刚祝贺过它生了十二头小猪。好一个猪丁兴旺的家庭！猪娃娃真多！

公　愤

在黄瓜田里激起了公愤，大家七嘴八舌："为什么集体农庄庄员们隔一天来一趟，带走了绿色的小年轻？""小黄瓜还没长大呢。""就让它们安安静静地成长吧。"

可是庄员们只留下少数黄瓜当种子，把其余的绿色黄瓜都摘走了。绿黄瓜鲜嫩多汁，美味可口，一旦成熟，就不能吃了。

帽子的式样

在林中空地上，在树林的道路两旁，长出了松乳菇和油菇。松林里的松乳菇最漂亮，矮胖结实，颜色鲜红，帽子上镶着一圈圈的花纹。

孩子们说，松乳菇从人这儿偷学了帽子的式样，它们的帽子的确很像草帽。

油菇就不是这么回事了。它们的帽子跟人的帽子完全不同。不要说男人，就是年轻姑娘，即使为了赶时髦，也不会去戴油菇这种黏糊糊的帽子，实在太难受了！

扑了个空

一群蜻蜓飞到光明集体农庄的养蜂场里，想抓蜜蜂吃，结果大失所望。它们感到很奇怪，养蜂场里连一只蜜蜂也没有。原来没有人预先告诉蜻蜓，从 7 月中旬起，蜜蜂把家搬到了林中盛开帚石楠的花丛里。

它们将在那里酿造黄澄澄的帚石楠蜂蜜。等帚石楠花谢了，再把家搬回来。

🔲发自尼·芭芙洛娃

打猎

带着猎狗打猎

一个空气清新的 8 月份的早晨，我和萨索伊其一起去打猎。我的两条西班牙短尾猎狗杰姆和博伊兴奋地叫着，老往我身上跳。萨索伊其的漂亮的长毛大猎狗拉达把两只前脚搭在身材矮小的主人身上，舔了一下他的脸。

"去，你这小淘气！"萨索伊其用袖子擦擦嘴，故作生气地说，"往哪儿去？"

可是这时，三条猎狗已经箭一般离开我们，沿着割过草的草地飞奔起来。健美的拉达迈开矫健的大步疾驰，白中带黑的皮毛在碧绿的灌木丛后忽隐忽现。我的两条短腿猎狗委屈地汪汪直叫，全力追赶，却怎么也追不上。

让它们先练练腿吧！

我们走进一座灌木林。杰姆和博伊听到我的呼哨声跑了回来，在附近来回溜达，嗅着一棵棵灌木和一个个草墩。拉达在前面像只梭子似的窜来窜去，一会儿从左边、一会儿又从右边在我们面前闪过。它跑啊，跑啊，忽然站住不动了。

好像它被一根无形的电线触到了，僵立不动，保持着刚才中止奔跑时的姿势：头微微朝左偏，背部有弹性地弯曲着，左前脚抬起，羽毛似的蓬松尾巴笔直地伸着。

不是电线，而是野禽的气味让它停止了奔跑。

"您打吧？"萨索伊其问我。

我摇摇头。我把我的两只小狗唤了回来，吩咐它们躺在我的脚边，免得它们坏了事，把拉达指示的猎物撵跑了。

萨索伊其从容不迫地来到拉达身旁。他站住了，取下肩上的猎枪，扣上扳机。他不急着指挥拉达往前冲。他大概和我一样，非常欣赏猎狗指示猎物的美丽场景，那个抑制住满腔热情和兴奋的优雅姿势！

"前进！"萨索伊其终于开口了。

拉达一动也不动。

我知道这里有一窝琴鸡。萨索伊其又命令狗前进，拉达刚迈出一步，几只棕红色的大鸟就噗噗地从灌木丛里飞了出来。

"前进，拉达！"萨索伊其又重复了一遍命令，边说边端起枪来。

拉达快速朝前跑，转了半个圈，在另一棵灌木旁又站住不动了。

那儿藏着什么呢？

萨索伊其又走到它跟前，命令道：

"前进！"

拉达朝灌木丛扑了一下，接着绕着它兜了一圈。

一只个头不大的棕红色鸟悄悄出现在灌木丛后的半空中。它笨拙地、沮丧地拍打着翅膀。它的两条长后腿好像被打断了似的，奄拉在身后。

萨索伊其放下猎枪，恼火地把拉达叫了回来。

原来这是只长脚秧鸡！

这种草地上的野禽，在草丛中发出刺耳的尖叫声，春天时猎人倒挺爱听；可是在打猎的季节，猎人可讨厌它了：它会在草丛里乱蹿，让猎狗无法指明方向；它也会从草丛里悄悄溜走，让猎狗白费力气。

不久，我和萨索伊其分了手，约好在林中小湖边见面。

我沿着一条绿草如茵的狭窄溪谷走，溪谷两旁是树木丛生的山丘。咖啡色的杰姆和它的黑白棕三色相间的儿子博伊，跑在我前面。我必须随时准备好开枪，两只眼睛必须一直盯住它俩，因为这种猎狗是不会停下来指明方向的，它们随时会把野禽赶出来。它们往每一丛灌木里钻，一会儿消失在高高的草丛里，一会儿又出现了。它们那螺旋桨似的尾巴，一刻不停，飞快地旋转着，那短短的一截尾巴一直晃来晃去。

的确，不能让这种猎狗长出长尾巴来：假如它有一根长尾巴，噼里啪啦地打在青草和灌木上，该闹出多大动静啊！而且尾巴上的皮也会被灌木磨破的。因此，当这种猎狗还只有三个星期大的时候，它的尾巴就被割掉了，以后也不会再长了。只留下这么短短的、一把就可以握住的一段。留下这段是为了以防万一，要是它陷在沼泽地里，就可以抓住这段尾巴把它拖出来。我的两只眼睛紧盯着两条猎狗，自己也搞不清楚，怎么同时还能看清四周，看见许多神奇的新事物。

我看到太阳升到树林上空，一缕缕、一圈圈的金黄色阳光在青草和绿叶间跳跃；我看到蜘蛛网像一根根细银线，在草丛和灌木上闪烁；我看到松树干奇妙地弯曲着，如同一把巨大的椅子。只有童话里的森林魔王才配坐这么大的椅子。可是，森林魔王又在哪里呢？在座椅的小坑里，积起了一汪水，几只蝴蝶围着它翩翩起舞。

两只猎狗在喝水，我的喉咙也干了。一颗巨大的露珠，像一颗极其珍贵的钻石，在我脚旁的一张带卷边的阔叶绿草上闪闪发光。我小心地弯下腰，千万别碰洒了呀！我轻轻地采下这片带卷边的阔叶草，草上盛着世界上最纯净的一滴水。这滴水小心翼翼地收藏了朝阳的全部欢乐。

阔叶草毛茸茸、湿漉漉的，刚一碰到嘴唇，清凉的露珠就自动滚落到了干燥的舌尖上。

杰姆忽然吠叫起来："汪，汪，汪汪汪！"那片曾解我之渴的阔叶草立刻被遗忘，飘落到地上。

杰姆汪汪叫着，紧贴着岸边跑。它那螺旋桨似的尾巴，甩得更欢快、更起劲了。

我急忙向溪边跑去，想赶到狗前头。

可是已经来不及了，一只刚才一直没被我们发现的鸟，轻轻扑打着翅膀，从枝叶茂盛的赤杨树后面飞了起来。

瞧，在赤杨树后，它一直在往上飞呢，是一只野鸭。我慌了神，举起枪，顾不上瞄准，就开了一枪，霰弹穿过树叶向它打去。野鸭掉到水里去了。

这一切发生得如此之快，我似乎觉得从未开过枪似的。我只是脑子里想打它，只这么一想，它就掉下来了。

杰姆已经朝猎物游去，把它衔上了岸。杰姆一直把野鸭牢牢地叼在嘴里，野鸭的长脖子耷拉在地上。杰姆顾不得抖落身上的水，就把野鸭递到我手里。

"谢谢你，老朋友！谢谢你，亲爱的！"我弯下腰，抚摸着杰姆。

可是这时，它抖动起身子，水星子直往我脸上溅。

"嗨！不懂礼貌的家伙！走开点儿！"

杰姆跑开了。

我用两个手指头抓住野鸭的嘴巴尖，把它提起来掂分量。真重啊！鸭的嘴巴没有断掉，可见它经得起全身的重量。也就是说，这只野鸭不是今年刚孵出的新鸭。

我连忙把野鸭挂到弹药袋的背带上。我的两条猎狗，又汪汪叫着朝前跑了。我一边重新装弹药，一边赶紧追上去。

这时，狭窄的溪谷逐渐开阔起来，山丘的斜坡下是一片沼泽，草墩、苔草遍地。

杰姆和博伊在草丛里钻进钻出。它们在那儿看见了什么呢？

立刻，仿佛全世界都浓缩在这片小小的沼泽里了。猎人的心中只有一个愿望，就是想快一点儿看见狗在草丛里嗅到的是什么东西，什么样的野禽将从草丛里飞出来，可别打不中啊！

我的两条短腿猎狗钻进高高的苔草里，不见了，只有它们的耳朵像翅膀似的，在苔草上方忽左忽右地晃动。它们在做"侦察跳跃"——跳起来，希望看清楚近处的猎物。

一只长嘴沙锥扑棱的一声从草墩上飞起，那声音很像把皮靴从沼泽地里往外拔时发出的声响。它低低地飞着，迅速迂回前进。

瞄准，开枪！可它还在飞。

它转了大半个圈，然后伸直两条腿，落在一个离我不远的草墩下。它站在那儿，把绷紧的长嘴巴支在地上，仿佛放着一把剑似的。

离得这么近，又待着不动，我都不好意思打它了。

这时，杰姆和博伊跑过来了。它们又把它撵了起来。我用左枪筒开了一枪，还是没打中！

哎呀！真丢人！我打了三十年猎，这辈子至少也打过几百只沙锥，可一看见野禽飞起来，还是会紧张。太慌张了。

唉，有什么办法呢！现在我只好去找几只琴鸡了，要不然萨索伊其瞅瞅我打的野禽，会看不起我、嘲笑我的。城里人把沙锥当作最好的野味，一道美味的小菜；农村的猎人甚至都不承认它是野禽，只是一个小不点儿。

萨索伊其已经第三次在山后的某个地方开枪了。也许，他已经打到至少五千克野味了。

我蹚过小溪，爬上陡峭的斜坡，从高处极目远眺，往西可以看得很远，那里有一大片树木砍光的空地，再过去是燕麦田。喏！那不是拉达一闪而过吗？喏！那不是萨索伊其本人吗？

啊哈！拉达站住了！

萨索伊其靠近它。瞧！他开枪了，砰！砰！双管齐发。

他走过去捡起猎物。

我也不该傻看着了。

两只猎狗跑到密林里去了。我定下这么条规矩：

只要猎狗进了密林，我就沿着林中砍去树木的空地走。

林中空地宽得很，在鸟儿飞过它之前，肯定来得及开枪。只要狗把它往这边赶就行了。

博伊汪汪地叫起来，杰姆也跟着叫了起来。我急忙朝前走。

现在我已经超过猎狗了。它们怎么还不行动呢？那儿肯定藏着一只琴鸡。我了解琴鸡的习惯，自己飞到高处去，引诱猎狗往前跑。

"嗒嗒，嗒，嗒，嗒！"果不其然，琴鸡冲了出来，浑身乌黑，黑得像块焦炭。它沿着空地疾飞而去。

我双管齐发，开了一枪。

它拐了个弯，消失在高大的树林后面了。

难道我又打偏了吗？不可能呀！我似乎瞄得挺准的……

我打了个呼哨，把两条狗叫到身边，走进了琴鸡消失的树林。我自己找，两条猎狗也找，可哪儿也没找着。

哎！多么懊恼……今天真是个不顺的日子！而且没什么可抱怨的，猎枪是最好的，子弹是亲手装的。

我再试试看，也许到了湖面上，能走运点儿。

我又回到空地上。我知道，离此地不远，大约五百米，有个小湖。这时，我情绪很低落，两条猎狗也不知道跑到哪里去了，怎么叫也叫不回来。

嘿，管它们呢！我一个人去得了。

可这一刻，博伊不知从哪儿冒了出来。

"你到哪儿去了？你以为你是猎人，我倒成了你的助手，只管替你放放枪？那好吧，你把枪拿去，自己放！怎么着？不会放吗？喂！你干吗四脚朝天躺在地上？是在道歉呀！好好想一想，往后得听话点儿。总之，你们这些短腿猎狗都是些蠢货。长毛大猎狗可不像你们，它们会指明猎物。

"要是有拉达指引，打猎就简单多了，我也会百发百中。飞禽在拉达面前，仿佛被绳子拴住了似的，打中它又有什么难度呢？"

这时，银色的湖面在前面的树干后面闪烁，我这颗猎人的心又充满了希望。

湖边长满芦苇。博伊扑通一声跳下水，游了起来，高高的绿色芦苇被它碰得左右摇晃。

博伊叫了一声，马上就有一只野鸭从芦苇丛里飞出，嘎嘎地叫着。

我的子弹在湖中心上空追上了野鸭。它长长的脖子一下子垂了下来。野鸭啪嗒一声掉进水里，肚皮朝天地躺在水上，两只红脚掌在空中抽搐地乱蹬。

博伊朝它游去。它张开嘴想咬住野鸭。可是野鸭突然钻进水里，没了踪影。

博伊疑惑不解，野鸭钻哪儿去啦？博伊在原地转着圈圈，可是野鸭没有出现。

忽然博伊也消失在水里。怎么回事？它让什么东西钩住了吗？沉到湖底了吧？怎么办？

野鸭浮到水面上，慢慢地向湖边游过来。它游的姿势很特别，侧着身子，头浸在水里。

噢！原来是博伊衔着它呢！博伊的头被野鸭遮住了，所以看不见。真是太棒了！它竟然潜入水底，把猎物叼回来了。

"打得真不错！"响起了萨索伊其的声音，他悄悄地从我身后走了过来。

博伊游到草墩旁，爬上岸，放下野鸭，抖了抖身子。

"博伊，真不像话！马上叼起来，送到我这儿来！"

真不听话，它对我的喊声无动于衷！

这时，杰姆不知从哪儿跑了过来。它游到草墩旁，气呼呼地对儿子呵斥了一声，然后衔起野鸭送到了我这儿。

它抖了抖身子，飞奔进灌木丛，送给我一个意外的惊喜！它从灌木丛里叼出来一只死琴鸡。

难怪老朋友这么长时间不见了踪影，原来它是在树林里找琴鸡呀！也许它追上了那只被我打伤的琴鸡，又一路拖着它跟在我后面跑了五百米的路。

有这么两条忠实的狗，在萨索伊其面前，我是多么自豪啊！

真是一条忠诚的老狗！你诚恳勤勉地为我服务了十一年。可是，狗的生命是短暂的，也许这是你最后一个夏天跟我出来打猎了吧！以后，我还能找到像你这样的朋友吗？

我坐在篝火旁，一边喝茶，一边不由自主地这么想。身材矮小的萨索伊其动作麻利地把猎物挂到白桦树枝上——两只小琴鸡和两只沉甸甸的小松鸡。

三条狗蹲在我身旁，贪婪地盯着我的一举一动，仿佛在说：能不能分给我们一小块吃吃呢？

当然要分给它们吃的，三条狗都干得挺棒，真是好样的！

时间已到中午。天空高远湛蓝，白杨树叶在头上轻轻摇摆，窃窃私语。

这会儿是多么惬意啊！

萨索伊其坐下来，心不在焉地卷着纸烟。他陷入了沉思。

太好了！看样子，我马上可以听到他打猎生涯中的另一桩趣事了。

现在正是热火朝天地打新出巢的鸟的时候。为了捕获小心谨慎的小鸟，每个猎人都费尽了心机。不过，假如他不预先了解野禽的生活习性，单凭心机成不了事。

打野鸭

猎人们早就发现，一等到小野鸭会飞，野鸭们就成群结队地飞行。一昼夜飞两回，从一个地方飞到另一个地方。白天，它们躲进茂密的芦苇丛里睡觉和休息。太阳一下山，它们就从芦苇丛里飞出来，飞走了。

猎人已经在守候着，他知道它们会飞到田里来。他站在岸边的灌木丛里，面朝着水，遥望着落日。

在夕阳西沉的地方，天空被染得一片通红。艳丽的晚霞映衬出野鸭黑色的剪影。它们径直朝猎人飞过来了。他很容易瞄准。他从灌木丛后出其不意地对准野鸭开枪，可以射中好几只。

他一直打到天黑。

夜里，野鸭在麦田里觅食。

早上，它们飞回到芦苇丛里。

隐形猎人在野鸭的必经之路上等候着。现在他脸朝东方，背对着水站在那儿。

一群群的野鸭，又径直冲着他的枪口飞过来了。

好助手

一窝小琴鸡在林中空地上觅食。它们尽可能挨着林边溜达，万一发生什么意外，可以立刻逃到林子里。

它们在啄浆果吃。

一只小琴鸡听见草丛里传来沙沙的脚步声，抬头一看，只见草丛上方挂着张可怕的兽脸，厚厚的嘴唇耷拉着，颤动着，一双贪婪的眼睛死死盯住匍匐在地的小琴鸡。

小琴鸡缩成富有弹性的一团，一双小眼睛瞪着兽脸上那双大眼睛，等待着，看接下来会发生什么事。只要那畜生动一动，小琴鸡就会张开强有力的翅膀，往旁边一闪，然后飞向天空。有本事，就跟到空中来抓吧！

这一瞬间显得特别漫长。那张兽脸一直悬挂在蜷缩着的小琴鸡上方。小琴鸡没敢飞起来。那畜生也没敢动一动。

突然传来一声命令：

"前进！"

那畜生扑了过来。小琴鸡如离弦之箭嗖地飞了起来，向救命的森林逃去。

砰的一声，火光一闪，一阵硝烟从森林里冒了出来。小琴鸡一个倒栽葱摔到了地上。

猎人捡起小琴鸡，又嘱咐猎狗往前走。

"轻一点儿！仔细找，拉达，仔细找……"

白杨树上

高大的枞树林黑乎乎的。万籁俱寂。

太阳刚刚落到森林后。猎人慢慢地走在沉默无语的、笔直的树干间。

前面一阵喧哗，好像一阵风出其不意地刮进了绿叶丛，前方是白杨树林。

猎人停住脚步。又是一片寂静。

听，仿佛有稀稀落落的大雨滴落在树叶上。

吧嗒，吧嗒，吧嗒……

猎人轻手轻脚地往前走。已经接近白杨树林了。

吧嗒，吧嗒，吧嗒……声音又停止了。

隔着茂密的树叶，什么也看不见。

猎人站住了，一动不动。

看谁更有耐心：是躲在白杨树上的那位，还是带着枪、藏在树下的这位？

长久的沉默。静得可怕。

声音又响起来了：

吧嗒，吧嗒，吧嗒……

啊哈，这下子你可把自己暴露了。

一个黑影蹲在树枝上，正用嘴吧嗒吧嗒地啄着白杨树叶的细叶柄。

猎人仔细瞄准，开了一枪。于是那只粗心大意的小松鸡重重地摔了下来。

这是一场公平的竞争。鸟儿藏得好，猎人悄悄走近。

谁先发现对方？

谁更有耐心？

谁的眼睛更尖？

还有一种不公平的竞争

猎人沿着小径，悄悄地在茂密的枞树林中行走。

"扑啦啦，扑啦啦！扑啦啦！"

八九只琴鸡从脚跟前飞起，有整整一窝呢！

猎人还来不及举起枪，琴鸡就已经散落到茂密的枞树枝上了。

最好不要去找它们，这是白费力气。反正也看不清楚它们落在哪里，把眼睛睁得再大，也看不清。

猎人躲到小径旁的一棵小枞树后。

他从衣袋里拿出一支短笛，吹了一下，然后坐到一个小树墩上，扳上枪机。他把短笛又送到唇边。

一场好戏开演了。

小琴鸡在树叶丛里藏得很严实。在琴鸡妈妈发出"可以啦"的信号前，它们一动都不敢动，也不敢扑一下翅膀。琴鸡各自待在树枝上。

"哔克！哔克！哔克，特儿！"这就是信号，意思是：可以出来啦……

"哔克！特儿……"

这是琴鸡妈妈在自信地说：

"可以啦！可以啦！飞到这儿来吧！"

一只小琴鸡悄无声息地从树上溜到地上。它在倾听，妈妈的声音是从哪儿传来的呀？

"哔克！特儿，特儿！"意思是："在这里呢，来吧！来吧！"

小琴鸡跑到小径上来了。

"哔克！特儿！"

瞧，在那里呢！妈妈就坐在小枞树后面，在树墩那儿。

小琴鸡沿着小径拼命跑，径直朝猎人跑过来了。

猎人开了一枪，又吹起了短笛。

短笛吹出了琴鸡妈妈的细声呼唤：

"哔克，哔克，哔克，特儿！"

又有一只小琴鸡上当，乖乖地跑来送死了。

■发自本报特约记者

哥伦布俱乐部

第六月

真是件怪事：哥伦布们本指望新大陆与旧大陆有某些相似之处，"未知之地"却越来越显得神奇和神秘。布谷鸟的想法给少年自然科学家打开了一片全新的、未知的天地。行动迟缓的巴甫洛沙至今还没有去取神秘的"阿来树"的树叶，因此这位来自遥远国度的移民依旧是未知的。米露琪卡、尼古拉和希格利特掉下去的那个地下通道，仍然是个谜：谁、什么时候、为什么挖了这条地下通道？最近几天，猎人尼古拉和弗拉基米尔带回来一些小鸟，无论如何都不能把它们归入"未知之地"的土著居民。

从打猎一开始，尼古拉和弗拉基米尔就在普拉瓦湖边用芦苇和树枝搭了两个小窝棚。尼古拉在湖岸的这一边，弗拉基米尔在湖岸的那一边。从黎明到午饭前，是第一次"上套"——诺夫戈诺德人如此称呼这一时间段。少年自然科学家拿着枪和望远镜，守候在窝棚里。尼古拉还经常去第二次"上套"——从午饭后一直到太阳下山。躲避着鸟儿机警的眼睛，猎人们观察到许多有趣的事。

通常，在林中过夜的灰鹭第一个出现在湖岸上。它缓慢地拍打着圆圆的、似乎是用破布做成的翅膀，慢慢往下飞，放下笔直的长腿，最终不慌不忙地着陆了。它紧贴着岸边踱来踱去，在潮湿的沙地上留下三只脚趾的大爪印。灰鹭仔细观察着岸边的浅水区，眨眼间，它的如短剑般的尖嘴闪电般地刺向心不在焉的青蛙，并把长长的脖子伸向天空，似乎是在感谢老天爷馈赠的美味。于是，青蛙的小腿剧烈地抽动着，消失在这只背有点儿驼的大鸟的血盆大口中。灰鹭迈着安详均匀的脚步，继续沿着岸边往前走。不止一次出现这样的情形，它离躲在窝棚里的猎人近极了，他用沉默的枪柄就可击到它。

小水鸭、高大笨重的绿头鸭、蓝翅宽嘴、体型匀称的赤颈鸭纷纷飞过来，缓缓降落，翅膀上泛着镜子般的湖面的碧绿的光。短尾巴的长脚秧鸡从一丛芦苇走到另一丛芦苇。鸢在高空缓慢地飞过，注视着岸上的死蛙或水中白肚皮朝上的死鱼。少年自然科学家手中的枪一直沉默着。

但是，在湖面上空，出现了一群快速飞翔的鹬，夏天它们从未在这里出现过。它们四散在岸边，细长腿一闪一闪的。这时，从窝棚里立刻喷出火光。轰的一声枪响，飞往遥远越冬地的旅行者突然在沙滩上结束了旅程。

鹬成群结队地从新开垦的土地上，从阿尔汉格尔斯克，从科拉冻原带飞往热带非洲。现在，几乎每一天，少年自然科学家猎人都会带回一些此地夏天从未见过的鸟：长嘴小滨鹬、黑腹滨鹬、弯嘴滨鹬和沙滨鹬。有一次，尼古拉从窝棚里看见了一只鸟，他甚至在图画册上都从未见过。这是只彩色的鸟，穿着黑色的胸甲，腿不长，嘴也不长。它察看着伏在水中的每一株干树枝、每一丛芦苇，又迈着碎步往前走了。在附近没有看见类似的鸟，只有它孤零零的一只。

尼古拉射中了这只鸟，当他把它带回住处时，塔金惊叹道："要知道，这是翻石鹬！这是海边一带的鸟。它怎么会出现在这里，出现在大陆的腹地？这是最有意思的猎物，简直是个小发现！"

告别小村庄之前，全体俱乐部成员准备到湖中小岛去一趟。多拉给大家带来很大的不安，一大早，她谁也没告诉，就去了某个地方，结果午饭时没回来，晚饭时也没回来，大家都想到森林里去找她了——说不定掉进了地下通道？但这时她回来了。她只说，和米涅耶夫村的女孩们在一起，却拒绝回答在那里看见了什么。

第二天一大早，气压就下降了。但天刚蒙蒙亮，哥伦布们就向湖边进发了。

集合完毕后，他们飞快地穿过树林，在别列佐夫村从渔民那里借了一艘小船和两只划子。船在移动。小船是最主要的交通工具，尼古拉和弗拉基米尔划着划子伴随在左右。划子是诺夫戈诺德州的各个湖上从石器时代保存下来的最原始的船。把两根凿出长槽的白杨树干，用小木板连接起来，就做成了划子。划子不易转向，划得很慢，在石器时代人们悠闲着呢。然而，划子的稳定性很强，可以从上面捕鱼，也可以跳进水中，划子都不会翻过来。

在前面引领整个船队的，是新认识的小伙伴万尼亚，他也划着划子。他是个长得胖胖的、模样滑稽的小集体农庄庄员，明年春天就要上六年级了。他非常熟悉普拉瓦湖，知道在哪里可以捕到什么样的鱼。他骄傲地把自己的湖指给城里人看，他很高兴，哥伦布们称他为"本地老村民"。

不久，船队停靠在无人岛岸边。哥伦布们上了岸，仔细考察了小岛。这花费了一些时间：小岛长四百步，最宽处二百五十步。正如万尼亚所说的，在岛上有整整一群黑琴鸡。他们成功地射落了三只，用来当午饭。让树木学家啧啧称奇的是，这里长着巨大的松树。急性子的多拉坚称，它们与美洲高大的红杉树长得一模一样。

在这里，在无人岛上，哥伦布们立刻感到自己变成了当地的土著居民——印第安人。男孩们把琴鸡的羽毛插在头上，变成了酋长；女孩们则变成了黑皮肤的巫女，这对她们来说毫不费力，一个夏天下来，她们都晒得黑不溜秋的。大家飞快地搭起一座尖顶小窝棚——印第安人的树皮帐篷式小屋，以便进去躲雨——天开始变阴了。

万尼亚像个经验丰富的老渔民，指导大家钓鱼，教酋长们把诱饵装到鱼钩上，指出钓鱼线上的鱼漂该甩到离鱼钩多远的地方。

弗拉基米尔不想钓鱼，他轻声哼唱着自己作词的歌曲，刚好能让勤勉的渔夫们听见：

一月，二月，三月，四月，

一群人钓起一个大傻瓜！

他跑开了，想去弄清楚，岛上有哪些动物。

他还没走出一百步远，就看见地上有新鲜的、从水中冒出来的陌生野兽的脚印。湖里有很多水鼠，但这不可能是水鼠的脚印，太大了；如果是水貂的话，脚印又太小了。

脚印通向小岛上草木茂盛的一角。为了不惊动野兽，弗拉基米尔轻手轻脚地顺着古怪的脚印走。在岛的边缘，他脚下的泥土开始微微松动起来。

"可千万别掉进沼泽地里！"弗拉基米尔想。

可是，他刚刚走了几步，草丛中就有什么东西在沙沙作响，立刻传来溅水声。一只棕色的野兽嗖的一声从草丛里钻入水中。弗拉基米尔没来得及看清它的模样，甚至也没搞明白，它长得有多高。他又朝前迈了一步，看到岸边的草地里，有个一米见方的小平台，即所谓的"饲料小桌"，上面放着捣碎的、只吃了一半的水草茎。很明显，这是某个啮齿动物在吃饭呢。根据它吃剩的食物判断，它的个头还不小，有旱獭那么高……

弗拉基米尔心想：

"我们这儿还没有这么高大的水上啮齿动物呢。这到底会是谁呢？不会是海狸吧！"

他冥思苦想着。乌云突然袭来，猛地刮起一阵不同寻常的大风，他这才清醒过来。冷不丁，他感到脚下的泥块像筏子似的轻轻摆动起来。他抬起头，只见岛上的大树像纤细的芦苇一样，被风吹弯了腰。旋风飞转着，沙尘和折断的树枝朝他迎面扑来。他站立的那块泥土的末端，已经脱离了小岛，跟小岛间的距离越拉越大。

"龙卷风！"弗拉基米尔明白过来，便想往岸上扑，可是他被一株矮灌木绊倒了，跪了下来。

弗拉基米尔并不是个胆小的人，可这时也不禁惊呼起来。他不会游泳，而湖的深度，用万尼亚的话来说，"岸边像屋顶那么深，再往里，深不见底；一句话，是真正的深渊！"奇怪的是，他脚下那块带草的泥土，像神话中的飞毯似的，并没有沉入水中，只不过在他身体的重压下，微微摆动着。

"天哪！"弗拉基米尔突然想起来了，"这就是漂浮植物层啊！"

弗拉基米尔早就听当地集体农庄的庄员说过，这里湖中的植物会耍阴谋诡计，看起来像是小岛的一部分，实际上植物的根并没有扎入土中。当风把它们吹离小岛的时候，土块就自由自在地在湖面漂浮。植物的根没有与岛上的泥土融为一体，固定下来，成为沼泽地。当时这个话题使哥伦布们很感兴趣。庄员们还说，有一次，一对䴙䴘把巢筑在了岬角上，而岬角突然就漂走了，在湖里来回漂荡。

把漂浮植物层吹离小岛的强烈的风——旋风平息了。被旋风搅动的湖面翻腾起来。漂浮植物层越晃越厉害了。它慢慢地沿着小岛漂流，离岸越来越远。弗拉基米尔一动也不敢动，更不敢站起来：在他的重压之下，他脚下那块不结实的土块随时可能破裂，那可就……由于害怕，各种荒谬的念头涌入他的脑海。他想："瞧，哥伦布来到了漂浮的美洲！唉，要是能像苇莺那样飞，或者像鱼儿那样游水就好了……今年秋天，我一定要去游泳池学游泳。"弗拉基米尔下定了决心。这么想着，他似乎感到轻松了些。

但是他的奇遇还未到此结束。他突然看见，一只毛发飘飘的脑袋瓜冲破了湖面的波浪。这块小波浪飞快地朝漂浮植物层靠近，一只湿漉漉的……真正的美洲野兽爬上了"饲料小桌"！弗拉基米尔立刻认出来，这是一只比我们这儿的水鼠大得多的美洲水鼠——麝鼠。

"这真是个奇妙的发现！"弗拉基米尔想，"在俄罗斯的腹地，在从未饲养过麝鼠的湖上，竟然遇到了这只美洲野兽！本地村民了解这个情况吗？"

弗拉基米尔一高兴，全然忘记了自己的处境，飞快地站起来，朝前迈了一步，一只脚立刻沉入水中，水没过了膝盖。

"嗨，原来在漂浮植物层上！"忽然，从岛上传来欢快的声音，"到哪里去过了？带上我们吧！欢迎你，航海家！从哪儿搞到了这块漂浮的泥块？带来了什么动物？"

原来，弗拉基米尔所乘的绿色筏子，缓慢地沿着小岛漂荡，已经绕过岬角，现在正漂过钓鱼人身旁。万尼亚、安德烈、廖列琪和巴甫洛沙分散坐在岸边，旁边还站着米露琪卡。

弗拉基米尔立刻就不害怕了。他悄悄地从水中抽回脚，为了向这些当代鲁滨逊们隐瞒刚才的胆怯，他双手叉着腰，嘲讽地回答道：

"啊哈，眼红了？我发现的不是普通的美洲，而是漂浮的美洲！还跟美洲居民待在一起。你们看见了吗？"

伙伴们刚一开口说话，麝鼠就从漂浮的植物层上扑通一声跳入水中，消失不见了。但钓鱼人还是看见了它。

小船就在旁边。安德烈和廖列琪跳进船里，划到漂浮的植物层旁，把弗拉基米尔接到船上。救援来得正是时候，弗拉基米尔的脚已越来越深地陷入草毯中，毯子眼看就要破裂了。

航海家顺利上了岸，漂浮的美洲又与小岛连在了一起。乌云已经散了，疯狂的旋风也已过去。湖面很快平静下来。哥伦布们仔细研究漂浮的植物层。游泳高手安德烈甚至脱掉衣服，潜入水中，从水下对它进行了详细观察。

不久，太阳重新露出了笑脸。大家情绪高涨，兴高采烈地在小岛上度过了一天。他们授予大英雄——漂浮美洲上的哥伦布——"经验丰富的老水手"的光荣称号。

姑娘们请求斯拉维米尔写一首有关勇敢的老水手的诗。但诗人拒绝了，他说：

"我不写冒险的诗，但有关漂浮的植物层，我已经作了一首押韵的小诗。"

出发前，姑娘们一定要走遍"未知之地"的角角落落，最后一次欣赏湖景，看看平静光滑的湖面，向幽暗的原始森林、空旷的田野致敬，奔跑着向奔淌的河水告别。

她们不得不一次又一次地向村里的女伴们发誓，永远、永远不会忘记她们，一定常常给她们写信。她们也从村里的女伴们那里得到了同样的誓言。

　　当地人把树下踩出的空地称为"炽热的田野"。在这块"炽热的田野"上举办的告别舞会是多么成功啊！在集体农庄老爷爷的手风琴伴奏下，村里的年轻人跳起了古老的舞蹈。老爷爷拉起了华尔兹舞曲《在满洲里的山丘上》、四步舞曲、西班牙舞曲和波尔卡舞曲。

　　在送哥伦布们回家的路上，和着手风琴，村民们唱起了诺夫戈诺德地区滑稽的四句头歌谣，歌词是布雷老爷爷现填的告别词：

　　　　　我们喜欢哥伦布们，
　　　　　打心眼里喜欢。
　　　　　夏天再到这里来，
　　　　　用馅饼款待你们！

　　斯拉维米尔没让他等多久，立刻回唱道：

　　　　　永远、永远忘不了
　　　　　通往乡村的小路。
　　　　　即使忘了，也找得到
　　　　　娄苏瓦村的方位。

打靶场

一箭射中目标！

一语击中答案！

第六场比赛

1. 一条鱼儿在水里游，它的重量是多少？

2. 蜘蛛埋伏在一旁，怎么知道猎物落网了？

3. 哪几种野兽会飞？

4. 如果白天看到了猫头鹰，小鸟们会怎么做？

5. 剪刀随身带，像个裁缝；猪鬃不离手，像个鞋匠。

6. 蜘蛛什么时候飞？怎样飞？

7. 哪一种昆虫（成虫）没有嘴巴？

8. 为什么雨燕和家燕在晴天飞得很高，在潮湿的天气里却飞得很低？

9. 为什么家鸡在下雨前用嘴梳理羽毛？

10. 如何通过观察蚂蚁巢知道天快要下雨了？

11. 蜻蜓以什么为食？

12. 哪一种可怕的野兽爱吃树莓？

13. 夏天什么地方是观察鸟的脚印的最佳处？

14. 我们这里最大的啄木鸟是什么颜色的？

15. "鬼喷烟"是怎么回事？

16. 小小身体，分作三处：躯体在院子里，头在餐桌上，脚还在田里。（打一农作物）

17. 穿着它的皮，丢了它的肉，吃下它的头。（打一农作物）

18. 身穿黑衣，脾气暴躁，碰它它就咬；换上红袄，立刻变乖，惹它也不动。（打一动物）

19. 一个庄稼汉，身穿金蓑衣，腰束金丝带；躺在地上起不来，等着人来抬。（打一农作物）

20. 我在远方，默默地跟你讲话。（打一自然现象）

21. 没人惊吓它，它却直打战。（打一植物）

22. 哪种草，盲人也能认出它？

23. 什么东西长得像庄稼，却不能拿来吃？

24. 瞪大眼睛蹲着，但不会讲话；生在水里，长在岸上。（打一动物）

通 告

寻鸟启示

椋鸟到哪儿去了？白天，偶尔还能在田野和草地上见到它们。可是一到晚上，它们到哪儿去了呢？小椋鸟刚一学会飞，就丢下巢飞走了，再也没回来。

■森林报编辑部

代问读者好

我们来自北冰洋沿岸和各个岛屿，海狮、海象、格陵兰海豹、白熊和鲸托我们向读者朋友问好。

我们还接受委托，转达读者朋友对非洲狮子、鳄鱼、河马、斑马、鸵鸟、长颈鹿和鲨鱼的问候。

■飞自北方的过客：沙锥、野鸭和海鸥

第五场测验 "锐眼"称号竞赛

谁的影子?

请指出图1至图4中,哪一只是雨燕?哪一只是家燕?

图1

图2

图3

图4

假如你坐在一片开阔的地方——田野、山岗或者河边的陡坡上,太阳高高地挂在空中。不时有猛禽从你头顶上空飞过,它们的影子在你面前的地面上、沙滩上或者水面上慢慢浮过,或飞快掠过。

如果你的眼睛够尖、够老练，你不用抬头，只要看一看在地面上掠过的猛禽的全影或侧影，就可以辨别出是哪一种猛禽。

这是一个飞速掠过的、淡淡的影子。翅膀窄窄的像把镰刀，尾巴长长的，尾巴尖圆圆的（见图5）。请问这是只什么鸟？

从影子上看，这只鸟的大小和图5的差不多，只是更宽一些，翅膀厚厚的，尾巴直直的（见图6）。请问这是只什么鸟？

这只鸟的影子更大，翅膀更宽，尾巴像扇子，尾巴尖圆圆的（见图7）。请问这是只什么鸟？

这只鸟的影子也很大，翅膀弯曲得厉害，尾巴尖上有个凹陷的缺口（见图8）。请问这是只什么鸟？

图5

图6

图7

图8

图9

图10

这只鸟的影子还要大，翅膀呈三角形，翅膀尖上好像被剪去了一块，尾巴尖呈直角形（见图9）。请问这是只什么鸟？

这只鸟的影子非常大，翅膀硕大，翅膀尖像张开的五指，头和尾巴都很短小（见图10）。请问这是只什么鸟？

请说一说，这里画着哪几种蘑菇。

答案及解释

打靶场答案

第四场比赛

1. 从 6 月 22 日开始，这是一年中白天最长的一天。

2. 棘鱼。

3. 小老鼠。

4. 生活在沙岸上的海鸥和沙锥。

5. 与沙子和鹅卵石相近的颜色。

6. 后脚。

7. 一共有五根刺：三根长在脊背上，两根长在腹部。我们这里还有十根刺的棘鱼。

8. 家燕巢的入口在顶部，金腰燕巢的入口在侧面。

9. 要是鸟儿发现有人碰过鸟巢里的蛋，它就会放弃这个巢。

10. 有。

11. 翠鸟。

12. 因为这些鸟会把筑巢的那棵树上的青苔涂抹在巢外面，把鸟巢伪装起来。

13. 并非全部如此。有许多鸟，如燕雀、金翅雀、篱莺等，孵两次雏鸟；还有一些鸟，如麻雀、黄鹂等，一个夏天甚至孵三次鸟。

14. 有。在长着青苔的沼泽里，有一种叫毛毡苔的植物。假如有蚊子、飞蛾和其他小昆虫落到它那黏糊糊的圆叶上，就会被它抓住吃掉。在江河湖泊里，长着一种狸藻，要是有小虾、小虫和小鱼钻进它的捕虫囊，也会被它抓牢。

15. 银色水蜘蛛。

16. 布谷鸟。

17. 乌云。

18. 割草。割下青草，垒起草垛。

19. 沉甸甸的麦穗。

20. 青蛙。

21. 影子。

22. 山羊。

23. 回声。

24. 刺猬。

第五场比赛

1. 雏鸟破壳而出之前，嘴巴上面长着一小块硬疙瘩，雏鸟用它来啄破蛋壳。这个小疙瘩叫作"啄壳齿"。雏鸟出壳后，这个硬疙瘩就自行脱落了。

2. 有尾巴的牛吃得更饱。因为牛吃草的时候，用尾巴赶走缠绕它、叮咬它的虫子。没有尾巴的牛无法赶走牛虻和牛蝇，只得不停地摇头晃脑，或者从一个地方转移到另一个地方，所以它吃草就吃得少了。

3. 因为这种蜘蛛的腿很容易折断。腿断掉后，它走路的样子就像在割草。

4. 夏天，因为这时到处可见软弱无助的雏鸟和小兽。

5. 鸟类。

6. 许多昆虫都这样，例如蝴蝶，先产卵，由卵变成幼虫，再由幼虫变成蛹，最后由蛹化成蝶。

7. 因为鹅的羽毛上覆盖着一层油脂，所以水不会沾湿羽毛，而是一滴滴地从鹅背上流下来。

8. 因为狗没有汗腺，而马有汗腺。狗吐舌头，是为了让身体凉快些。

9. 布谷鸟的雏鸟。布谷鸟把蛋偷偷塞到别的鸟巢里，让别的鸟替它孵育孩子。

10. 蚁鸷。

11. 小白嘴鸦的嘴巴，跟乌鸦的嘴巴一样，是黑色的；老白嘴鸦的嘴巴，是暗白色的。

12. 棘鱼。

13. 蜜蜂蜇过人之后，就死掉了。

14. 吃蝙蝠妈妈的奶。

15. 朝向太阳，也就是正对南方。

16. 雷和闪电。

17. 早上，亚麻开淡蓝色的小花，到中午，花儿就闭上了。

18. 红色蘑菇——变形牛肝菌。

19. 野蔷薇的浆果。

20. 蝰蛇。

21. 露水。

22. 蚂蚁。

23. 蜗牛。

24. 野蔷薇，蔷薇。

第六场比赛

1. 鱼的重量，等于它身体所排去的水的重量。

2. 蜘蛛埋伏在一旁，用一只爪紧紧钩住一根绷紧的蜘蛛丝，丝的另一端固定在蜘蛛网上。苍蝇一落到网上，蜘蛛网就会抖动起来，那根细丝也就会扯动蜘蛛的脚，于是它便知道有猎物落网了。

3. 蝙蝠。还有飞鼠也能飞几十米远。它是我们林子里的一种松鼠，脚趾间长着厚厚的膜。

4. 它们会成群结队，高叫着冲向猫头鹰，直到把它撵跑为止。

5. 虾。

6. 在万里无云的秋日，风吹起蜘蛛丝，同时把幼小的蜘蛛带到空中，一起飞行。

7. 蜉蝣。

8. 燕子一边飞，一边捕食小蝇、蚊子和其他长着翅膀的昆虫。天气晴朗的话，空气干燥，这些小虫飞得很高；天气潮湿的话，空气湿度大，它们就飞不高了。

9. 家鸡预感到天要下雨了，便把尾骨腺体分泌的油脂涂到羽毛上。这一腺体在鸡的尾部。

10. 下雨前，蚂蚁躲到蚂蚁洞里，堵住所有的出入口。

11. 以各种昆虫为食，如苍蝇、蜉蝣和水蛾。

12. 熊。

13. 在稀泥和淤泥上，或在河岸、湖畔和池塘边。因为鸟儿纷纷飞到这里，留下了清晰可辨的足迹。

14. 通体黑色，只有头上的冠毛是红色的。

15. 马勃菌的芽孢。成熟的马勃菌，只要轻轻一碰，就会爆裂，喷出一团粉雾，所以被叫作"鬼喷烟"。

16. 麦穗。麦秸放在院子里，由麦粉做成的面包摆在餐桌上，麦根还留在田里。

17. 大麻。用大麻皮搓绳子，扔掉茎秆。头就是大麻籽，可以榨油。

18. 虾。

19. 一捆捆稻谷。

20. 回声。

21. 白杨。

22. 荨麻。

23. 矢车菊。

24. 青蛙。

"锐眼"称号竞赛答案及解释

第三场测验

图1：这是啄木鸟的洞。请注意：有一大堆好像刚锯出来的木屑，堆在洞下面的地上。这是啄木鸟用嘴巴凿树洞、给自己建住房时弄出来的。树干上非常干净，一点儿也没搞脏。啄木鸟是非常爱干净的鸟，它把自己的雏鸟也收拾得干净整洁。

图2：椋鸟在这个树洞里孵出了小鸟。树下没有看见新鲜的木屑，树干上沾满了熟石灰似的鸟屎。

图3：是鼹鼠洞。鼹鼠住在地下，夏天会爬到贴近地面的地方，把泥土扒松，堆成小土堆，自己却躲在里面不出来。

图4：这是灰沙燕的地盘。它们在砂岩上挖洞筑巢。很多人以为，这是雨燕的洞，但是雨燕从不在这样的洞里筑巢。它们通常住在顶楼里、钟楼上、大树的树洞里、岩石上和椋鸟巢里。

图5：这是松鼠洞。它由树枝搭建而成，圆圆的，里面铺着青苔，有的青苔露在外面。根据青苔，你马上可以辨别出，这不是鸟巢。

图6：这是獾挖的洞，却是狐狸住在里面。一看便知，这是个经验丰富的挖土工挖的洞：有好几个出入口，但没有一个倒塌的。可是在入口处却胡乱丢放着家鸡和琴鸡的羽毛和骨头，

以及被啃过的兔子的脊梁骨。显然，这是不爱干净的食肉兽——狐狸吃剩的东西。

图7：这也是獾挖的洞，现在它自己住在里面。獾是有洁癖的野兽。在它住的地方，你找不到一丁点儿它吃剩的残余物。獾比较爱吃软体动物、青蛙和鲜嫩的植物根。

第四场测验

图1：小鹨鹩　　　　　图2：琴鸡妈妈

图3：小野鸭　　　　　图4：小琴鸡

图5：红脚隼爸爸　　　图6：小燕雀

图7：燕雀爸爸　　　　图8：小红脚隼

图9：野鸭爸爸　　　　图10：鹨鹩妈妈

请检查一下，你正确地排列出雏鸟和它们的爸爸妈妈的位置了吗？

琴鸡爸爸	图4	图2
图9	图3	野鸭妈妈
图7	图6	燕雀妈妈
图5	图8	红脚隼妈妈
鹨鹩爸爸	图1	图10

如果你按照上面的顺序，排列对了，那么每一只流浪的小鸟的左边，就是它的爸爸，右边就是它的妈妈。

第五场测验

图 1 和图 2：是灰沙燕和雨燕。雨燕是我们这里的燕子中最大的一种，它的翅膀像镰刀，长长的。

图 3 和图 4 是金腰燕和家燕（它的尾巴像两条细辫子。）

图 5 是飞行中的红隼的影子。

图 6 是飞行中的鹞鹰的影子。

图 7 是飞行中的兀鹰（鹲鹱、秃头鹰）的影子。

图 8 是飞行中黑鸢的影子。

图 9 是飞行中河鸮的影子。

图 10 是飞行中的雕的影子。

请把这些鸟的影子画到笔记本上，并记住它们。

请注意：隼的翅膀像把镰刀，尖尖的；鹞鹰的翅膀朝里弯；兀鹰的尾巴尖呈圆弧形；黑鸢的尾巴尖可见三角形的缺口；河鸮的翅膀棱角分明，尾巴像被砍断了一截，直溜溜的；雕的翅膀又宽又大，翅膀尖上的羽毛分叉开来。

这里分别画着：1. 美味牛肝菌；2. 橙盖牛肝菌；3. 棕帽牛肝菌；4. 牛肝菌；5. 油菇；6. 松乳菇；7. 鸡油菌；8. 卷边乳菌；9. 疝疼乳菇；10. 鬼喷烟；11. 红菇；12. 香菇；13. 蜜环菌；14. 蛤蟆菌；15. 毒鹅膏。

无障碍阅读　名家名译版

森林报

（苏）维·比安基 著

周　露 译

秋

旅游教育出版社

责任编辑：何玲

图书在版编目（CIP）数据

森林报．秋 /（苏）维·比安基著 ；周露译 . -- 北
京：旅游教育出版社，2019.4
ISBN 978-7-5637-3938-7

Ⅰ．①森… Ⅱ．①维… ②周… Ⅲ．①森林－青少年
读物 Ⅳ．① S7-49

中国版本图书馆 CIP 数据核字（2019）第 068707 号

森林报 秋

（苏）维·比安基 著
周　露 译

出版单位：	旅游教育出版社
地　　址：	北京市朝阳区定福庄南里 1 号
邮　　编：	100024
发行电话：	（010）65778403　65728372　65767462（传真）
本社网址：	www.tepcb.com
E-mail：	tepfx@163.com
印刷单位：	北京欣睿虹彩印刷有限公司
经销单位：	新华书店
开　　本：	170×240　　1/16
印　　张：	56
字　　数：	600 千字
版　　次：	2019 年 4 月第 1 版
印　　次：	2019 年 9 月第 2 次印刷
定　　价：	140.00 元（全 4 册）

目 录

第8期　储粮过冬月（秋季第二月）

第 9 期 冬客降临月(秋季第三月)

森 林 报

第 7 期

告别故乡月

（秋季第一月）

9 月 21 日到 10 月 20 日

太阳转入天秤宫

太阳史诗——9月

　　9月终日愁眉苦脸爱哭泣。天空开始经常皱眉头，风在吼叫。秋季第一月开始了。

　　秋天跟春天一样，有一份自己的工作时间表，不过，恰恰相反，秋天的工作从空中开始。树叶在头顶上开始慢慢变黄、变红、变褐。一旦树叶得不到充足的阳光，立刻开始枯萎，很快失去了翠绿的色彩。在叶柄长在树枝上的地方，会形成一个衰老的带状物。即使在平静无风的日子里，树叶也会突然飘落：这儿落下一片黄色的桦树叶，那儿落下一片红色的白杨树叶，在空中轻轻飘扬着，静静地从地面滑过。

　　当你清晨醒来的时候，第一次看见了青草上的白霜，你在日记里写道："秋天开始了！"第一次降霜，总在黎明前。所以从这一天起，更准确地说，从这一夜起，从枝头飘落的枯叶越来越多，直到最后，刮起清扫树叶的西风，脱去森林全套华丽的夏装。

　　雨燕不见了踪影。家燕和其他在我们这儿过夏的候鸟，都在集结成群，夜里悄悄地踏上遥远的旅程。空中越来越空旷，水越来越凉，人们已经不想到河里去游泳了……

可是，突然，好像是对火红夏日的纪念，温暖干燥、晴朗无风的日子又回来了。细长的蜘蛛丝在宁静的空中飘荡，泛着银光……幼小的、新播下的农作物在田里欢快地闪耀。

"夏老婆子来了！"农民们微笑着说，兴奋地欣赏着生机勃勃的秋播作物。

森林里的居民们在为漫长的冬季做准备。未来的生命都安全地躲藏起来，把自己暖和地包裹起来。对这些生命的关怀照料中止了，一直要等到明年春天。

只有兔妈妈们怎么也不甘寂寞，不愿承认夏天已经过去，又生下了小兔子！这一批小兔被称为"落叶兔"。这时细柄的食用菇长出来了。夏季结束了。

候鸟离乡月到了。

又像春天时那样，发自森林的电报纷纷飞向编辑部：新闻时时有，大事天天见。又像候鸟返乡月时那样，鸟儿开始大迁移，只不过这一回是从北往南飞。

秋天就这样开始了。

森林中的大事

发自森林的第一封电报

那些身穿艳丽的五彩华服的鸣禽都不见了。因为它们是半夜起飞的，我们没看见它们上路时的情况。

许多鸟儿更喜欢在夜间飞行，因为这样安全些。在黑暗中，游隼（sǔn）、老鹰和其他猛禽不会攻击它们。这些猛禽都从森林里飞了出来，正在半路上恭候着！在漆黑的深夜，候鸟也能找到飞往南方的航路。

野鸭、潜鸭、大雁和鹬（yù）等水禽一群群地出现在海上长途飞行航线上。这些长着翅膀的旅客在春天休息过的地方休息。

森林里的树叶在变黄。兔妈妈又生下六只小兔子。这是今年最后一窝小兔了。人们把它们叫作落叶兔。

不知道是谁，每天夜里在海湾内的淤泥岸上，画满了小十字和小点子。我们在小海湾的岸边搭了一个小棚子，想偷偷看个明白：是谁在那儿淘气。

离别歌

白桦树上的叶子已经所剩无几。早已被主人们丢弃的小房子椋（liáng）鸟巢，在光秃秃的树干上，孤零零地晃荡着。

不知怎么回事，忽然飞来两只椋鸟。雌椋鸟钻进巢里，紧张地忙碌起来。雄椋鸟栖在枝头，待了一会儿，向四处张望……然后唱起歌来！唱得挺轻的，仿佛是唱给自己听似的。

雄椋鸟唱完了歌。雌椋鸟从巢里飞出来，急忙向鸟群飞去。雄椋鸟紧跟着飞了过去。到时候了，到时候了，不是今天，就是明天，它们就要出远门了。

它们是来跟这座小巢道别的。今年夏天，它们在这里孵出了小鸟。

它们不会忘记这座小巢，明年春天还要回来居住。

透明的早晨

（摘自少年自然科学家日记）

9月15日，秋老虎的天气。我像平时一样，一大早来到花园里。

我走到外面，只见天空高远纯净。空气有点儿凉丝丝的，银色的细蜘蛛网遍布在乔木、灌木和青草间。珍珠般的小露珠挂在纤细的蜘蛛丝上。每张蜘蛛网当中有一只小蜘蛛。

在两棵小枞树的树枝间，一只小蜘蛛织了一张银色的网。这网被露水映衬着，如同玻璃做的一般，好像一碰就会叮当碎掉。蜘蛛缩成个细小的球，呆立不动。苍蝇还没飞出来，所以它正好睡觉。

也许它已经冻僵了、冻死了吧？

我用小手指小心翼翼地碰了一下小蜘蛛。

小蜘蛛没有反抗，仿佛死了一般，像一颗小石子似的滚落到地上。但是它刚一掉到地上的草里，就立刻跳起来逃走了，并躲了起来。

好一个伪装者！

不知它还会不会回到这张网上来？它还找得到这张网吗？还是将另织一张新网？为了织一张蜘蛛网，它得花费多少精力呀！得跑前跑后、打结子、绕圈子，得花费多少心血呀！

小露珠在纤细的小草梢上颤动，仿佛细长睫毛上的晶莹的泪珠。它们闪烁着，散发着喜气。

路旁最后几朵小野菊花，低垂着花瓣做的裙子，等待着阳光的眷顾。

空气微冷纯净，如同易碎的玻璃。无论是色彩斑斓的树叶，还是被露水和蜘蛛网映成银色的小草，或是夏天从未见过的湛蓝湛蓝的小河，都是如此的漂亮华丽，令人心旷神怡。我所能找到的最丑陋的物件，是一棵湿漉漉的蒲公英和一只毛茸茸的灰蛾。蒲公英已经残缺不全，绒毛粘在一起。灰蛾的脑袋被鸟儿啄得千疮百孔。而夏天的时候，蒲公英的头发是多么蓬松啊，头上还戴过成千上万顶小降落伞呢！灰蛾也曾经是毛蓬蓬的，脑袋光滑干燥！

我怜惜地把灰蛾放在蒲公英上，把它们久久地握在手里。太阳已升到森林上空，正好可以照到它们。灰蛾和蒲公英都是冰冰冷、湿漉漉的，气若游丝。后来它们慢慢地苏醒过来。蒲公英头上粘在一起的灰色小降落伞晒干了，变得白乎乎、轻飘飘的，并且竖了起来；灰蛾的翅膀恢复了活力，变成了毛蓬蓬的青烟色。这两个可怜巴巴的、身体残疾的丑八怪也变得漂亮了。

一只黑琴鸡在森林附近低声嘟哝。

我朝灌木丛走去，想从灌木丛后偷偷走近它，看它在秋天怎样悄悄地喃喃自语和"契勿，契勿"地叫唤，回忆起春天那些游戏。

可我刚走到灌木丛前，黑琴鸡就扑棱一声，紧挨着我的脚飞了起来，声音响得使我打了个寒战。

原来它就在我身旁。我还以为它离得很远呢！

这时，从远处传来一阵鹤鸣声，像吹喇叭似的。一群鹤在森林上空飞过。

它们正在离开我们……

■发自森林记者　维里卡

水上旅行

濒临死亡的小草在地上直哼哼。

著名的飞毛腿长脚秧鸡，已踏上了遥远的旅途。

矶凫和潜鸭出现在海上长途航线上。它们很少用翅膀飞行，经常潜进水里捉鱼。它们就这么游着，游着，游过湖泊和港湾。

它们甚至不用像野鸭那样，必须先在水面上微微欠起身子，然后再猛地钻进水里。它们的身子极其灵巧，只要把头一低，再用桨一般的脚蹼使劲一划，就钻到深水里去了。矶凫和潜鸭在水底自由自在，来去自如。没有一种猛禽能够在水下追到它们。它们游得快极了，甚至能赶上鱼。

但是，比起飞得快的猛禽来，它们的飞行本领可就差远了。它们何必冒险飞到空中去呢？只要是可以游水的地方，它们都用游泳来做长途旅行。

林中巨人的鏖战

傍晚，太阳就要落山了。从森林里传来短暂的、喑（yīn）哑的吼叫声。林中巨人——长着犄角的大公麋鹿从密林里走了出来。它们用发自肺腑的喑哑的吼声向对手挑战。

斗士们在林中空地上相遇。它们用蹄子刨着地，令人生畏地摇晃着沉重的犄角。它们的双眼布满血丝，低下长着大犄角的头，相互猛扑。犄角噼里啪啦地相撞，钩在一起。它们用巨大身躯的全部重量猛撞对方，竭力想扭断对方的脖子。

它们分开来又冲上去，一会儿把身子弯到地，一会儿又用后腿立起来，用犄角相互猛撞。

笨重的犄角相撞的咚咚声在森林里轰鸣。难怪人们把公麋鹿叫作犁角兽，它们的犄角像犁似的又大又宽。

战败的公麋鹿，有的慌忙逃离战场；有的受到可怕的大犄角的致命撞击，扭断了脖子，血淋淋地倒在地上。获胜的公麋鹿，用锋利的蹄子践踏它。

于是，雄壮的吼声又响彻森林，犁角兽吹起胜利的号角。

一只没有犄角的母麋鹿在森林深处等待它。获胜的公麋鹿成了这一带的主人。

它不容许任何一只公麋鹿踏入它的领地。它甚至不能容忍年轻的小麋鹿，把它们也撵走了。

它那雷鸣般嘶哑的吼声一直传到很远的地方。

最后一批浆果

沼泽地上，蔓越橘成熟了。它们长在泥炭的草墩上，浆果直接长在苔藓上。隔老远就可以看见浆果，可是看不见它们长在什么东西上面。只有凑到近处，才能看见，在毯子般的苔藓上，蔓延着像纤维一样细的茎，茎两旁生着坚硬的亮晶晶的小叶子。

这就是一整棵小灌木。

■发自尼·芭芙洛娃

上路啦

每天夜里，都有一批长着翅膀的旅客出发上路。跟春天时大不相同，它们不慌不忙地静悄悄地飞着，停歇的时间很长。看得出，它们不愿意离开家乡。

候鸟飞走的次序跟飞来时正好相反：色彩艳丽的、五彩缤纷的鸟儿先飞走，春天第一批飞来的燕雀、百灵和鸥鸟最后飞走。有许多鸟让年轻的先飞。燕雀是雌的比雄的先飞。体格健壮、耐受力强的鸟儿，逗留得久一些。

大多数鸟儿直接往南飞，飞向法国、意大利和西班牙，飞向地中海和非洲。有些鸟儿往东飞，经过乌拉尔，经过西伯利亚，飞往印度；有的甚至飞往美国。几千千米的路程，在它们脚下一闪而过。

等待助手

乔木、灌木和青草，都在忙于安排后代。

一对对翅果从槭树枝上挂下来。翅果已经开裂，在等待风把它们吹落、传播开去。

草儿也在等待风。蓟草的长茎上，一串串蓬松的、真丝般的灰色茸毛从干燥的头状花里露出来；香蒲的茎，长得比沼泽地里的草还要高，它的顶梢穿上了褐色的小皮袄；山柳菊的毛茸茸的小球，准备好在晴朗的日子里被微风脱去外套。

还有许多别的草，小果实上生着或长或短、或普通或羽毛状的细毛。

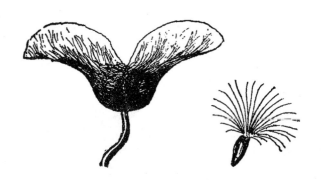

在收割完庄稼的田里，在路旁和沟渠旁，植物们等待的已不是风，而是四条腿的动物和两条腿的人。这些植物里面，有牛蒡，它那带刺的干燥花盘里，装满了带棱角的种子；有带着黑色三角形果实的金盏花，它最爱戳路人的袜子；有带钩刺的猪秧秧，它的小圆果实喜欢牢牢钩住人的衣服，只能用纤维布才能把它擦掉。

■发自尼·芭芙洛娃

秋天的蘑菇

现在森林里光秃秃、湿漉漉的，散发着烂树叶的味道，一片凄凉！唯一能给人带来快乐的，是一种蜜环菌，让人看了心情愉快。它们有的一堆堆地长在树墩上，有的爬上了树干，有的分布在地上，仿佛离群索居似的。

看着让人高兴，采起来也痛快。即使光采菇帽，专挑好的采，几分钟也可以采满一小篮。

小蜜环菌长得挺好看，菇帽绷得紧紧的，像小孩头上戴的无边帽，下面围着一条白色的小围巾。几天后，帽子边会往上翘，变成一顶名副其实的帽子；围巾将变成领子。

整个菇帽上长着烟丝般的鱼鳞片。它是什么颜色的？很难说准确，总之是一种叫人很愉悦的、宁静的浅褐色。小蜜环菌的菇帽下的菇褶是白色的，老蜜环菌的是淡黄的。

你可曾发现：当老菇帽渐渐遮住小菇帽的时候，小菇帽上仿佛扑了一层粉。你想："难道它们发霉了？"可是马上你会想起："这就是孢子呀！"是的，这是老菇帽撒下来的孢子。

假如你想吃蜜环菌，一定得了解它们的特征。市场上常常把毒菇当作蜜环菌。毒菇与蜜环菌长得很像，也长在树墩上。不过，毒菇的菇帽下没有领子，菇帽上没有鳞片，菇帽的颜色是鲜艳的黄色或粉红色，帽褶是黄色或浅绿色。毒菇的孢子是发黑的。

■发自尼·芭芙洛娃

发自森林的第二封电报

我们在观察，究竟是谁在海湾沿岸的淤泥地上，画了小十字和小点子。

原来是滨鹬。

布满淤泥的小海湾是滨鹬的小饭店。它们在这儿歇歇脚，吃点儿东西。它们迈着长腿在柔软的淤泥上走来走去，留下许多三只分得很开的脚趾印。它们把长嘴插到淤泥里，从里面拖出小虫当早饭，这时就留下了小点子。

我们抓到一只鹬。整个夏天它都待在我家房顶上。我们把一个很轻的铝制金属环套在它脚上，环上刻着一行字：Moskwa，Omitolog.Komitet A. NO.195（莫斯科，鸟类学研究委员会，A组第195号）。然后，我们放掉了这只鹬，让它带着环飞走了。要是有人在它过冬的地方抓住它，我们就可以从报上得知，我们这地区的鹬在什么地方过冬。

森林里的树叶已经染成了五颜六色，开始往下掉。

■发自本报特约记者

城市新闻

勇猛的袭击

在列宁格勒的伊萨基耶夫斯基广场上，在光天化日之下，一出勇猛袭击的好戏在行人的眼皮底下上演。

广场上，一群鸽子飞了起来。这时，一只老鹰从伊萨基耶夫斯基大教堂的圆屋顶上冲下来，向最边上的鸽子猛扑过去。只见一堆羽毛在空中飞舞。

行人看见那群惊慌失措的鸽子四散到一幢大房子的屋檐下。老鹰用脚爪钩住啄死的鸽子，吃力地朝大教堂的圆屋顶飞去。

我们的城市上空，是鹰迁移的必经之路。这些长着翅膀的猛禽，喜欢在教堂的圆屋顶和钟楼上搭建强盗巢，因为可以方便快捷地从这里搜寻猎物。

夜的惊恐

在市郊，几乎每夜都是惊恐不安。

人们听见院子里的喧闹声，就从床上跳起来，把头探出窗外。怎么啦？发生了什么事？

在楼下，在院子里，家禽大声地扑腾着翅膀，鹅嘎嘎地叫，鸭子嘎嘎地吵。难道黄鼠狼来吃它们了？或者狐狸钻进了院子？

可是，在石砌的围墙里，在房子的铁门里面，哪来的狐狸和黄鼠狼？

主人们巡视了院子，检查了家禽栏。一切正常。什么也没看见。谁也不可能钻进这带有坚固门锁和门闩的院子里来。也许只不过是家禽做了个噩梦吧！瞧，它们现在不是已经安静下来了嘛。

人们爬上床，安心睡觉。

可是过了一个小时，又嘎嘎嘎、呷呷呷地吵起来。惊恐喧闹，乱作一团。怎么回事？又出了什么事？

请打开窗户，屏息静听吧！在黑沉沉的天空上，星星闪着金光。寂静无声。

可是，似乎有一道不可捉摸的黑影，在上空掠过，一个接一个，遮住了天上的金色星星。响起一阵轻轻的、断断续续的啸声。一种模糊不清的声音，从高高的夜空中传来。

家鸭和家鹅立刻醒了过来。这些鸟儿好像早已忘却了自由，此刻却由于莫名的冲动，不停地扇动着翅膀。它们踮起脚尖，伸长脖子，悲苦地叫呀，叫呀。

它们那些自由的野姊妹们，从黑暗的高空用召唤回应着它们。一群又一群长着翅膀的旅行家，正从石头房子、铁房顶上空飞过。野鸭的翅膀发出噗噗的声音。大雁和雪雁轻轻地你呼我应：

"咯！咯！咯！上路吧！上路吧！远离寒冷！远离饥饿！上路吧！上路吧！"

候鸟清脆的咯咯声消失在远处。而那些早已忘记飞翔的家鸭和家鹅，却还在石头院子的深处辗转反侧。

发自森林的第三封电报

寒冷的早霜降临了。

有些灌木的叶子，如同被刀削过了一般。树叶雨点似的纷纷飘落。

蝴蝶、苍蝇和甲虫都躲了起来。

候鸟中的鸣禽，急匆匆地飞过一片片丛林和小树林。它们已经感到了饥饿。

只有鸹鸟不抱怨缺少吃的。它们成群结队地扑向一串串熟透的山梨。

寒风在光秃秃的树林里呼啸。树木都在沉睡中。森林里再也听不见鸟儿的歌唱了。

■发自本报特约记者

山　鼠

我们挑选马铃薯的时候，突然有样东西从牲畜栏的地下沙沙地往外钻。后来一只狗跑了过来，在这附近蹲下，开始用鼻子闻。可那小兽还在沙沙地钻。狗开始刨坑，一边刨，一边汪汪地叫，因为那小兽正朝着它这个方向钻。狗先挖了个小坑，看见小兽的头顶。接着，狗又挖了一个大坑，把小兽拖了出来。小兽不停地咬它。狗把小兽拖了出去，大声吠叫起来。小兽像小猫那么大，灰蓝色的毛，夹杂着黄、黑、白三色。我们把这种小动物叫作山鼠。

忘记了采蘑菇

9月的一天，我和几个同学一起到森林里采蘑菇。我在那里吓跑了四只灰色的榛（zhēn）鸡。它们的脖子短短的。

接着，我看见·条已经干了的死蛇挂在树墩上。树墩里有个小洞，从里面传出喵喵的叫声。我心想，这一定是个蛇洞，慌忙逃离了这个可怕的地方。

后来，在沼泽地的边缘，我看见了从未见过的东西：七只像绵羊似的鹤从沼泽地上飞起。以前我只在学校的图画书上见过鹤。

　　同学们每人都采了满满一篮蘑菇，可我一直在树林里跑来跑去。只见鸟儿在飞来飞去，到处响起它们的啼啭声。

　　在回家的路上，我们看见一只灰兔跑过，不过它的脖子是白色的，后脚也是白色的。

　　经过那棵有蛇洞的树墩时，我从旁边绕了过去。我们还看见许多大雁，它们正从我们的村庄飞过，咯咯地大声叫着。

　　■发自森林记者　别兹美内依

喜　鹊

　　春天，几个农村孩子捣毁了一只喜鹊巢。我从他们那里买来一只小喜鹊。只过了一天一夜，它就被驯服了。第二天，它已经敢从我手里吃东西、喝水了。我们管它叫"女巫师"。它听惯了这个绰号，我们一叫，它就答应。

　　喜鹊的翅膀长齐了以后，老喜欢飞到门上去，站在门上面。在门对面的厨房里，摆着一张带活动抽屉的桌子。抽屉里总放着一些食物。有时候，我们刚拉开抽屉，喜鹊就从门上飞下来，钻进抽屉里，飞快地啄着那里面的东西。把它拖出来的时候，它还叽叽喳喳地叫着不肯出来。

我去提水的时候，只要喊一声："'女巫师'，跟我走！"它就落到我的肩上，跟我走了。

我们吃茶点的时候，喜鹊总是第一个忙碌起来：抓糖，抓面包，有时候还把爪子伸进了滚烫的牛奶里。

但是最可笑的，是我到菜园里给胡萝卜地除草的时候。

"女巫师"先蹲在菜垅上看我怎么干，然后也开始拔菜垅上的草，照我的样子把绿茎拔起来，放到一堆。它是在帮我除草呢！

不过，它弄不清应该拔什么，总是把杂草和胡萝卜一起拔出来。真是个好助手啊！

■发自森林记者　薇拉·米赫耶娃

躲起来……

天变冷了，天真冷！

美丽的夏天过去了……

血液冻得快要凝住了，懒得动弹，总想打瞌睡。

长着尾巴的蝾螈，整个夏天都住在池塘里，一次也没出来过。现在它爬上岸，慢慢地爬到树林里。它找到一个腐烂的树墩，钻到树皮下，在里面缩成一团。

青蛙恰恰相反，它们从岸上跳进池塘，沉到池底，深深地钻进淤泥里。蛇和蜥蜴躲到树根底下，把身子藏在暖和的苔藓里。鱼儿成群结队地挤到河流的深处，水底的深坑里。

蝴蝶、苍蝇、蚊虫和甲虫都钻到树皮和墙壁的裂口和细缝里，藏了起来。蚂蚁堵住了全部的大门，堵住了高城里一百个城门的出入口。它们钻进高城的最深处，在那里挤作一团，彼此紧紧地挨在一起，一动也不动地睡着了。

忍饥挨饿的时候到了！忍饥挨饿的时候到了！

属于热血动物的飞禽走兽倒不太怕冷。只要有东西吃就可以。每当它们吃下东西，就好比体内生起了一盆火。可是，饥饿总是伴随着寒冷一道降临。

蝴蝶、苍蝇和蚊虫都藏起来了。蝙蝠也没东西可吃了。它们躲在树洞、石穴、岩缝里和阁楼的屋顶下面，用后脚爪钩住一样东西，头朝下倒挂着。它们用翅膀遮住身体，好比披了一件风衣似的，就这样入睡了。

青蛙、癞蛤蟆、蜥蜴、蛇和蜗牛全部躲了起来。刺猬躲进树根下的草巢里。獾也很少出洞了。

候鸟飞往越冬地

从天上看秋天

要是能从天上看看我们一望无际的祖国，该多么令人兴奋！秋天，乘着热气球升到高空，升到比岿然不动的森林还要高，升到比漂浮的白云还要高，离地面大约三十千米吧！即使升到这么高，还是看不到我国国土的尽头。当然，假如天气晴朗，没有云层遮蔽大地，就可以望得非常远。

从那么高的地方望去，会觉得我们整个的国土在移动：有什么东西在森林、草原、山丘和海洋的上空移动……

原来是鸟儿。数不尽的鸟群。

我们的候鸟飞离故土，飞往越冬地去了。

当然，也有些鸟留了下来，像麻雀、鸽子、慈乌、灰雀、黄雀、山雀、啄木鸟和其他许多小鸟，都不飞走。除了鹌鹑以外，所有的野雉也不飞走。还有老鹰和大猫头鹰也留了下来。但即使是这些猛禽，冬天在我们这儿也没什么可干的。大多数鸟儿冬天都离开了我们这里。候鸟从夏末就开始飞离，春天最后飞来的那批鸟最先飞走。这样的飞离持续整整一秋，直到河水封冻为止。最后飞离我们的，是春天最先飞来的那一批：白嘴鸦、百灵鸟、椋鸟、野鸭、鸥等。

什么鸟往什么地方飞

你们可能会以为鸟儿都从同温层飞往越冬地，即所有的鸟群都从北往南飞吧？根本不是这么回事。

各种不同的鸟儿，在不同的时间飞走，大多数鸟在夜间飞行，因为这样更安全。而且，并非所有的鸟都从北方飞到南方过冬。秋天，有些鸟从东方飞到西方；有些鸟恰恰相反，从西方飞到东方。我们这里有一些鸟，径直飞到北方去过冬！

我们的特约记者，有的给我们拍来无线电报，有的利用无线电广播向我们播报：什么鸟往什么地方飞，长着翅膀的旅行家们在旅途中身体如何。

从西往东飞

"切依！切依！切依！"红色的朱雀在鸟群里这样交谈。早在8月份，它们就从波罗的海边、从列宁格勒州和诺甫戈罗德州开始旅行。它们不慌不忙地飞着，到处都有食物，足够吃的，急什么呢？又不是赶回故乡去筑巢和养育后代。

我们看见它们飞过伏尔加河、飞过不高的乌拉尔山脉。现在看见它们在西伯利亚西部的巴拉巴草原上。它们不停地向东飞，朝着太阳升起的方向飞。它们从一片丛林飞到另一片丛林，巴拉巴草原上的桦树林比比皆是。

它们尽可能夜间飞行，白天则休息、吃东西。虽然它们成群结队地飞，但是每一只小鸟都留意四周，生怕遭遇不测，可是不幸还是会发生，还是保全不了自己，总有一两只会被老鹰捉去。在西伯利亚，雀鹰、燕隼和灰背隼这类猛禽应有尽有。它们飞得特别快，速度惊人！当小鸟从一片丛林飞往另一片丛林的时候，不知有多少只要被猛禽捉去！夜里毕竟安全些，猫头鹰的数量相对少一些。

朱雀在西伯利亚转弯，它们要飞越阿尔泰山脉和蒙古沙漠，飞到炎热的印度去过冬。在艰难的旅途中，还有多少只小鸟要枉送性命啊！

铝环 Φ197357 号的简史

一位俄罗斯青年科学家把一只轻巧的小金属环，套在了一只纤细的小北极燕鸥的脚上。环的编号是 Φ197357。这件事发生在北极圈外白海边的干达拉克沙禁猎区，时间是 1955 年 7 月 5 日。

同年 7 月底，小鸟刚一学会飞，北极燕鸥就集合成群，开始冬季旅行了。起初，它们往北飞，飞到白海海口；接着，沿着科拉半岛北岸往西飞；然后，又沿着挪威、英国、葡萄牙和非洲海岸线往南飞。它们绕过好望角，往东方飞，从大西洋飞往印度洋。

1956 年 5 月 16 日，在大洋洲西岸的福利曼特尔城附近，一位澳大利亚科学家抓住了这只脚戴 Φ197357 号金属环的小北极燕鸥。从干达拉克沙禁猎区到这里的直线距离，长达两万四千千米。

后来，燕鸥的标本和脚上的金属环一起陈列在澳大利亚彼尔特城动物园的博物馆里。

从东往西飞

在奥涅加湖上，每年夏天都要孵化出一大群黑压压的野鸭和白云般的鸥。等秋天降临时，这些野鸭和白鸥，就要往西，往日落的方向飞了。一群针尾鸭和鸥动身前往越冬地。让我们乘飞机跟着它们吧！

你们听见刺耳的呼啸声了吗？紧接着，是水的泼溅声、翅膀的扑腾声、野鸭无所顾忌的嘎嘎声、鸥的喊叫声……

这些针尾鸭和鸥，本来打算在林中小湖上歇歇脚，谁知遇上了一只迁徙的游隼。仿佛牧人的长鞭带着啸声刺破空气似的，游隼在野鸭的背上疾驰而过。它那最后一个脚趾的爪，像小弯刀的刀尖一样锋利，猛地刺向野鸭。顿时一只野鸭的长脖子像根木棍似的垂下来，它还没来得及掉入湖中，动作敏捷的游隼蓦地一个转身，在水面上及时抓住了它，用钢铁般的嘴朝野鸭后脑勺致命一啄，就拿去当午餐了。

这只游隼是这群野鸭的梦魇。它从奥涅加湖和它们一同启程，和它们一起飞过了列宁格勒、芬兰湾、拉脱维亚……它肚子饱的时候，就蹲在岩石或树上，冷冷地看着鸥在水面上飞翔，野鸭在水上翻跟头；看着它们从水面上飞起，成群结队地继续往西飞，往太阳像只黄球跌入波罗的海的灰色海水里的方向飞。但是，只要游隼感到饿了，它立刻追上野鸭群，抓一只野鸭当饭吃。

它就这样跟着野鸭群，沿着波罗的海岸、北海岸、德国海岸飞行，一直飞到了不列颠群岛。只有到了不列颠海岸附近，这只长着翅膀的恶狼才可能不再继续纠缠它们。野鸭和鸥留在这里过冬。要是游隼愿意的话，它可以跟着别的野鸭群往南飞，飞向法国、意大利，然后越过地中海飞往炎热的非洲。

往北，往北——飞向长夜漫漫的地区

绒鸭给我们提供做冬大衣用的又轻又暖的鸭绒。在白海的干达拉克沙禁猎区，绒鸭平静地孵出了小鸟。这里保护绒鸭的工作已经开展了多年。为了弄清楚绒鸭从禁猎区飞到什么地方过冬，有多少只绒鸭回到禁猎区、回到自己的老巢来，也为了弄清楚这些神奇的鸟儿的其他生活细节，大学生和科学家们把带着编码的很轻的金属环套到绒鸭的脚上。

现在已经搞明白，绒鸭从禁猎区差不多一直往北飞，飞往长夜漫漫的北方，飞往北冰洋，那里居住着格陵兰海豹，还有白鲸在大声叹息，音调悠长。

白海很快将被厚厚的冰层覆盖，冬天绒鸭在这里无食可觅。在那里，在北方，水面一年四季不结冰，海豹和大白鲸在那里抓鱼吃。

绒鸭从岩石和水藻上啄软体动物或水中小贝壳吃。这些北方的鸟儿，只要能吃饱就成。尽管酷寒逼人，周围是无边的汪洋和无尽的黑暗，它们一点儿也不害怕。它们的鸭绒冬衣丝毫不透寒气，是世界上最暖和的绒毛！何况空中不时还会出现神奇的北极光，有巨大的月亮和明亮的星星。那里的太阳一连几个月不从海里露面，但这又有什么关系呢？反正北极的绒鸭觉得挺舒服，吃得饱饱的，在那儿悠然自得地度过漫长的北极冬夜。

候鸟迁徙之谜

为什么有的鸟径直往南飞，有的鸟往北飞，有的鸟往西飞，有的鸟往东飞？

为什么许多鸟要等到结冰、下雪、没有东西可吃的时候，才离开我们；而有的鸟（例如雨燕）却按照日历在固定的日期离开我们，即使周围的食物很充足？

而最最主要的问题是：为什么它们知道，秋天该往哪儿飞，该在哪儿过冬，沿着什么路线飞？

事实是：例如，一只小鸟在这里，在莫斯科或列宁格勒附近，从蛋里孵了出来，可它飞到南非洲或者印度过冬。我们这儿有一种小游隼飞得飞快，它从西伯利亚一直飞到天边，飞到澳大利亚去。在澳大利亚住一段时间，又飞回西伯利亚，飞到我们这儿过春天。

森林里的战争（续完）

我们记者找到这么一块地方，在那里，林木种族间的鏖战已经结束。

那地方，就是我们的记者在旅行刚开始时到过的枞树国。

以下是他们采访到的关于这场残酷战争的结束情况。

大批的枞树死于跟白桦、白杨的肉搏战。不过最终还是枞树胜利了。

它们比敌人年轻。白桦和白杨的寿命比枞树短。年老体弱的白桦和白杨不能再像敌人那样迅速地生长。枞树长得比它们高了，把可怕的毛烘烘的大手掌伸到它们头上，于是喜爱阳光的阔叶树开始枯萎。

枞树却一直在长大、长高，它们的树荫越来越密。树下的地窖越来越深，越来越暗。在地窖里，贪婪的苔藓、地衣、小蠹(dù)虫和木蠹蛾在等待着战败者；在那里，缓慢的死亡在等待着战败者。

一年又一年过去了。

离人们砍光原来那片阴森森的老枞树林，已经过去了一百年。抢夺那块空地的战争也持续了一百年。现在，在老地方，又矗立着同样一座阴沉沉的老枞树林。

老枞树林里，既听不见鸟儿歌唱，也看不见快乐的小野兽落户。各种各样偶然出现的绿色小植物，都逐渐枯萎，很快死在阴沉沉的枞树国。

冬天来了。每年冬天，林木种族都休战一段时间。树木入睡了。它们睡得比洞里的狗熊还香。睡得仿佛死去了一般。树液在树干里停止了流动，它们不吃，也不再生长，只是昏昏沉沉地呼吸着。

仔细听听，寂静无声。

定睛瞧瞧，这是个布满战士尸体的战场。

我们的记者得知：今年冬天，这片巨大的、阴沉沉的枞树林将被砍掉。按计划，将在这里采伐木材。

明年，一片新的荒漠——采伐迹地将在这里出现。林木种族将开始新的战争。

但是，这次我们将不再允许枞树获胜。我们将干预这场可怕的、连绵不绝的战争，把这里从未见过的新林木种族，移植到砍伐迹地上来。我们将关注它们的成长。要是有必要的话，我们将在树篷顶上砍几扇天窗，让明媚的阳光照射进来。

那时，鸟儿一年四季都将在这里给我们吟唱欢快的歌曲。

和平树

不久前，我校全体同学，号召莫斯科州拉缅斯基区的低年级同学们，每人在植树周种一棵和平树。少年米丘林工作者们和成年的园艺家们，都答应帮助他们栽培和平树。小朋友们读书、成长，和平树将在校园里和他们一道成长！

■莫斯科州　茹科夫斯基市第四小学全体学生

集体农庄纪事

田野里空荡荡的。丰收的庄稼已收割完毕。集体农庄庄员们和市民们已经吃上了新粮做的馅饼和面包。

亚麻铺满了田边的宽谷和斜坡。它们经历了风吹、日晒和雨淋。现在该是把它们收拢来，搬到打谷场上，揉碎亚麻茎，把麻拔下来的时候了。

孩子们已经开学一个月了。现在田里已看不见他们的身影。集体农庄庄员们独自掘完了马铃薯，他们打算把马铃薯运到车站去，或者在干燥的沙丘上挖个坑，贮存马铃薯。

菜地里也变得空荡荡的。庄员们从菜垅上运走了最后一批包得很紧的卷心菜。

秋播的庄稼地里绿油油的。这是庄员们在上次丰收后，为祖国准备的新收成。这次的收成比上次还要好。

公田鸡和母田鸡，也就是灰山鹑，已经不是一家家分散地待在秋麦田里，而是聚成很大的一群群，每群有一百来只呢。

打山鹑的季节就要结束了。

征服沟壑的人

一些沟壑出现在旷野里。沟壑越变越大，进犯到集体农庄的农田里来了。庄员们为此很着急，我们少先队员们也和大人们一起着急。在一次少先队队会上，我们专门讨论，怎样更好地和沟壑做斗争，怎样阻止沟壑扩大。

我们明白，必须种些树把沟壑围起来。树根擎住土壤，就可以加固沟壑的边缘和斜坡。

会议是春天开的，现在已经到了秋天。我们开辟了专门的苗圃，培育起大批树苗：大约一千棵白杨树苗、许多藤蔓灌木和槐树苗。现在我们已经在移栽这些树苗了。

几年后，乔木和灌木就可以征服沟壑的斜坡。沟壑本身也将被我们永久地征服。

■少先队大队委员会主席　柯里亚·阿加法罗夫

采集种子

在9月份，很多乔木和灌木都结了种子和果实。这时候应该尽可能多地采集种子，把它们种在苗圃里，或者用来绿化运河和新池塘。

绝大多数乔木和灌木种子，最好在它们完全成熟之前，或者在它们刚刚成熟的时候，在最短的时间内采完。特别是尖叶槭树、橡树和西伯利亚落叶松的种子，采起来一刻也不能耽搁。

9月份开始采集下列树木种子：苹果树、野梨树、西伯利亚苹果树、红接骨木树、皂荚树、雪球花树、马栗树、欧洲板栗树、榛树、狭叶胡秃子树、沙棘树、丁香树、乌荆子树和野蔷薇。同时，也采集克里米亚和高加索常见的山茱萸树的种子。

我们的想法

现在，我们全国人民都在从事一项伟大的美好事业——植树造林。

春天时，我们庆贺"植树节"。这一天，变成了真正的造林日。我们在集体农庄池塘四周栽上了树苗，免得太阳把池塘水晒干。为了加固陡峭的河岸，我们在河岸上栽了树苗。我们还把学校的运动场绿化了。这些树苗都成活了，在夏天长高了许多。

现在，我们产生了这样一个想法。

冬天，大雪掩埋了田里所有的道路。每年冬天，都不得不砍掉一大片枞树林，用枞树挡住村道，免得它们被雪掩埋；有的地方，还得竖立路标，免得行人在暴风雪中迷路，陷在雪堆里。

我们想：为什么每年要砍掉那么多小枞树呢？还不如在道路两旁栽上活的小枞树，这样就可以一劳永逸了。让小枞树自己快快生长、保护道路不被大雪掩埋，并且成为路标吧！

我们说干就干。

我们在森林边挖出许多小枞树，用筐子运到道路两旁。

我们常常给小枞树浇水，这些小树在新居里开始快乐地成长。

　　　　　　　　■发自森林记者　万尼亚·扎米亚其

集体农庄新闻

（发自尼·芭芙洛娃）

精挑细选母鸡

昨天，在突击队员集体农庄的养禽场里挑选最佳母鸡。先用木板小心翼翼地把母鸡赶到一个角落，然后抓住它们，交给专家一只一只地鉴别。

瞧，专家的手里抓着一只长嘴、身材细高的母鸡，小小的鸡冠颜色暗淡，两只眼睛似睁非睁，显得傻乎乎的，仿佛在问："干吗打扰我呀？"

专家放回了这只母鸡，说：

"我们不需要这样的母鸡。"

后来，专家的手里抓着一只短嘴大眼睛的小母鸡。它的头很宽，鲜红的鸡冠子歪在一边，两只眼睛闪着亮光。母鸡一面拼命挣扎，一面乱叫："放开我！放开我！别赶我，别抓我，别干扰我！你自己不吃蚯蚓，还不让别人挖！"

"这只挺好！"专家说，"这只会给我们下蛋的。"

原来母鸡也要活泼乐观、精力旺盛，才能下好多蛋。

乔迁之喜与改名之喜

小鲤鱼们搬了新家改了名。春天的时候，它们的妈妈在小池塘里产下卵。从卵里孵出七十万条鱼苗。这个池塘里没有其他住户，就住着这一大家子——七十万个兄弟姊妹。可是一周半之后，它们就觉得拥挤了，因此搬到了夏季的大池塘里住。鱼苗在池塘里长大了，快到秋天的时候就不再叫作鱼苗，而叫作鲤鱼了。

现在，小鲤鱼正打算搬到冬季的池塘里住。过了冬天，它们就满一周岁了。

星期天

小学生们帮助朝霞集体农庄挖掘肉质直根植物：甜菜、冬油菜、芜菁、胡萝卜和香芹菜。孩子们发现，芜菁比脑袋瓜最大的小学生瓦吉克的头还要大。可是，最让他们惊讶的，是硕大的饲用胡萝卜。

坎娜把一根胡萝卜竖在她的脚旁，这根胡萝卜竟跟她的膝盖一般高！胡萝卜的上半截，像巴掌那么宽。

"在古代，人们一定用这种根打仗，"坎娜说，"用芜菁代替手榴弹打敌人。当战斗进行到肉搏战的时候，嘭！就用这种大胡萝卜猛敲敌人的脑袋壳！"

"在古代，人们根本培育不出这么硕大的根。"瓦吉克反驳道。

"请君入瓮"

红十月集体农庄的养蜂员这么说。

那天，因为天冷，蜜蜂都待在蜂房里。这是黄蜂强盗们等待已久的良机。它们飞到养蜂场里，想偷蜂房里的蜂蜜。可是，没等它们飞到蜂房，就闻到香甜的蜂蜜味，看到养蜂场上摆着好几个装着蜂蜜水的瓶子。这时，黄蜂改变了到蜂房里偷蜂蜜的想法。大概它们觉得从瓶子里偷蜂蜜，比较文明，而且不像从蜂房里偷那么危险。

它们钻进瓶子里试一试，结果就上了当，溺死在蜂蜜水里了。

■发自尼·芭芙洛娃

打猎

被愚弄的琴鸡

秋天将近的时候，琴鸡会集成很大的一群群：有翅膀绷得紧紧的黑色雄琴鸡，有淡棕黄色夹杂着斑点的雌琴鸡，也有年幼的琴鸡。

一群琴鸡喧闹着飞到浆果树丛里来了。

它们在地上四散开来。有的啄硬邦邦的红越橘，有的用脚爪刨开草，吞下碎石和细沙。这有助于消化，可以磨碎嗉囊和胃里较硬的食物。

一阵急促的脚步声在干枯的落叶堆上沙沙响起。

琴鸡都抬起头，提高了警惕。

向这边跑来了！一只北极犬的头在树林间闪过。狗的两只尖耳朵竖着。

琴鸡怪不乐意地飞上了树枝。有的躲在草丛里。

北极犬在浆果树丛里跑了一圈，把琴鸡都吓跑了。

然后，它蹲在树底下，选准一只琴鸡，眼睛盯着它，汪汪直叫。

琴鸡也用眼瞪它。不一会儿，琴鸡在树上待得无聊，就在树枝上走来走去，不时回过头来看北极犬。

真是讨厌至极！干吗老待着不走！我想吃饭了呀……快点儿跑自己的路吧！等你跑开了，我又可以飞下去吃浆果了……

突然砰的一声枪响，一只死琴鸡掉在了地上。原来趁它在那儿忙着看北极犬的工夫，猎人偷偷地走过来，出其不意地把它从树上打了下来。于是这群琴鸡扑棱棱地飞向森林上空，飞向离猎人远一些的地方。林中空地和小树在下面一一闪过。在哪里落脚呢？这里也藏着猎人吗？

三只黑琴鸡蹲在白桦林边光秃秃的树顶上。琴鸡群心想，落在这里应该没有危险，假如白桦林里有人的话，那三只黑琴鸡绝不会安静地待着不动的。

琴鸡群越飞越低，终于闹哄哄地降落在树顶上。原先那三只黑琴鸡，像树墩一样一动不动蹲在树上，连头都没朝它们转一下。新来的琴鸡仔细审视它们。这是三只真正的琴鸡：浑身漆黑，眉毛鲜红，翅膀上有白斑，尾巴分叉，一双黑眼睛亮晶晶的。

一切正常。

砰！砰！

怎么回事？为什么两只新来的琴鸡从树上掉下来了？

一阵轻飘飘的烟雾从树顶上空升起，不一会儿，就消散了。可是原来的三只琴鸡，还像刚才那样蹲着。新来的琴鸡们也待在树枝上，看着它们。下面不见一个人。为什么要飞走呢？

　　新来的琴鸡考虑了一会儿，打量了一下四周，又安下心来。

　　砰！砰……

　　一只雄琴鸡缩成一团掉在地上，另外一只蹿向树顶上空，蹦得很高，之后又跌下来。大惊失色的琴鸡们从树上飞起，在那只受了致命伤的琴鸡从空中摔到地面之前，就逃得无影无踪了。只有原来那三只琴鸡，依旧一动不动地待在树梢上。

　　树下，一个带枪的人从一间不易察觉的棚子里走出来。他捡起死琴鸡，然后把枪靠在树上，爬上了白桦树。

白桦树梢上的三只琴鸡的黑眼睛，若有所思地望着森林上空某个地方。原来，这三只呆立不动的琴鸡是用黑绒布做的。它们的黑眼睛是小黑玻璃珠子做的。只有嘴巴，是真正的琴鸡嘴巴，还有分叉的尾巴，是用真正的羽毛做的。

猎人摘下一只假琴鸡，从白桦树上溜下来，又爬上另一棵树，去摘另外两只假琴鸡。

在远处，那些惊慌失措的琴鸡，正在飞越一座森林。它们疑惑地、仔细地查看每一棵树，每一棵灌木，在哪儿还会出现新的危险呢？上哪儿去躲避这个狡诈的拿枪的家伙？你永远无法预料，他会设下什么样的圈套……

好奇的雁

每一个猎人都了解，雁生性好奇，而且也了解，雁比其他鸟都谨慎。一大群雁待在离河岸足足一千米远的浅沙滩上。那里，人既走不过去，也爬不过去，即使坐车也过不去。雁把头藏在翅膀下，缩起一只脚，安心地呼呼大睡。它们没什么可怕的。它们有哨兵！在这一群雁的每一边，都站着一只老雁。老雁既不睡觉，也不打瞌睡，它们机警地注视着四周。你倒试试看，怎样打它们个出其不意？一只小狗出现在岸上。那些放哨的老雁，立刻伸长脖子，监视着狗的一举一动。狗在岸上来回跑，一会儿往这边，一会儿又往那边跑，不知道在沙滩上捡些什么。它对雁连看也不看。没有什么可疑的地方。不过，雁很

好奇，为什么狗在那儿来回跑？得走上前去看个究竟……一个
哨兵慢慢地走进水里游了起来。轻微的溅水声，惊醒了三四只
雁。它们也看见了小狗，也向岸边游去了。

雁游近时才看清，原来有许多面包团，从岸上的一块大石
头后面飞出。面包团一会儿往这边飞，一会儿往那边飞，纷纷
掉在沙滩上。狗摇晃着尾巴，扑上去捡面包团。

面包团是从哪里来的呢？

谁躲在石头后面呀？

几只雁越游越近，游到了岸边，它们伸长脖子，拼命想看
个究竟……这时，一个猎人从石头后面跳了出来，他弹无虚发，
把那些好奇的脑袋，全部打到水里去了。

六条腿的马

雁在田里觅食。它们成群结队地在吃草，哨兵们站在四周。不论是人是狗，它们都不让靠近。

马儿在远处的田野里走来走去。雁不怕它们。谁都知道，马是一种温和的食草动物，不会侵犯飞禽。有一匹马一面捡着又短又硬的残穗吃，一面渐渐靠近雁群。没关系，即使它走到跟前，也来得及飞走。

这匹马真怪，它有六条腿。真是个怪物……其中四条腿是常见的马腿，另两条腿穿着长裤。

担任哨兵的雁，咯咯咯地叫起来发出警报。群雁从地上抬起头来。

那匹马慢腾腾地走过来了。

哨兵展开翅膀，飞过去侦察。

它从空中看见，有个人躲在马后面，手里还端着一支枪呢。

"咯咯咯！咯咯咯！快逃呀！"侦察员发出逃跑的信号。群雁连忙展开翅膀，艰难地飞离了地面。

垂头丧气的猎人在它们后面连开两枪。可是它们早已飞远了，霰弹没有打到它们。

雁群得救了。

应　战

　　每天晚上这个时候，麋鹿的嘹亮的战斗号角都会在森林里响起。

　　"凡是不怕死的，都出来干一仗吧！"

　　一只老麋鹿从长满苔藓的兽穴里站起来。它那宽阔的犄角分成十三枝，身高约两米，体重约四百千克。

　　谁敢挑战这林中第一壮士呢？

　　老麋鹿笨重的蹄子重重地踏在湿漉漉的苔藓上，把挡路的小树枝都踩断了，怒气冲天地赶过去应战。

　　又传来了对手战斗的号角声。

老麋鹿用可怕的吼声应答。这吼声摄人心魄，一群琴鸡吓得扑棱从白桦树上掉了下来，胆小的兔子惊慌失措地从地上一蹿老高，拼命逃到密林里。

"看谁敢……"

老麋鹿双眼充血，根本不沿着路走，只认准声音传来的方向径直向敌人冲过去。密林逐渐变疏，它冲到了一片林中空地……原来在这里啊！

它从树后猛地冲上前去，想用犄角撞敌人，用身体的重量压垮敌人，再用锋利的蹄子把敌人踩个稀巴烂。

直到砰的一声枪响，老麋鹿才看见，有个拿枪的人躲在树后面，腰上还挂着一只大喇叭。

老麋鹿慌忙往密林里逃，它身上的伤口不住地流着血，身子虚弱得直摇晃。

猎兔开禁

猎人出发

像往常一样，10 月 15 日，报上宣布可以开始猎兔了。

又像 8 月初一样，火车站里挤满了猎人。他们还是带着猎犬，有的甚至用皮带牵着两条或更多的狗。可是，这些狗已经不是猎人们夏天打猎时带去的那些猎狗了，已经不是那些长着鬈曲长毛的猎狗了。

这些猎狗高大壮实，腿又长又直，脑袋沉甸甸的，一张人嘴像狼嘴似的，身上长着各种颜色的粗毛：有黑色的，有灰色的，有褐色的，有黄色的，还有火红色的；有的有黑斑纹，有的有火红斑纹，有的有褐色斑纹，有的有黄斑纹，还有的火红色夹杂着铲斗形状的黑色。

这是一些特种的雌狗或雄狗。它们的任务是跟踪兽迹找到野兽，把它从洞里撵出来，追上它，一面追一面汪汪叫，以便让猎人知道，野兽在往哪里逃，转着什么样的圈子，这样，猎人就可以站在野兽的必经之路上，对准野兽迎面开枪了。

在城市里很难养活这些粗野的大猎狗，所以大部分都没有狗可带。我们这一支狩猎队伍也没带。

我们到萨索伊其那儿去参加围捕野兔。

我们一行十二个人，占了车厢里三个单间。全体旅客都惊讶地看着我们的一个同伴，他们微笑着低声议论。

我们这位同伴也的确有看头：他是个大胖子，胖得连车门都几乎走不进。体重有一百五十千克。

他不是猎人。医生建议他多运动。他是个射击能手，打起靶来比我们这一群人都厉害。于是他便决定跟我们一道去打猎。

围　猎

晚上，在森林区的一个小车站上，萨索伊其接到了我们。我们去他家过夜。第二天黎明，我们就上路了。我们成群结队地走，一路欢歌笑语。萨索伊其找了十二个集体农庄庄员，做围猎呐喊人。

走到森林边时，我们停了下来。我把写上号码并折成小卷的纸头，丢进帽子里。我们十二个狙击手按顺序抽签，谁抽到第几号，谁就站在第几号位置上。

呐喊人走到森林外面去了。在宽阔的林间路上，萨索伊其按照号码，安排各人站立的位置。

我抽到六号，胖子抽到七号。萨索伊其指定完我的站位之后，就给这位新手传授围猎的规矩：不要沿狙击线射击，否则会伤到旁边的人；当围猎呐喊人的声音临近时，应该停止开枪，禁止伤害雌鹿，必须等待信号。

大胖子离我六十步远。猎兔可不像猎熊。猎熊时，狙击手和狙击手之间，可以间隔一百五十步远。萨索伊其在狙击线上也不忘开玩笑，我听见他在开导大胖子：

"您为什么老往灌木丛里钻呀？这样子可不方便开枪。您跟灌木并排站着，就站在这儿吧。兔子是朝下面看的。不客气地说，您的腿好像两棵树墩。您把腿分开点儿，兔子会直接把您的腿看成树墩的。"

萨索伊其安排好狙击手以后，又跳上马，到森林外面去安排围猎的人。

　　还得等好长时间，才能开始围猎。我打量着四周。

　　在我的前面，离我四十步路开外的地方，好像一堵墙似的耸立着光秃秃的赤杨和白杨，叶子已经落了一半的白桦，以及阴暗蓬松的枞树。待会儿，从密林深处，可能会有兔子，或者琴鸡穿过由笔直的树干混合而成的林子朝我跑来。要是走运的话，可能还会有长着翅膀的林中巨人（林中大松鸡）光顾。我会射偏吗？

　　时间过得慢极了，像蜗牛爬似的。不知道胖子感觉如何？

　　他左右脚替换着站立，大概他想把腿站得更像树墩些吧……

　　突然，从静悄悄的森林外，两次响起打猎的号角声，号声悠长嘹亮。这是萨索伊其催促围猎呐喊队向前、向我们推进的信号。

　　胖子举起火腿般粗的胳膊，双筒枪在他的手里细得像根手杖。他端着枪立定不动了。

　　真是个傻瓜！这么早瞄准，胳膊会发酸的。

　　呐喊人的喊声还没有传过来。

　　可是已经听见枪声了。沿着狙击线，先从右面传来一声枪响，接着又从左面传来两声枪响。别人都开始射击了。可是我还没开枪呢！

　　胖子也用双筒枪开射了，砰！砰！啊，他在打琴鸡！可是琴鸡高高地飞走了，他没打中。

围猎呐喊人低沉的呼应声和木棍敲击树干的声音此起彼伏。从两侧传来赶鸟的声音……可是既没有野禽朝我飞来，也没有小兽朝我跑来！

终于来了！一道灰白相间的影子，从树干后面一闪而过，原来是一只还没换完毛的雪兔。

哈，这猎物归我了！嘿，小家伙，转弯了！朝胖子窜过来了……哎呀，胖子，你还犹豫什么？快开枪！快开枪呀！

砰！没打中……雪兔一直朝他冲过去。

砰！

一团灰白的烟雾从兔子身上飞了起来。吓得半死的小兔，从那树墩似的两条腿当中窜了过去。胖子慌忙把两腿一夹……

难道可以用腿捉兔子吗？

雪兔溜了过去。胖子的庞大身躯扑通倒地。

我笑得眼泪都流出来了。透过泪眼，我看见有两只雪兔，一块从森林里窜到我跟前，但是我不能开枪，因为兔子是沿着狙击线逃跑的。

大胖子双腿跪地，慢慢地爬了起来。他把手里抓着的一团白绒毛递给我看。

我朝他喊道："没摔坏吧？"

"没关系。我把尾巴尖给夹下来了。兔子的尾巴尖。"

真是个怪人！

枪声停止了。呐喊人从森林里跑出来，向大胖子走去。

"叔叔，你是牧师吗？"

"肯定是个牧师！瞧他那大肚子！"

"胖得让人不敢相信啊！准是衣服里塞满了野味，所以才这么胖。"

可怜的神枪手啊！在城里，在打靶场上，谁会相信他会打不中呢！

这时，萨索伊其已经在催促我们到田里去进行新的围猎。

我们一大群人，说说笑笑地沿着林中小路往回走。一辆大车满载着两次围猎的战利品，跟在我们后面走。胖子也坐在车上，他累坏了，呼哧呼哧地喘着粗气。

猎人们一点儿也不怜悯这可怜虫，不住地对他冷嘲热讽。

忽然，一只足足有两只琴鸡那么大的黑鸟，出现在森林上空，出现在道路拐角的后面。它顺着小路，正从我们眼前飞过。

大家连忙抓起枪，激烈的枪声响彻森林，每个人都急于打下这稀有的猎物。

黑鸟还在飞。它已经飞到大车的上空了。

胖子镇定地举起枪，他依旧坐着。双筒枪在他火腿般粗的胳膊上，细得像根小手杖似的。砰！他开了一枪。

大家都看见大黑鸟在空中奇怪地一缩，一下子中止了飞行，像块木头似的从空中跌落到地上。

"好，好枪法！"一个集体农庄庄员说，"看起来，真是个神枪手！"

我们这些猎人都尴尬地沉默不语：不是大家都开枪了嘛，不是大家都看见了嘛……

胖子拾起这只——长着胡子的老松鸡，它比兔子块头大多了。我们每个人都情愿用今天全部的猎获物，来交换他打中的这只野禽。

没有人再讥笑胖子了。大家甚至都忘了，他曾经用双腿夹过兔子。

■发自本报特约记者

无线电呼唤

请注意！请注意！

这里是列宁格勒《森林报》编辑部。

今天，9月22日，是秋分日。我们继续用无线电播报祖国各地的情况。

冻原带和原始森林、草原和海洋，请注意！

请你们讲讲，现在你们那里秋天的情形。

喂！喂！这里是雅马尔半岛冻原带

我们这儿一切都结束了。再也听不见岩石上鸟儿的叫声和啸声，夏天那里曾经是热闹的鸟市。小巧玲珑的鸣禽飞离了我们，雁、野鸭、鸥和乌鸦也都飞走了。一片寂静。只偶尔传来一阵令人惊悚的骨头相撞的声音，那是雄鹿在用角战斗。

清晨的严寒早在 8 月份就开始了。现在水面都被冰封了。捕鱼的帆船和机动船早就开走了。轮船晚走了几天，结果给封住了。现在笨重的破冰船正在坚硬的冰原上，艰难地为它们开辟航道。

白天越来越短。长夜漫漫，黑暗寒冷。白色的苍蝇在空中飞舞着。

这里是乌拉尔原始森林

我们正忙着迎送客人，迎来送往。我们在迎接从北方、从冻原带飞到我们这里来的鸣禽、野鸭和雁。它们只是路过我们这里，逗留的时间不长：今天飞来一群鸟，歇歇脚，吃点儿东西；明天你再去看，它们已经不见了。半夜里，它们从容不迫地往远方飞去了。

我们正在送走在本地度夏的鸟儿。我们这儿的大部分候鸟，已经踏上了遥远的秋天的旅程，去追寻那远离的阳光，到温暖的地方去过冬。

风从白桦树、白杨树和花楸树上扯下枯黄发红的叶子。落叶松变得金灿灿的，柔软的针叶变粗糙了；每天晚上，一些来自原始森林的长着胡子的、身材魁梧的雄松鸡，飞到落叶松的树枝上。它们通体乌黑，蹲在色彩柔和的金黄色针叶间，啃着树叶，填饱肚子。榛鸡在黑黝黝的枞树上尖声呼啸。出现了许多红胸脯的雄灰雀和淡灰色的雌灰雀、深红色的松雀、红脑袋的朱顶雀和角百灵。这些鸟也是从北方飞来的，但是它们不再往南飞了。它们觉得待在这里挺舒服。

　　田野荒芜了，在晴朗的日子里，细长的蜘蛛丝被微风吹拂着，在田野的上空飞舞。偶尔能见到最后一批盛开着的三色堇。在桃叶卫矛的灌木丛上，许多美丽的小果实颜色鲜红，如同中国的小灯笼。

　　我们就要掘完马铃薯了，正在菜地里收割最后一批蔬菜——卷心菜。我们给地窖装满了过冬的蔬菜。我们还去原始森林采集杉松的坚果。

小野兽们也没有落在我们的后面。金花鼠是一种地上小鼠，长着细细的小尾巴，背上有五道显眼的黑条纹。它把杉松的坚果拖到树墩下的鼠洞里，还从菜地里偷葵花籽，把仓库装得满满的。棕红色的松鼠，在树枝上晒蘑菇。它们正在换上淡蓝色的皮袄。森林中的长尾鼠、短尾野鼠和水老鼠，都在用各种各样的谷粒装满地窖。林中长着花斑的乌鸦——核桃鸦也在搬运坚果，藏到树洞里、树根底下，以备不时之需。

熊给自己物色好一块地方做熊洞，它正在用脚爪扯下枞树皮做垫子。

大家都在为过冬做准备，大家都在辛勤地劳动。

这里是沙漠

我们这里正在过节，这里又像春天一样，一片生机勃勃。

难熬的酷热过去了，雨不停地下。空气清新透明，远方的景物清晰可见。草又变绿了。以前躲避夏天毒辣阳光的动物，又出来了。

甲虫、蚂蚁和蜘蛛都从地下钻了出来。细爪子的金花鼠钻出了深洞，跳鼠拖着一根超长尾巴，像小袋鼠似的蹦蹦跳跳。从夏眠中醒来的巨蟒，又在追捕它们了。猫头鹰、草原狐（鼦鼦狐）和沙漠猫不知打哪儿冒了出来。体态匀称的黑尾羚羊和弯鼻羚羊这类快腿羚羊飞奔着。鸟儿飞来了。

又跟春天一样，这里不再像沙漠。这里满目绿色，这里生意盎然。

我们继续在沙漠里旅行。

成百上千公顷（1公顷＝0.01平方千米）的土地，将要铺上防护林带。森林将保护田野，不让田野受到沙漠热风的侵袭，最终还要征服沙漠。

这里是山峰，这里是世界屋脊

我们这里的帕米尔山高耸入云，人们把它叫作世界屋脊。有的山峰高达七千多米，直插云霄。

在我们这里，夏天和冬天同时出现：山下是夏天，山上是冬天。

可是现在秋天到了。冬天开始从山顶往下降，从云端里往下降，把生命从山顶往下赶。

野山羊，即山里的野羊，率先离开夏天的居住地——寒冷的悬崖峭壁。现在它们在那里没有东西可吃了，那里所有的植物都被雪埋住，冻死了。

山上的绵羊也开始离开牧场，撤下山来。

夏天高山草场上常见的肥硕的土拨鼠，现在都销声匿迹了。

它们钻到地下去了。它们贮足了过冬的口粮，吃得白白胖胖的，躲进地洞里，用干草堵住洞口。

公鹿和母鹿也沿着山坡下山了。野猪在胡桃树、阿月浑子树和野杏树丛里闲逛。

一些夏天从未见过的鸟，突然出现在下面的溪谷和深谷里。它们是角百灵、烟灰色的草地鹨、红背鸲（qú）以及神秘的蓝鸟——山鸫。

现在，鸟儿成群结队地从遥远的北方，飞到我们这温暖的地方来，这里各种食物应有尽有。

现在我们山下经常下雨。随着连绵不断的秋雨，眼看着冬天一步步从山顶往山脚进逼，山上已经下雪啦！

田里正在采棉花，果园里在采琳琅满目的水果，山坡上在采胡桃。

山口已积满厚厚的白雪，无法通行了。

这里是乌克兰草原

在被太阳烤焦的平坦草原上，有许多活泼的小球在飞奔跳跃。它们飞到人们跟前，把人围住，跳到人的脚上，但是人们一点儿也不觉得痛，因为它们分量很轻啊。原来它们根本不是小球，而是一团团、圆圆的、翘起来的枯草茎。现在它们飞过土丘和石头，飞到小山后面不见了。

这时风把成熟的风卷球连根拔起，把它们像车轮似的推着，转遍了草原，它们也就趁此一路散播种子。

很快，热风将无法在草原上游荡。我国人民建造的森林带，已经站起来保卫农田。这些护田林带将拯救庄稼，不让它们被旱灾摧毁。开辟了灌溉渠，清水流自伏尔加河至顿河的列宁通航运河。

现在我们这里正是打猎的好季节。各种各样本地的或者路过的沼泽野禽和水禽，都密集在草原湖泊上的芦苇丛中。一群群肥嘟嘟的小鹌鹑挤在小屋旁以及没有割过草的地方。草原上的兔子多极了，都是些带棕红色斑点的大灰兔，我们这儿没有雪兔。狐狸和狼也非常多！你想用枪打，就用枪打；你想放猎狗去捉，就放猎狗去捉。

在城里的市场上，西瓜、香瓜、苹果、梨和李子堆得像小山那么高。

喂！喂！这里是大海洋

我们穿越北冰洋的冰原带，经过亚洲和美洲之间的海峡，进入了太平洋，或者更准确地说，进入了大海洋。先是在白令海峡，后来在鄂霍次克海，我们经常遇到鲸。

真没想到，世界上竟有这么神奇的野兽！只要想想它们的身高、体重和体力，就让人惊叹不已。

我们看到一条鲸，一条露脊鲸或鲱鲸，被人拖到一艘大轮船（捕鲸船）的甲板上。它身长21米，相当于6头大象头尾相接地连在一起那么长；它的嘴巴容得下一艘带着划桨人的木船。

光是它的一颗心脏，就重达148千克，抵得上两位成年男子的体重。它的总重量为55 000千克，也就是55吨重！

假如做一架巨大的天平，把这条鲸放到一个天平盘里，那么为了使两个天平盘平衡，另一个天平盘里得站上至少1000个男女老少——说不定这还不够呢。况且这条鲸还不是最大的，有一种蓝鲸，身长33米，重达100多吨……

鲸力大无穷。假如它被带绳索的大鱼叉叉住，能把绳索另一头系着的渔船拖着走一天一夜；更糟糕的是，假如它钻进水里，轮船也会被它一起拖进水里。

这是从前发生的事情。现在可是另外一回事了。我们很难相信，横躺在我们面前的这个庞然大物，力大无比的一座肉山，几乎一瞬间就被捕鲸人杀死了。

不久前，捕鲸人还从小船上投短标枪——带索的大鱼叉。水手站在船头，把鱼叉投到鲸身上去。后来，捕鲸人开始从轮船上，用装着索鱼叉的特制炮弹打鲸。这只鲸也是被这样的鱼叉击中的，只是杀死它的不是铁叉，而是电流。原来在带索的鱼叉上，装着两根拉自轮船发电机的电线。当带索的鱼叉像针一样刺进动物庞大身躯的一刹那，两根电线连接起来，就产生了短暂的短路，于是强大的电流就把鲸击倒了。

这个庞然大物颤动了一下，两分钟后就死了。

我们在白令岛附近，看见海熊；在铜岛附近，看见大海獭，它们正带着小海獭玩耍。这些野兽能给我们提供非常贵重的毛皮。以前，它们几乎被日本强盗和沙皇强盗赶尽杀绝，后来由于受到政府法律的严格保护，海獭的数量才大大增加。

我们在堪察加半岛的岸边，看见了跟海象一般大的大海驴。

可是我们看过鲸之后，就觉得这些野兽太小了。

现在正逢秋天，鲸都离开我们，游到热带的温暖水域去了。它们将在那里产下小鲸。明年，鲸妈妈将带着小鲸，游到我们这里来，游到太平洋和北冰洋的水域里来。这些吃奶的小鲸，块头比两头牛还大呢。

在我们这里，是不准猎杀小鲸的。

我们和全国各地的无线电联播，就到此结束。

下一次播报，也就是最后一次播报，将于 12 月 22 日举行。

哥伦布俱乐部

第七月

哥伦布们还没有很好地习惯学校生活，就收到了从"未知之地"寄来的一封信。信是写给尼古拉的，他立刻读给俱乐部的全体成员听：

亲爱的尼古拉！！！

你曾经要求把村里发生的事都告诉你们，现在就出了件大事：你们大家都熟悉的普拉瓦湖失踪了！晚上还在的，早晨起来一看，它就不见了！我们大伙都曾经乘着船、划着划子，到过湖中的岛上，今天我却乘着集体农庄的大车，去那里运枯树枝，因为湖已经干涸了。湖里的鱼，特别是小鱼，都还在，但是水没有了。大家直接用手就可以抓到鱼，鲈鱼呀，小雅罗鱼呀，可多啦，我一个人捉了三大桶。而那些大鱼，可聪明了，一大清早，就跑掉了，谁也不知道，它们去了哪里！

湖已经消失四天了，还有回来的迹象。老人们说，也许不会回来了，要等到冬天再看了。我听说，亚姆湖以及周围的其他一些小湖，都以同样的方式消失了。还听说，米涅耶夫村旁的卡拉巴佐夫大湖变得又宽又深。

暂时没有别的新鲜事。

向大家和姑娘们问好。

信就写到这里。

焦急地等待回音。

你们熟悉的当地老村民　万尼亚

"这的确是片'未知之地'！"莱姆琪卡摊开双手说，"怎么会这样？不久前我们还乘船去过湖里，不久前老水手还差点儿淹死在里面。突然，一夜间，湖就消失了，仿佛从来没有存在过一样！湖底都可以开大车了。湖跑到哪里去了？谁也不知道……"

萨迦是一位刚刚加入俱乐部的六年级学生。他自信地说：

"我想，奥秘就在这里！很可能，太阳晒干了湖水。也就是说，湖水蒸发掉了，变成了云，消失在空中。"

安德烈向他解释，湖水不可能这么快蒸发掉。何况，普拉瓦湖是夜间消失的，那时也没有太阳。

经过深思熟虑后，巴甫洛沙宣称：

"我认为，这是各种复杂现象的综合。明年夏天……我们将不分专业……给大伙……解开这个谜团。"

"什么明年夏天！"尼古拉一下子就急了，"趁湖里没有水的时候，应该立刻去考察。塔金，请允许我、安德烈和弗拉基米尔一起向校长请三天假。当然，落下的课以后一定补上。请派我们去做科学考察——考察这个失踪的湖。四天后，即本月的第四个礼拜天，谜底就会揭开！"

塔金同意向校长请假。第二天晚上，哥伦布们已经紧急出发了。和他们一起出发的还有斯拉维米尔：他很想去看看诺夫戈诺德秋天的森林，跟他故乡乌拉尔的针叶林是否相像。

9月20日，秋分前夕，哥伦布俱乐部的全体成员聚在一起开会。议事日程上只写着一个议题：普拉瓦湖从"未知之地"表面消失的原因。

安德烈开始汇报。虽然考察队的四个队员都是十年级学生，但安德烈是他们当中威信最高的。

"总之，情形是这样的：在原先是普拉瓦湖的地方，我们看到一片浅盘形的凹地，地上长着一排排高大的树木。湖中的水，的确消失了，或者像当地人所说的那样，丢失了。不过在干燥的凹地的东面，在一块很深的凹陷处，有一大片水洼。原来这下面是个无底洞，或者叫落水洞、塌陷处，湖水就是流进了这里。我们很快就搞明白了，这件事与所谓的喀斯特（"喀斯特"一词取自南斯拉夫西北部喀尔斯高原地名，那里有发育典型的岩溶地貌。"喀斯特"一词即为岩溶地貌的代称）现象之间的关系。"

"什么？你说什么？"萨迦马上反问道，"什么现象？"

安德烈微笑着问道：

"你想听什么？科学解释还是普通解释？"

"当然是科学解释。"胖子巴甫洛沙高傲地宣布，"我们又不是小孩子了。"

"很好。"安德烈表示赞同，开始照纸上写的念，"以下内容摘自大百科辞典：'喀斯特现象指具有溶蚀力的水对岩石进行溶蚀所形成的现象，并与后者的化学溶解过程有关，综合表现为特殊的地表和地下形态，独特的河流、湖流体系以及地下水的循环。'懂了吗？"

"我还是小孩子，"米露琪卡说，"我听不懂。请不要用'后者''特殊的综合'这类词跟我解释。"她亲热地朝萨迦使了个眼色，萨迦正听得心烦意乱，痛苦地皱起了眉毛和鼻子，他竭力想搞明白，但什么也没听懂。

弗拉基米尔立刻响应道：

"让我来解释吧！说得简单点儿，正如希格利特所说：米露琪卡、希格利特和尼古拉三人过夜的那个地下通道，是一个水怪挖的，它想到另一个水怪家做客。当湖里水很深的时候，普拉瓦湖在地下石灰层挖了个大洞。现在卡拉巴佐夫湖的水位下降了，与之相通的普拉瓦湖里的水就通过这个洞流进了卡拉巴佐夫湖。这就是管道连接定律，还记得物理课上学的知识吗？瞧，我特意画了张图。各个小盘子似的小湖——普拉瓦湖、亚姆湖以及所有与大湖卡拉巴佐夫相连的小湖里的水，都流进了像大盆一样深的大湖里。瞧，这看得很清楚。萨迦，现在你懂了吗？"

"懂了！"萨迦一边回答，一边和米露琪卡仔细观看弗拉基米尔画的草图。画家希格利特立刻用铅笔画了些小盘子与大盆子，并画上橡皮管把它们连接起来，然后指给大家看。

弗拉基米尔继续解释道：

"在某个地方，水突然从地面上溶蚀了坍塌处和喀斯特地下通道，形成了漏斗、小坑和落水洞。尼古拉、米露琪卡和希格利特掉进的就是这种落水洞。这是独特的陷阱和'狼坑'，可以诱捕青蛙、蛇、蟾蜍、兔子和其他动物。这些动物一旦失足滑下去，就不可能沿着光滑陡峭的洞壁爬上来，于是它们就死在里面了。"

"这么说来，还真的有狼！"希格利特惊呼道，"那双闪着红绿色磷光的、恶狠狠的、可怕的眼睛！可它为什么没有扑向我们？"

"也许，因为它是只狐狸！"安德烈从容不迫地回答，"村民们说，普拉瓦湖下的大洞是通往乌第河的。在乌第河底，我们发现了一只卡在灌木丛里的狐狸的尸体。它瘦骨嶙峋，皮包骨头。很明显，它死前一直饥肠辘辘。可以推测，它从落水洞掉进了地下通道，然后河水又把它冲到了乌第河。在黑暗中，人们很难区分狐狸的眼睛和狼的眼睛。"

"这样一来，"米露琪卡总结道，"可以说完全解开了我们奇特的夏日历险之谜：那天夜里，我们掉进了'未知之地'的溶洞，我是这次历险中唯一受伤的人。但我很高兴，我的脚最先踏上了地狱美洲。"

斯拉维米尔告诉大家：

"万尼亚把我们带到了九十岁的老太太费舒卡那里。她出生在亚姆湖边。她记得大约八十年前，有一年冬天，亚姆湖突然不见了。事情的经过是这样的：那时费舒卡还是个小姑娘，她去湖里打水，水却没有了！她顺着冰窟窿走到湖底，发现那里像个神奇的宫殿——银色的屋顶泛着冷光，冰水在汩汩地流，鱼在跳跃，水洼里终究还留着一些水。水下王国如同童话里描写的那样，美不胜收！"

"你认为诺夫戈诺德秋天的森林怎么样？"希格利特问，"跟你们乌拉尔秋天的针叶林相像吗？"

"一模一样！也是普希金笔下的'魅力之地'！看着这里秋天的森林，我就回想起我们家乡多姿多彩的针叶林。"

"你作了有关森林的诗了吗？"

"当然作了。"斯拉维米尔回答道。

打靶场

一箭射中目标！

一语击中答案！

第七场比赛

1. 根据日历，秋天从哪一天开始？

2. 秋天落叶时，哪种野兽还生小兽？

3. 秋天，哪些树叶变红？

4. 秋天，是不是我们这里所有的候鸟都要往南飞？

5. 为什么我们把老麋鹿称作"犁角兽"？

6. 在森林里和草场上，集体农庄庄员们把干草垛围起来，是为了防备哪种野兽？

7. 什么鸟，春天的时候喃喃自语"我要卖掉皮大衣，买件外套"，秋天时又叫"我要卖掉外套，买件皮大衣"？

8. 下图画着两种不同鸟儿留在泥地上的脚印。其中一种住在树上，另一种住在地上。如何根据脚印分辨，哪种鸟住在什么地方？

9. 什么时候射鸟更有把握？是当鸟儿俯冲过来的时候（也就是当鸟儿径直飞向射手的时候），还是当鸟儿逃走的时候（也就是当鸟儿飞离射手的时候）？

10. 假如乌鸦在森林上空呱呱叫着盘旋，这意味着什么？

11. 为什么优秀的猎人从不射杀雌琴鸡和雌松鸡？

12. 下图画着的前脚骨骼属于哪种野兽？

13. 秋天蝴蝶往哪里躲？

14. 太阳下山以后，猎人侦察野鸭时，脸朝哪个方向？

15. 人们什么时候会咒骂鸟："飞到国外去找死啊？"

16. 出个谜语请你猜：今年把它埋土里，明年万棵钻出来。

17. 马驹跑海外，披着黑貂皮，缚着白肚袋。（打一动物）

18. 挂着的时候是绿色，飞着的时候是黄色，掉下来时变黑色。（谜语）

19. 身子细又长，摔在草丛起不来。（打一自然现象）

20. 有个灰家伙，牙齿尖又长；东跑跑，西跑跑，专找牛犊和小孩。（打一动物）

21. 有个小偷儿，身穿灰衣裳；专在田里跳，只捡五谷与杂粮。（打一动物）

22. 一个小老头，戴着棕色帽；站在松林里，立在显眼处。（打一植物体）

23. 带皮的时候没人要，去皮之后人人要。（打两物）

24. 自己不要，也不许乌鸦拿。（打一物）

通　告

快来收养流浪兔吧

现在，还可以用手抓住森林和田野里的小兔子。小兔子的腿很短，跑不快。必须用牛奶喂它们，外加新鲜的包心菜叶和其他蔬菜。

预　警

收养长着长耳朵的小家伙，是不会让你感到苦闷的。兔子是著名的击鼓手。白天，小兔子静静地待在笼子里；晚上，它用脚爪抓笼栏，像打鼓似的，立刻把你惊醒了。要知道，兔子夜里是不睡觉的啊！

请造个小窝棚

请在河岸上、湖岸上或者海岸上造个小窝棚吧。清晨和黄昏，你可以钻进小窝棚，静静地坐在里面。在候鸟迁移的季节，你可以观察到许多有趣的景象：野鸭钻出水面，蹲在岸边，离你那么近，都可以看清它身上的每一根羽毛。滨鹬转圈子；潜鸟潜入水中，在周围游来游去；鹭鸶飞来，栖在窝棚旁。夏天这些鸟在我们这里是看不见的。

喜欢捕鸟的人，请到森林里，到果园里去吧！

请把收拾好的捕鸟器挂到树上吧！把空地打扫干净，安装好捕鸟套和捕鸟网。现在正是捕捉鸣禽的好时光。

第六场测验　"锐眼"称号竞赛

谁来过这里？

这是个农村的池塘，里面没有养家鸭。如何才能知道，夜里人们睡觉的时候，有没有野鸭来过这里？

图1

林中的两棵白杨，都被动物啃过，但是啃的方式不一样。被什么动物啃过？谁来过这里？

图2

林间小路的水洼边，留下了一些小十字、小斑点。哪种动物来过这里？

图 3

有一只动物吃掉了一只刺猬，从腹部吃起，只剩下一张皮。谁吃了刺猬？

图 4

森 林 报

第 8 期

储粮过冬月

（秋季第二月）

10 月 21 日到 11 月 20 日

太阳转入天蝎宫

太阳史诗——10月

　　10月落叶缤纷，泥泞不堪，冬伏开始了。

　　专摘树叶的西风，从树上扯下了最后一批枯叶。阴雨绵绵。一只湿漉漉的乌鸦，百无聊赖地蹲在篱笆上。它也快出发了。在我们这里歇夏的灰色乌鸦，已经悄悄地飞往南方了；同时，一批生在北方的灰色乌鸦悄悄地飞了过来。原来乌鸦也是候鸟。在那遥远的北方，乌鸦也跟我们这里的白嘴鸦一样，春天最先飞来、秋天最后飞走。

　　秋，干完了第一桩活儿——给森林脱衣裳，现在开始干第二桩——使水变冷，越变越冷。早晨，水洼越来越经常地被松脆的薄冰覆盖。和空中一样，水中的生命越来越少。夏天曾经在水上盛开的花朵，早已把种子丢入水底，把长花梗缩回水下。鱼儿游到深坑里过冬，因为深坑里的水不结冰。软绵绵的长尾蝾螈，整个夏天都住在池塘里，现在从水里钻出来，爬上陆地，在树根下找了个有苔藓的地方过冬。死水都被冰封住了。陆地上的冷血动物都快冻僵了。昆虫、老鼠、蜘蛛和蜈蚣，不知道躲到哪里去了。蛇爬到干燥的坑里，盘作一团，静止不动了。蛤蟆钻进烂泥里，蜥蜴躲到树墩的残留树皮下，睡着了……野兽们，有的穿上了暖和的皮袄；有的把洞里的小储藏室装满冬粮；有的建造巢穴。都在准备着……

　　在秋季的阴雨天里，室外常常会有七种天气：播种天、落叶天、破坏天、泥泞天、怒吼天、大雨天，还有扫叶天。

森林中的大事

准备过冬

天还不算太冷，但是不能疏忽。一转眼的工夫，大地和水就会冰封起来。到时候上哪儿去找吃的？上哪儿去找藏身之地？

森林里每一种动物都在按照各自的方式准备过冬。

该飞走的，早就展开翅膀，飞到别处去躲避寒冷与饥饿了；留下来的，都在忙着往仓库里搬东西，储备冬粮。

短尾野鼠特别起劲地搬运食物。许多野鼠直接在干草垛里或粮食垛下挖个洞过冬，每天夜里往洞里偷运粮食。

每个鼠洞，都有五六条小道，每条小道通往一个洞口。地底下还有一间卧室和几间仓库。

冬天，野鼠要等到天气最冷的时候才冬眠。所以它们来得及储存大批粮食。有些野鼠洞里，已经收集了四五千克精选的谷粒。

这些小啮齿动物专门在庄稼地里偷粮食。因此我们得保护庄稼不受它们的损害。

过冬的小植物

树木和多年生的草本植物，已经准备好过冬。一年生的草本植物播下了种子。但并非所有的一年生草类都以种子的形态过冬。有的已经发了芽。很多一年生草类，在翻耕过的菜地里生长起来。在光秃秃的黑土地上，可以看到荠菜的一簇簇锯齿状小叶子，和荨（qián）麻相仿的、毛茸茸的紫红色野芝麻小叶子，以及小巧的香母草、三色堇和犁头菜，当然还有可恶的紫缕。

这些小植物都准备在雪下过冬，活到明年秋天。

谁来得及干什么

一棵枝杈伸展得很远、夹杂着红褐色斑点的椴树，在雪地上分外显眼。不是树叶发红，而是坚果上的像小舌头似的小翅膀变红。椴树的大大小小的树枝上，长满了这种翅膀似的小坚果。

不单单椴树如此打扮。瞧，这棵高大的树是白蜡树，树上挂着很多干果。这些细长的果子很像豆荚，一簇簇密密地挂在树上。

但是最美的，还是花楸树。在花楸树上，至今还保留着一串串鲜艳夺目、沉甸甸的果实。可以看到小蘖(niè)上也长着果子。

桃叶卫矛的神奇果实，依旧引人注目，像极了带黄色雄蕊的玫瑰花。

还有一些乔木，没来得及在入冬以前安顿好后代。

白桦树枝上不时可见干枯的柔荑（róu tí）花，柔荑花里藏着翅果。

赤杨的黑色小球果还没有变空。不过，白桦和赤杨都及时为春天准备好礼物——柔荑花序。春天一到，这些柔荑花序只要伸直身子，张开鳞片，就开花了。

榛子树也有柔荑花序：暗红色的粗柔荑花序，每根树枝上长两对。不过，在榛子树上早已见不到榛子。榛子树把事情办得井井有条：既跟后代告了别，也为来年春天做好了准备。

■发自尼·芭芙洛娃

储藏蔬菜

夏天，短耳朵水鼠住在小河边的别墅里。在那里的地下，它建了一间住房。有一条通道从房间里斜着通下去，一直通到水里。

现在，水鼠在远离水面的一个多草墩的草场上，给自己建造了一间温暖舒适的冬季住房。有好几条百来步长或更长的通道，通到这间房间里来。

卧室建在一个最大的草墩下，里面铺着暖和柔软的干草。

有几条专门的通道，把储藏室和卧室连起来。

在储藏室里，按严格的顺序，分门别类地摆放着五谷、豌豆、蚕豆、葱头、马铃薯等，这些都是水鼠从田里和菜地里偷来和拖来的。

松鼠的干燥室

　　松鼠在树上有好几个圆巢，它把其中一个当作仓库。里面储存着它从林中收集来的小坚果和球果。

　　另外，松鼠还采了一些蘑菇——油菇和白桦菇。它把蘑菇插在断松树枝上晒干。到冬天，它将在树枝上闲逛，吃点儿干蘑菇提提精神。

活体储藏室

　　姬蜂给幼虫找到一间奇特的储藏室。姬蜂长着一对飞得很快的翅膀，在往上卷曲的触角下，有一双机敏的眼睛。纤细的腰身把胸部和腹部分成两截。在腹部的末端，长着一根像针一样细长笔直的刺。

　　夏天，姬蜂找到一条肥壮的蝴蝶幼虫。它扑上去，骑到幼虫身上，用尖刺在幼虫身上戳一个小洞，在里面产了一只卵。

　　姬蜂飞走了。蝴蝶幼虫若无其事地又吃起树叶来。秋天到了，蝴蝶幼虫结了茧，变成了蛹。

这时，姬蜂的幼虫也在蛹里面，并从卵里孵了出来。在这坚固的茧里面，它感到安全暖和。而蝴蝶幼虫的蛹，也就成了姬蜂幼虫的美食，够它吃一年的。

　　夏天再次降临，茧打开了，可是飞出来的不是蝴蝶，而是一只身子细长、黑红黄三色相间的姬蜂。姬蜂是人类的朋友，因为它杀死了幼小的害虫。

自己就是储藏室

　　有许多野兽并不造专门的储藏室。它们自己就是储藏室。

　　只要在秋天的几个月里，大吃大喝，吃得肥头大耳，长出厚厚的脂肪,储藏室就建成了。

要知道，脂肪就是储藏的食物，在皮下积成厚厚的一层。等到野兽没东西可吃的时候，脂肪就像食物透过肠壁一样，渗透到血液里。血液把养料输送到全身。

在整个冬天，酣睡的熊、獾和蝙蝠，以及其他大小不等的野兽，都是这样做的。它们肚子吃得饱饱的，然后呼呼大睡。

脂肪还可以给它们保暖，不让寒气渗透到身体里面去。

贼偷贼

森林里的长耳猫头鹰是多么阴险狡诈和爱偷东西呀！可是竟然有那么一个贼，偷到它身上去了。

长耳猫头鹰长得很像雕鸮，只是个头小一些。嘴巴像个钩子，头上的羽毛竖立着，眼睛又大又圆。不管夜有多黑，它的眼睛看得见一切，耳朵听得见一切。

老鼠刚在枯叶堆里窸（xī）窸窣（sū）窣一响，长耳猫头鹰就飞到了跟前。只听笃的一声，老鼠被它抓到了半空中。小兔子从林中空地上跑过，这个夜强盗飞到它的头顶。只听笃的一声，小兔子已经死在它的利爪下了。

长耳猫头鹰把死老鼠拖回到树洞里。它自己不吃，也不给别人吃，它要留到冬天最饿的时候才吃呢！

它白天待在树洞里，守卫着储藏品，夜里飞出去打猎。它常常跑回树洞里看一看东西少没有。

长耳猫头鹰忽然发现，它的储藏品好像变少了。这位主人眼睛很尖，它虽然不会数数，可是会用眼睛估算。

天黑了。长耳猫头鹰肚子饿了，飞出去打猎。等它回来一看，老鼠一只也没有了，只见有只和老鼠一样大的灰色小野兽，在树洞底下蠕动。

它想抓住那只小野兽，可是小野兽很机灵，一下子窜过下面的一条裂缝，从地上逃掉了。它的嘴里还叼着一只小老鼠。

长耳猫头鹰紧追不舍，几乎要追上了，它终于看清了对方的模样，放弃了追逐。原来这小偷是残暴的小野兽——伶鼬。

伶鼬专以抢劫为生。它个儿虽小，却勇敢灵活，敢于和长耳猫头鹰争胜负。如果长耳猫头鹰被它一口咬住胸部，就别想逃脱。

夏天回来了吗

天气时冷时暖，冷的时候，寒风刺骨；可出了太阳，天气又变得暖和宁静，让你觉得，夏天突然回来了。

从草丛下面露出了黄澄澄的蒲公英和樱草花。蝴蝶在空中飞舞。蚊子成群结队，像一根轻飘飘的烟柱似的，在空中盘旋。不知从哪儿飞来一只小鸟，一只小巧玲珑的鹡鸰，它翘着尾巴唱起了歌儿，歌声清脆美妙！

迟飞的柳莺的温柔歌声，从高大的枞树上传来。歌声轻柔忧郁，如泣如诉，仿佛雨点敲在水面上："巧，琴，卡！巧，琴，卡！"

这时，你会忘记冬天就要到了。

惊　扰

池塘，连同池塘里的住户，整个被冰盖牢了。可是冰突然又融化了。集体农庄庄员们决定清理一下池底。他们从池底挖出一堆淤泥，然后离开了。

太阳一直晒着。泥堆散发着水蒸气。忽然，一团淤泥蠕动起来，一小团泥离开了泥堆，就地滚动起来。这是怎么回事？

一条小尾巴从泥团里伸出来，在地上使劲摆动着，突然扑通一声，跳回池塘，跳回水里去了！第二个小泥团、第三个小泥团……也紧跟着跳下去了。

可是另一些小腿从泥团里伸出来后，却从池塘边跳开了。真奇怪！

不，这不是小泥团，而是沾满淤泥的活鲫鱼和活青蛙。

它们原本在池底冬眠。集体农庄庄员们把它们和淤泥一起扔了出来。太阳晒热了淤泥堆，于是鲫鱼和青蛙都苏醒过来。它们刚一清醒，就跳动起来：鲫鱼跳回池塘；青蛙想找个更安静的地方，以免睡眼蒙眬地再被人扔出来。

现在，几十只青蛙不约而同地朝一个方向跳去——在打麦场和大路的后面，有另外一个更大、更深的池塘。青蛙已经跳到大路上了。

可是，在这秋天，太阳的爱抚是靠不住的。

黑云把太阳遮住了。从乌云下刮起了寒冷的北风。赤身裸体的小旅行家们冷得发抖。青蛙拼尽全力又跳了几下，一头栽倒了。脚冻麻了，血冻凝固了，一下子就冻僵了。

青蛙再也跳不动了。

所有的青蛙都冻死了。

所有的青蛙，头都朝着一个方向，朝着大路后面的大池塘。那个大池塘里有很多暖和的救命淤泥。

红胸脯的小鸟

夏天，有一天，我在森林里走，忽然听见茂密的草丛里有东西在动。我吓了一跳，仔细地查看草丛，只见一只小鸟被草绊住了。这只小鸟个头不高，通体灰色，只有胸脯是红色的。我捉住它，把它带回了家。我高兴得蹦蹦跳跳。

在家里，我给它喂了点儿面包屑。它吃过后，高兴起来。我给它做了个笼子，又给它捉小虫。整个秋天它都住在我家里。

有一次，我出去玩，没关紧鸟笼，我家的猫吞吃了这只小鸟。

我很喜欢这只小鸟，我哭了。可是毫无补救的办法！

■发自森林记者　奥斯丹宁

捉松鼠

松鼠有一件烦心事，就是夏天要采集好冬粮，留到冬天吃。我亲眼看见一只松鼠，从枞树上摘下一个球果，拖到树洞里去。我在这棵树上做了记号。后来，我们砍倒了这棵树，

把松鼠掏了出来，结果发现树洞里有很多球果。我们把松鼠带

回家，养在笼子里。一个小男孩把手指头伸进笼子里，松鼠一口就把那个手指头咬穿了。瞧，它有多厉害！我们给它拿来许多枞树球果。它很喜欢吃枞树球果，可是最爱吃的还是榛子和胡桃。

■发自森林记者　斯米尔诺夫

我的小鸭

我妈妈把三只鸭蛋放在一只母火鸡身下。

到第四周的时候，有好几只小火鸡和三只小鸭孵了出来。在它们长结实之前，我们一直把它们养在暖和的地方。后来，有一天，我们第一次让母火鸡带着小火鸡到外面去。

在我家附近有一条水渠。小鸭摇摇晃晃地走进水渠里，马上游起水来。母火鸡跑过来，着急地转来转去，叫道："喔！喔！"它看见小鸭在水里游得很自如，对它毫不理睬，这才放心地带着小火鸡走了。

小鸭子游了一会儿，很快就冷得不行，便从水里爬出来，唧唧地叫着，浑身发抖，却无处取暖。

我把它们放在手心里，用手帕盖起来，带进屋子里。它们立刻安静下来了。它们就这样住在我家里。

一大清早，我把三只小鸭从家里放出去，它们马上跳进水里。它们一觉得冷，就立刻往家里跑。因为翅膀还没长齐，它们飞不上台阶，只能一个劲儿叫唤。有人把它们捉上台阶，它们就朝着我的床跑过来，站在床旁边，伸长脖子，又叫了起来。这时，我正在睡觉。妈妈把它们捉到床上，它们就钻进我的被窝，也睡着了。

临近秋天的时候，它们已经长大；我也被送到城里去上学。我的小鸭子一直想念我，老是叫唤。我听到这个消息后，哭了很多次。

■发自森林记者　维拉·米谢耶娃

核桃鸦之谜

在我们森林里，有一种乌鸦，个头比普通的灰色乌鸦小一点儿，浑身长满花斑。我们管它叫核桃鸦，西伯利亚人叫它星鸦。

核桃鸦收集坚果，藏到树洞里和树根下，作为冬天的存粮。

冬天，核桃鸦从一个地方搬到另一个地方，从一座森林飞到另一座森林，享用着贮存的冬粮。

它们享用的是自己的贮藏物吗？奇妙之处就在这里。每只核桃鸦享用的，都不是它自己贮藏的坚果，而是它们的同类贮藏的。它们飞到一片从未到过的小树林，马上开始寻找别的核桃鸦贮藏的坚果。它们查看所有的树洞，在树洞里找到坚果。

藏在树洞里的当然好找。可是在冬天，核桃鸦为何能找到别的核桃鸦藏在树根下和灌木丛下的坚果？要知道，大地被白雪整个覆盖起来了呀！可是核桃鸦飞到灌木丛边，刨开灌木丛下面的雪，总能精确地找到别的核桃鸦藏在下面的坚果。附近有几千棵乔木和灌木，它怎么知道就在这一棵树下藏着坚果呢？莫非有什么特殊的记号？

对此我们还一无所知。

我们得想出一些巧妙的试验，来搞明白究竟是什么指引着核桃鸦，在白茫茫的大雪下面，找到别的核桃鸦的贮藏物。

好可怕……

树叶凋落了，森林变得稀稀疏疏。

一只小雪兔躺在森林里的灌木丛下，身子紧贴着地面，只有两只眼睛不停地四处张望。它感到很害怕。周围老是扑簌簌地响……是老鹰在树枝间扑腾翅膀吗？是狐狸的脚爪把落叶踩得沙沙响吗？这只小兔正在换上白色的毛，浑身斑斑点点的。希望能等到下头一场雪！四周亮堂堂的，森林里变得五彩斑斓，大地上到处飘落着黄色、红色和棕色的树叶。

要不就是突然来了个猎人？

跳起来逃跑吗？往哪儿跑呀？枯叶像铁片似的在脚下轰响。就连自个也会被自个的脚步声吓疯掉呢！

小雪兔躺在灌木丛下，把身子藏在苔藓里，紧贴着白桦树墩，一动也不敢动地藏着，只有两只眼睛在东张西望。

好可怕呀……

"女妖的扫帚"

现在，树木光秃秃的，可以看见树上那些夏天看不见的东西。瞧，远方有一棵白桦树，上面似乎布满了白嘴鸦的巢。可是走近一看，那根本不是鸟巢，而是一团团向四面八方生长的细黑树枝。人们把它们叫作"女妖的扫帚"。

请回想一下有关女妖或巫婆的童话故事吧！巫婆乘着飞臼在空中一边飞，一边用扫帚扫掉踪迹。女妖骑着笤帚从烟囱里飞出来。无论是巫婆还是女妖，都离不开扫帚。所以她们往不同的树上撒上粉尘，好叫那些树的树枝上，长出像扫帚似的丑陋的细树枝。讲童话故事的人总以一副不容置疑的口吻来讲这些事，仿佛这就是事实。

那么，科学是怎么说的呢？毋庸置疑，这肯定是不科学的。事实上，这一团团树枝是由一种病形成的。这种病又是由一种特殊的扁虱，或者特殊的菌类引起的。榛子树上的扁虱细小轻盈，风可以随意地带着它满森林跑。扁虱落到一根树枝上，钻进芽里住下来。充当生长芽——带叶胚茎的是一根现成的嫩枝。扁虱并不去打扰芽，只喝芽的汁液。不过，一旦被咬伤和粘上扁虱的分泌物，芽就得病了。等到出芽的时候，嫩芽以神奇的速度快速生长，比普通的生长速度快六倍。

病芽发育成短短的嫩枝，嫩枝又立刻生出侧枝。扁虱的后代们爬到侧枝上，使那些侧枝又生出侧枝。就这样，不断地长出新的侧枝。于是在原来只有一个芽的地方，长出一团怪模怪样的"女妖的扫帚"。

当菌（寄生菌的孢子）进入到芽里，并且在里面生长发育的时候，也产生同样的情况。

白桦、赤杨、山毛榉、千金榆、槭树、松树、枞树、冷杉和其他各种乔木、灌木上，都可能长出"女妖的扫帚"。

有生命的纪念碑

现在正是热火朝天种树的时候。

在这项快乐而有益的事业中，孩子们也不输给成年人。他们尽量不伤害树根，小心翼翼地把冬眠中的小树挖出来，移植到新的地方去。春天，小树从冬眠里一醒来，就开始长高，给人们带来欢乐和幸福。每一个栽种过和照料过小树（哪怕只种一棵小树）的孩子，都是在人生旅途中为自己建造一座神奇的绿色纪念碑——一座永久的有生命的纪念碑。

孩子们想出了一个好主意。他们在花园、菜园和学校的附属地块，搭建了一些有生命的栅栏。他们栽下密密的灌木和小树，不仅可以阻挡尘土和白雪，还引来许多小鸟——鸟儿将在这里找到可靠的藏身处。夏天，鹡鸰、知更鸟、黄莺和其他亲密的鸣禽朋友，将在这些有生命的栅栏里筑巢，孵小鸟，而且将积极保护花园和菜园，不让凶狠的青虫和其他害虫侵犯。它们还将唱起欢乐的歌曲，让我们一饱耳福。

有些少先队员夏天去过克里木，他们从那里带回一种有趣的灌木——列娃的种子。春天，可以用这些种子造出有生命力的高级栅栏。需要在栅栏上挂个牌子："切勿手摸！"这种灌木的战斗力很强，它不会放任何人穿过它那排列紧凑的队列。它会像刺猬一样刺人，像猫一样抓人，像荨麻一样灼人。等着瞧吧，看哪些鸟会选中这个严厉的卫兵当守护神。

候鸟飞往越冬地（续完）

不那么简单！

这似乎很简单，既然长着翅膀，那么想飞哪儿就飞哪儿！这里天冷了，吃不饱肚子了，那就展开翅膀，往南飞一段，飞到暖和点儿的地方去。要是那里的天气也冷起来了，那就再飞远一点儿。

只要飞到气候舒适、食物丰富的地方，就可以留下来过冬。

实际情况并非如此！不知道为什么，我们这里的朱雀一直飞到印度去；西伯利亚的游隼虽然途经印度和几十个适于过冬的炎热国家，却一直飞到澳大利亚去。

也就是说，并非由于饥饿与寒冷这样一个简单的原因，还有鸟类的一种不知从何而来的、比较复杂的、无法摆脱与克制的感觉，才促使候鸟飞越高山和大海，飞到遥远的远方去。然而……

众所周知，在远古时代，我国大部分地区曾经屡次遭受冰川袭击。沉重的、死一般沉寂的冰川以排山倒海之势，慢慢地淹没了我国的大片平原，之后又慢慢地退却了（整个过程持续了几百年）；后来又流过来了，一路上掩埋了所有的生物。

鸟类靠翅膀保住了性命。第一批飞走的鸟，占据了冰河边的地区；下一批飞得远一些；再下一批飞得更远一些，好比玩跳背游戏（一种参加者轮流从前面弯腰站立者身上跳过去的游戏）。

等到冰川退却的时候，被冰川赶离家乡的鸟儿，又急匆匆地飞回故乡。只是这一回，跳背游戏的顺序倒过来了：飞得不远的，最先回来；飞得远一些的，稍后回来；飞得最远的，最后回来。这种跳背游戏玩得慢极了，几千年才跳完一次！在这漫长的时间段里，鸟类很可能养成了一种习惯：秋天，当天气将冷的时候，飞离筑巢地；春天，跟着太阳一起飞回来。这样一种习惯，真所谓"渗透在血与肉中"，被长期保留下来。所以，候鸟每年从北往南飞。这一设想也得到了下列事实的佐证：凡是在地球上没有出现过冰川的地方，也就没有大批的候鸟。

其他原因

　　但是，秋天，鸟类不仅往南飞，往温暖的地方飞，而且也往别的地方飞，甚至往北飞，往最冷的地方飞。

　　有些鸟离开我们，只是因为大地被深雪覆盖，水冻成了坚硬的冰，它们没有东西可吃。只要大地上一出现化冻的迹象，白嘴鸦、椋鸟和百灵鸟就立刻飞回来！只要江河湖泊上一出现冰雪消融，鸥鸟和野鸭也立刻飞回来！

　　绒鸭绝对不能留在干达拉克沙禁猎区过冬，因为冬天白海将被厚厚的冰层覆盖。它们不得不飞往北方，因为那里有墨西哥湾暖流流过，那里的海水整个冬天不结冰。

　　假如在冬天，从莫斯科往南走，那么很快地，刚到乌克兰，就能看到白嘴鸦、百灵鸟和椋鸟。这些鸟只不过飞到比定居鸟稍远一些的地方过冬。山雀、灰雀和黄雀被认为是本地的定居鸟。要知道，许多定居鸟并不总待在一个地方，它们也会搬迁。只有城里的麻雀、慈鸟和鸽子，以及森林、田野里的野鸡，一年到头住在同一个地方。其余的鸟，有的飞到近一些的地方，有的飞到远一些的地方。那怎么来判断哪一种鸟是真正的候鸟，哪一种鸟只不过是在搬家而已？

现在来谈谈朱雀吧！很难把这种红色的金丝雀，还有黄鸟说成是定居鸟——朱雀飞到印度，黄雀飞到非洲去过冬。它们成为候鸟的原因，似乎跟大多数候鸟不一样，并非由于冰河的侵袭和退却，而是另有他故。

请看看雌朱雀，它长得很像一只普通的麻雀，但是头部和胸部鲜红鲜红的，令人惊叹。黄鸟更令人惊艳，它浑身上下都是纯金色的，两只翅膀黑黑的。你不由自主地会想："这些鸟的服装是多么明艳华丽啊……它们是我们北方的异乡鸟吗？它们是来自遥远的热带国度的小客人吗？"

有道理。非常有道理！黄雀是典型的非洲鸟，朱雀是印度鸟。也许事情的经过是这样的：这些鸟类发生了数量过剩现象，因此年轻的鸟不得不为自己寻找新的居住地养育后代。于是，它们开始往鸟类不太多的北方移飞。夏天，在北方并不冷。即使刚出生的光溜溜的雏鸟，都不会感冒。等到天气冷起来，没有东西吃了，就飞回去，飞回故乡去。在故乡，这时雏鸟也孵出来了，大家和和美美地住在一起。它们是不会赶走同类的！到了春天，再飞到北方去。就这样，过了几千几万年，飞去又飞回，飞回又飞去……

于是就养成了迁移的习惯，黄鸟往北飞，经过地中海飞往欧洲；朱雀从印度往北飞，飞越阿尔泰山脉和西伯利亚，然后往西飞，穿过乌拉尔一直往前飞。

还有一种说法，认为迁移习惯的形成，是由于某些鸟类逐渐占领了新的筑巢地。比如朱雀，简直可以说，最近几十年来，我们亲眼看着这种鸟越来越往西迁移，一直迁移到了波罗的海岸边。但是冬天它们依旧飞回到印度的故乡。

这些关于迁移习惯产生的假设，解答了我们的一些疑问。不过，关于迁移的问题，还存在着许多不解之谜。

一只小布谷鸟的简史

这只小布谷鸟诞生在一个红胸鸲的家里。红胸鸲的家在列宁格勒附近，在泽列诺高尔斯克的一座花园里。

请不要问，它怎么会单独出现在老枞树树根旁的舒适的巢里。也不要问，它给红胸鸲养父母增添了多少麻烦、牵挂和不安。它们费了好大的劲才把这只块头比它们大三倍的贪吃鬼喂饱。一天，花园的管理员走到巢旁，掏出已经长出羽毛的小布谷鸟，仔细看了看，又放了回去。

红胸鸲夫妻俩吓得半死。在小布谷鸟的左翅膀上，可以明显地看到一小块白羽斑。

小红胸鸲夫妻终于把养子喂大了。可是小布谷鸟飞离巢后，还是一看见它们，就张开红黄色的大嘴，声音嘶哑地要东西吃。

10月初，花园里的大多数树木都只剩下光秃秃的树枝，只有一棵橡树和两棵老槭树，还没有脱下色彩艳丽的衣裳。这时，小布谷鸟不见了。而那些成年的布谷鸟，早在一个月前，就离开这里的森林了。

这只小布谷鸟和我们这里其他的布谷鸟一样，在南非度过了这一年的冬天。夏天飞到我们这儿来的布谷鸟都是在那里出生的。

而今年夏天，也就是前几天，管理员看见一只雌布谷鸟落在老枞树上，他担心它破坏红胸鸲的巢，就用气枪把它打死了。

在这只布谷鸟的左翅膀上，也有块很明显的白斑。

揭穿了好几个谜，但秘密依旧是秘密

我们关于候鸟迁移的起因的假设，也许是正确的，但是如何解答下列问题呢？

1.候鸟如何认识几千千米长的迁移线路？

以前，人们认为，在每一队秋季迁移的鸟群里，至少有一只年长的鸟，带领着全体年轻的鸟，沿着它所牢记的线路，从筑巢地飞往过冬地。现在却精确地证实了，在今年夏天刚从我们这里孵出的鸟群里，可能没有一只年长的鸟。有些鸟，年轻的鸟比年长的鸟先飞走；有些鸟，年长的鸟比年轻的鸟先飞走。不过，不管怎样，年轻的鸟都能在规定的日期毫不出错地抵达越冬地。

这可真是奇怪至极。鸟的脑袋瓜只有一丁点儿大，就算年长的鸟的脑子能记住几百上千千米长的行程，可是雏鸟才出生两三个月，还没见过世面，它怎么能独立地认识这条线路呢？

这真叫人百思不得其解！

就以泽列诺高尔斯克花园里的那只小布谷鸟为例吧！它如何能找到布谷鸟在南非的越冬地？所有的老布谷鸟，都几乎比它早飞走一个月，没有鸟给小布谷鸟指路。布谷鸟是一种单飞的鸟，从不成群结队，甚至在移飞的时候，也是单独飞行。况且小布谷鸟是红胸鸲养大的，而红胸鸲则飞到高加索过冬。那么，小布谷鸟是如何飞到南非，飞到北方的布谷鸟世世代代过冬的地方去的呢？而且飞去以后，又如何回到红胸鸲把它从蛋里孵出来、养育大的鸟巢里来呢？

2. 年轻的鸟怎么会知道，它们应该飞到哪里过冬？

亲爱的《森林报》读者们，你们得好好地思考一下鸟类的这一秘密。也许，这个秘密还得留给你们的下一代去研究呢！

为了解决这个问题，首先必须放弃像"本能"这类难懂的词语。必须想出千千万万个巧妙的试验，彻底弄明白：鸟类的大脑和人类的大脑区别在哪里？

集体农庄纪事

拖拉机停止了轰鸣。在集体农庄里，亚麻的分拣工作即将结束，最后几辆载着亚麻的货车，正向车站驶去。

现在，集体农庄庄员们正在考虑新收成的问题。专业选种站为全国的集体农庄培育了黑麦和小麦的优良新品种，庄员们就是在考虑这件事。田里的农活少了，家里的活就增多了。集体农庄庄员们现在非常关注家畜。

集体农庄的牛羊，被赶进了畜栏，马也被赶进了马厩。

田野变空了。一群群灰色的山鹑，走到靠近人的居住点。它们在谷仓周围过夜，有时甚至还飞到村庄里来。

打山鹑的季节过去了。有枪的庄员们现在开始打野兔了。

■发自尼·芭芙洛娃

集体农庄新闻

（发自尼·芭芙洛娃）

昨 天

胜利集体农庄养鸡场的电灯亮了。现在白天短了，所以集体农庄庄员们决定每晚用灯光照亮养鸡场，让鸡有更多的时间散步和进食。

鸡欣喜若狂。灯一亮，它们马上在炉灶灰里扑腾跳跃。一只最活泼好斗的公鸡，斜歪着脑袋用左眼瞧瞧电灯，说：

"咯！咯！噢，如果你挂得再低一些的话，我一定用嘴狠狠啄你一口！"

又美味，又有营养

干草粉是所有饲料中最优秀的调味品。干草粉由最高档的干草制成。

吃奶的小猪，如果你们想快快长大，请吃干草粉吧！下蛋的母鸡，如果你们想天天下蛋，"咯咯哒！咯咯哒"地炫耀新下的蛋，请吃干草粉吧！

新生活集体农庄的报道

园林队在忙着修整苹果树。必须把它们收拾干净，穿上新衣服。除了灰绿色的胸饰——苔藓以外，它们什么也没穿。集体农庄庄员们从苹果树上摘下了胸饰，因为里面藏着害虫。庄员们在树干和接近地面的树枝上涂上石灰，以免苹果树再生虫，也免得被太阳灼伤和寒气侵袭。现在苹果树穿上了白衣裳，显得非常漂亮。难怪园林队长开玩笑说：

"我们有意识地在节日前夕把苹果树打扮得漂漂亮亮。我还要带上这些美人儿去参加节日游行呢！"

适合百岁老人采的蘑菇

有位百岁的老奶奶阿库丽娜，住在黎明集体农庄。我们《森林报》的记者去采访她的时候，她出去了。不一会儿，老奶奶带着满满一口袋蜜环菌回来了。她说：

"我已经找不到那些单独生长的蘑菇了，它们躲起来了。我的眼睛老花啦！可是我采回来的这种蘑菇，只要见到一个，就能采到上百个。它们还有一种往树墩上爬的习惯，好让自己更引人注目。我很喜欢这种蘑菇。它叫作蜜环菌。这种蘑菇最适合老奶奶采！"

冬前播种

在劳动者集体农庄，蔬菜队正在菜地里播种莴苣、葱、胡萝卜和香芹菜。种子撒在冰凉的泥土里，如果相信队长的孙女的话，那么应该认为，种子对此十分不满。小姑娘说，她听见种子在大声发牢骚：

"不管你们种不种，反正天这么冷，我们是不会发芽的！要是你们乐意，你们就自个发芽去吧！"

不过，正是因为秋天种子已经不发芽了，蔬菜队队员们才这么晚播下它们。

可是，一到春天，它们将会很早发芽，很快成熟。能早一点儿收割莴苣、葱、胡萝卜和香芹菜，真是件令人愉快的事。

■发自尼·芭芙洛娃

集体农庄的植树周

在俄罗斯苏维埃联邦的各州各区，都开始了植树周。苗圃里准备好了大量的树苗。在俄罗斯联邦的各集体农庄里，将开辟面积达好几十平方千米的新果园和浆果园。集体农庄庄员们和职工们，将在农庄的附属地块上，栽种几百万棵苹果树、梨树和其他果树。

■发自列宁格勒塔斯社

城市新闻

在动物园里

飞禽走兽从夏天的露天住所，搬到冬天的住房里来了。它们的笼子里供热充足。所以，没有一只野兽打算长久冬眠。

园里的鸟儿没有飞到笼子外面去。在一天之内，它们就从寒冷的国度迁移到了暖和的地方。

没有螺旋桨的飞机

最近几天，总有一些奇怪的小飞机，在城市上空飞过。

行人站在路中间，抬起头，惊奇地注视着这些飞行中队慢慢绕圈子。他们互相问道：

"您看见了吗……"

"看见了，看见了。"

"真奇怪，怎么没有听到螺旋桨的声音？"

"也许是飞得太高了吧？您看，它们显得多么小啊！"

"就是飞低了，您也不听不见螺旋桨的声音。"

"为什么？"

"因为它们根本没有螺旋桨。"

"怎么会没有螺旋桨！这是什么样的新系统？叫什么飞机？"

"雕！"

"开玩笑！列宁格勒哪儿来的雕！"

"有的，它们叫金雕。它们现在正在移飞，往南飞。"

"原来如此！噢，现在我也看清楚了。是鸟在盘旋。如果您不说，我真的以为是飞机呢。太像飞机了！哪怕挥动一下翅膀也好……"

快去看野鸭

最近几个星期以来，在涅瓦河的斯密特中尉桥附近，在彼得罗巴甫洛夫斯克要塞周围以及其他地方，经常可以看到许多形状奇特、五彩缤纷的野鸭。

有跟乌鸦一样乌黑的鸥海番鸭，有嘴巴弯弯、翅膀上带白斑的斑脸海番鸭，有尾巴像火柴棒似的五彩长尾鸭，还有黑白相间的鹊鸭。

它们一点儿也不害怕都市的喧闹。

甚至当黑色的牵引船用铁制船头劈开波浪，一直向它们冲去的时候，它们也不害怕。它们潜入水中，再次露出河面时，已离开原地几十米远。

这些潜水的野鸭，都是海上飞行航线上的旅客。它们每年拜访列宁格勒两次，春天一次，秋天一次。

当拉多牙湖中的冰流到涅瓦河里的时候，它们就无影无踪了。

鳗鱼踏上最后的旅程

秋天降临大地，秋天也来到了水底，水变冷了。

老鳗鱼开始踏上最后的旅程。

它们从涅瓦河出发，途经芬兰湾、波罗的海和北海，游到大西洋的深水里去。

它们再也没能回到生活了一辈子的涅瓦河来。它们将全体葬身在几千米深的大洋里。

但是临死之前，它们将产下卵子。在海洋深处，并不像人们想象的那么冷：那里的水温有七摄氏度。在那里鱼子将很快变成像玻璃一样透明的小鳗鱼。几十亿条小鳗鱼将成群结队地开始长途旅行。三年后，它们将游进涅瓦河口。

它们将在涅瓦河里长大，长成大鳗鱼。

打 猎

一次成功的猎杀

一个空气清新的秋日的早晨，猎人扛着枪来到郊外。他用短皮带牵着两条紧靠在一起的猎狗，这两条壮实的猎狗胸脯很宽，黑色毛里夹杂着红褐色斑点。

他走到小树林边，解开猎狗的皮带，把它们"丢弃"在小树林里。两条猎狗立刻向灌木丛跑去。

猎人悄悄地沿着林边走，选择着野兽常走的小路。

他站到灌木丛对面的一个树墩后，那里有一条隐蔽的林中小路，从林中一直通往下面的小山谷。

他还没来得及站稳，猎狗已经扑向了兽迹。

老猎狗多佛瓦伊第一个叫起来，它的声音低沉而嘶哑。

年轻的扎利瓦伊紧跟着汪汪地叫了起来。

猎人一听叫声就明白：猎狗吵醒了兔子，把兔子撵出来了。现在它们正沿着泥泞的小路追赶，不时用鼻子嗅着兔子的足迹。雨后的小路泥泞不堪，秋天的地面因此变得黑乎乎的。

猎狗一会儿离猎人近，一会儿离猎人远，因为兔子一直在转圈子。

哎呀，太马虎了！那不就是兔子嘛！兔子的棕红色皮毛正在山谷里一闪一闪。

猎人错失了良机……

瞧那两条猎狗！多佛瓦伊跑在前面，扎利瓦伊吐着舌头跟在后面。它们紧追着兔子，从山谷里跑过。

哎，没关系，还会拐进树林里来的。多佛瓦伊韧性十足，只要它发现兽迹，就不会放过，也不会错过。它是条老练的猎狗。

又跑过去了。又跑过去了。转着圈子跑，又跑回树林里来了。

猎人心想："兔子总归还要跑到这条小路上来的，这回我可不能再错过机会了！"

安静了一会儿……然后……咦！这是怎么一回事呀？

两只猎狗的叫声为什么不一致呢？

听，带头的老猎狗完全沉默了。

只有扎利瓦伊独自在叫。

又静下来了……

再次传来带头猎狗多佛瓦伊的叫声，不过这一次是用更狂热、更嘶哑的声音在叫。扎利瓦伊喘着粗气，尖声刺耳地跟着叫了起来。

它们发现了另外一只野兽的踪迹！

是哪种野兽的呢？肯定不是兔子的。

大概是红色的……

猎人急忙给猎枪换了子弹，装进了最大号的霰弹。

一只兔子从小路上跑过，窜到田野里去了。

猎人看见了，但是没有举起枪。

猎狗越追越近。一只猎狗声音嘶哑地叫着，另一只恼怒地尖叫……

突然间，在灌木丛中，在兔子刚才跑过的那条小路上，蹿出了一只长着火红脊背和白色胸脯的小兽……它径直朝猎人冲过来。

猎人举起了枪。

小兽发觉了，把毛烘烘的尾巴猛地往左一甩，又往右一甩。

晚了！

砰！狐狸被火药抛到空中，接着四脚朝天地摔在地上，死了。

猎狗从树林里蹿出来，扑向狐狸。它们用牙咬住狐狸的火红色皮毛，撕扯着，眼看就要扯破了！

"放下！"猎人对它们厉声喝道，连忙跑过去，从猎狗嘴里夺下了珍贵的猎物。

地下的搏斗

在离我们集体农庄不远的森林里，有个声名远扬的獾洞。

这个洞很早很早以前就有了。它虽然叫作"洞"，但实际上根本就不是洞，而是一座被一代又一代的獾纵横贯通的小山丘。这是獾的错综复杂的地下交通网。

萨索伊其带我去看了那个"洞"。我把山丘仔细查看了一番，数了数，一共有六十三个出入口。在山丘下的灌木丛里，还有一些不易觉察的洞口。

不难看出，不只是獾这一个住户住在这宽敞的地下隐蔽所里。在好几个入口处，都可以见到成堆的甲虫，有埋葬虫、推粪虫和食尸虫。

洞口胡乱地堆放着鸡骨头、山鸡骨头和松鸡骨头，还有长长的兔子脊椎骨。

甲虫正忙着在这些骨头上干活。獾才不干这种事情呢！它从不抓鸡和兔子。而且獾有洁癖，它从来不把吃剩的食物或其他脏东西丢弃在洞里或洞周围。

兔子、野禽和家鸡的骨头恰好说明：有个狐狸家庭住在地底下，它们跟獾是邻居。

有些洞给挖坏了，变成了真正的壕沟。

萨索伊其解释道："我们的猎人曾经想方设法，要把狐狸和獾挖出来，可结果白费力气。不知道那些狐狸和獾都藏到地底下的什么地方去了。无论你怎么挖，都不能把它们挖出来。"

他沉默了片刻，又补充道：

"我们不妨试一试，用烟把洞里的主人们熏出来！"

第二天大清早，萨索伊其、我，还有一位小伙子，我们一行三人向山丘走去。一路上，萨索伊其不停地开小伙子的玩笑，一会儿叫他"锅炉工"，一会儿又叫他"火夫"。

我们三个人忙活了很长时间，才把地下洞府里所有的洞口堵上，只留下山丘下面一个和山丘上面两个没有堵。我们搬来了一大堆干枯的杜松枝和枞树枝，放在下面那个洞口。

我和萨索伊其俩人，各自守候在上面洞口附近，躲在小灌木丛后面。"锅炉工"点燃了洞口的火。等火烧旺后，又堆上许多枞树枝，从火堆里冒出了刺鼻的浓烟。不一会儿，烟就仿佛被吸进烟囱里似的，全部钻到洞里去了。

我们这两个射击手，在伏击地迫不及待地等候着浓烟从洞口冒出来。机敏的狐狸也许会早点儿逃出来吧？也许会滚出一只行动迟钝的大胖獾子吧？也许在那地下洞府里，它们早已被浓烟熏瞎了眼？

可是，洞里的野兽真是忍耐力超强！

我看到烟冒到萨索伊其身旁的灌木丛来了，也涌到我的身边来了。

看来用不了多久，野兽马上就会打着喷嚏和响鼻跳出来。

肯定会有好几只，接二连三地蹿出来。枪已经举到与肩平，千万不能让灵敏的狐狸逃掉！

烟越来越浓。现在是一团团地往外冒，弥漫到灌木丛边了，熏得我双眼灼痛，眼泪也流出来了。说不定恰好在眨眼、抹泪的时候，野兽趁机跑掉了！

但是野兽一直没出来。

手托着支在肩膀上的枪，累得不行，我放下了枪。

我们等啊，等啊……小伙子不断地往火堆里添枯树枝和枞树枝，野兽依旧一只也没出来。

在回家的路上，萨索伊其说：

"你以为它们被烟熏死了吗？老弟，没有，它们没有被熏死！因为烟在洞里是往上升的，而它们钻到地底下去了。谁知道那个洞挖得有多深啊！"

这次的失败，让这个长着络腮胡子的小个子猎人很沮丧。为了安慰他，我给他讲了一段关于达克斯狗和粗毛狐狗的故事。这两种猎狗都非常凶猛好斗，会钻进兽洞里抓獾和狐狸。萨索伊其听了，忽然兴奋起来。他央求我给他搞一条这样的猎狗来，无论如何，也要给他搞到这样一条猎狗！

　　我只好答应他尽量想办法。

　　在这之后不久，我就到列宁格勒去了。想不到我的运气真好，一位熟悉的猎人，把他心爱的达克斯狗暂时借给了我。

　　当我回到村子，把小狗带去给萨索伊其看的时候，他竟然发起火来：

　　"你怎么啦？想嘲笑我吗？不要说是老公狐，就是小狐狸，也能把这只小老鼠一口吞下，再吐出来。"

　　萨索伊其个子矮小，对此他很不满意，对别的小个子（甚至包括狗在内），他也看不上眼。

达克斯狗的外表的确滑稽可笑，瘦弱矮小，上身特别长，四条歪斜的小腿儿，好像脱了臼似的。可是当萨索伊其漫不经心地把手向它伸过去的时候，这只外形极不匀称的小狗，竟龇着尖利的牙齿，凶恶地咆哮起来，向他猛扑过来。萨索伊其连忙向旁一躲，说了句："好家伙！真厉害啊！"然后就不吭声了。

我们刚走到山丘前，小狗就暴怒地向兽洞冲过去，差点儿把我的手挣脱了臼。我刚把它从皮带上解下来，它就钻进黑乎乎的洞里消失不见了。

人类为了满足自己的需求，培养出各种各样奇特的犬种。其中最奇特的，大概就数这种小个子的地下猎犬达克斯狗了。它的身子像貂一样细瘦，没有比它更适合钻洞的了，弯弯的脚爪很善于挖泥土，也能使劲抵住泥土；它那窄长的嘴巴一咬住猎物，就死也不放。

我站在兽洞上面等着，心里不免忐忑不安：在黑暗的地底下，这只训练有素的家犬和森林中的野兽浴血搏斗，不知将如何收场。要是小狗不能从兽洞里返回呢？我还有什么脸面去见那位失去爱犬的主人啊？

地下正在追猎。虽然被厚厚的一层泥土挡住声音，我们还是能听见响亮的狗叫声。吠声似乎不是从脚底下传来，而是从某个遥远的地方传来。

听，吠声越传越近，越传越清晰。吠声因狂怒而变得嘶哑。传得更近了……可是，忽然又传远了。

我和萨索伊其站在山丘上，手里紧握着毫无用处的猎枪，握得手指头都痛了。吠声一会儿从一个洞口传出来，一会儿从另一个洞口传出来，一会儿又从第三个洞口传出来。

突然吠声中断了。

我知道这意味着什么，小猎狗在黑暗的地道里，追上了野兽，和它展开了生死搏斗。

这时我才忽然想起，在放猎狗进兽洞之前，我应该考虑到的事情。

通常猎人出发打这样的猎，总会带上铁锹，等猎狗在地下跟敌人鏖战的时候，就迅速挖开它们上面的土，以便在猎狗处于下风的时候帮助它。当搏斗在离地面一米左右的地方进行的时候，这样做是有效的。

可是，在这么深的洞里，连用烟都无法把野兽熏出来，还谈何给猎狗帮忙呢？

我都干了些什么啊！这只达克斯狗肯定会死在深洞里。也许在深洞里，它不得不跟好几只野兽厮杀呢。

忽然又传来了嘶哑的狗吠声。

可是，我还没来得及高兴，狗吠声又停止了，这回一切都结束了。

我和萨索伊其俩人，在这只勇敢无畏的小狗的墓前默默地站了很久、很久。

我不忍心走开。萨索伊其先开了口：

"是啊，老兄，咱俩干了件糊涂事！小狗大概遇到老狐狸或者獾了。"

萨索伊其又迟疑不决地补充道：

"怎么样？走吧！要不，咱们再等会儿。"

突然，从地底下出乎意料地传来一阵簌簌声。

从兽洞里先露出一条尖尖的黑尾巴，接着是两条弯弯的后腿，然后是沾满泥土和血迹的长长的身子。只见达克斯狗艰难地移动着身子。

我欣喜若狂地奔过去，一把抓住它往外拖。

跟随小狗一起露出黑洞的，是一只肥硕的老獾。它一动也不动。

达克斯狗死命地咬住獾的脖子，凶狠地摇晃着。它久久不肯放下那个已死去的敌人，生怕它复活似的。

■发自本报特约记者

哥伦布俱乐部

第八月

该来看一看，哥伦布们在夏天所做的事情了。鸟类学家在俱乐部会议上率先做总结。

安德烈汇报道：

"我们一共五个人，也就是塔金、莱姆琪卡、米露琪卡、尼古拉和我，成功地确定了在'未知之地'上生活的151种鸟，我们也把鸟称为长着翅膀和羽毛的部落。"

"真了不起！"老水手弗拉基米尔脱口而出，"我们找到的哺乳动物还不及你们的一小半呢。"

"这还不算很多。"安德烈继续说，"已故的科学院动物博物馆鸟类组组长瓦连京·里沃维齐·比安基在综合报告中写道：'据我们调查，在诺夫戈诺德省（如今称为诺夫戈诺德州）一共有216种鸟。'当然，这其中得排除7种偶然飞到这里的鸟，比如黑燕或白腮燕鸥；得排除只在我们这儿过冬的9种鸟，比如极地猫头鹰、雪地铁爪鹀和拉普兰铁爪鹀，夏天在我们这儿无论如何看不到这些鸟；还得排除几十种飞经诺夫戈诺德州的鸟，在小小的"未知之地"，我们只能偶尔看到几只。由此可以得出结论，也许，我们已基本上了解了生活在我们的"美洲"上的、长着翅膀和羽毛的居民。我敢保证，当地村民并不了解，在这片土地上生活着这么多各色各样的鸟；他们也不了解，野禽究竟由哪些鸟组成。我们对此进行了详细考察，并把所有的鸟都列入了清单。

"据我们统计，整年生活在这里的鸟，简单点儿说，定居在这里的鸟，一共有 51 种。春天飞到'未知之地'来筑巢、孵育后代，秋天又飞走的鸟，也就是候鸟，有 89 种。

"夏末，从北方飞过来的鸟有 10 种，偶然飞过来的鸟只有一种——翻石鹬。这是项真正的发现，因为在比安基的《我们的鸟类》中，根本没提到这种鸟。它是由尼古拉发现的。莱姆琪卡找到了白腰朱顶雀的巢，以前人们认为它只在冬天才到诺夫戈诺德州来。而发现长笛松雀的荣誉属于米露琪卡，以前人们也认为它只在冬天才飞到我们这儿来过冬。这两种鸟是偶尔停在这里过冬，还是已开始习惯在这里的生活，还有待时间的证明。要知道，在《我们的情报》中，朱雀也曾被认为是珍稀鸟类，现在它已经在每个合适的地方筑巢了。

"在夏季，一共进行了 27 次把一种鸟蛋放进另一种鸟巢里的实验。你们都已经知道了出乎意料的实验结果。

"我们一共给 57 只鸟套上圈环，其中 54 只是雏鸟，另外 3 只是偶然抓到的成年鸟。

"在当地饲养了 32 只雏鸟。把一只布谷鸟、一只渡鸦和一只煤山雀带回来饲养。

　　"对所有的工作过程都写下了'航海日记',详细记录下特别有趣的考察故事。"

　　在讨论完安德烈的报告之后,老水手弗拉基米尔发言:

　　"至于兽类考察,我们无法夸耀已经登记到很多种类的动物。一个夏天,总共才观察到 31 种哺乳动物。甚至谈不上观察,只是记录。因为有的只是道听途说而已,像我们尊敬的巴甫洛沙一样。很遗憾,在'未知之地'上,我们既没有碰到小伶鼬,也没有碰到漂亮的小鹿(所谓的狍或者野山羊),更没有碰到巨大的笨熊。"

　　"应该说幸亏没有碰到。"萨迦插话道,"要是碰上熊,你们又没带枪,那可够你们受的了!"

　　大家都笑了起来。弗拉基米尔继续说:

　　"总之,这里的哺乳动物很少,用手指头都数得过来。猛兽是熊和狼。'二战'前狼已经绝迹了,战后又繁殖起来。狐狸、獾、貂和黄鼠狼很少,据说有白鼬和银鼬。有过猞猁,但最近几年也没听说了。就这些。食虫类的情况如下:鼹鼠很多,刺猬很少,见到两只陆地上的鼩鼱和一只水上的鼩鼱。蹄类的有两种:麋鹿和狍子。至于翼手目动物……都是些夜行动物,我们很难看见它们,只抓住 3 种:一只大蝙蝠、一只山蝠和一只鼠耳蝠。当然,啮齿动物最多,抓到两只兔子——灰兔和白兔;两只松鼠——普通的棕红色松鼠和装着降落伞的会飞的灰松鼠。我们在杨树洞里找到了松鼠幼崽，半小时后再过去取时，它们已经不见了——松鼠妈妈叼着它们的后脖颈，把它们拖走了。幸好，在"未知之地"上，既没见到仓鼠，也没见到黄鼠，它们都是非常可怕的破坏者。

"的确，普通的灰鼠数量众多，跟家鼠一样多。还有水鼠、背上长着黑条纹的野鼠、林鼠和三种不同的田鼠。这就是我们全部的清单。"

"都有些什么样的熊？"萨迦郑重其事地问，"有白熊吗？"

弗拉基米尔哈哈大笑起来：

"没有灰熊，它们只居住在北美的洛基山脉，那里的人把它们叫作褐熊；也没有喜马拉雅黑熊，它们住在树洞里；更没有白色的海熊，它们只住在北冰洋。你可以睡个安稳觉了。"

萨迦感到很难为情。

"我是诺夫戈诺德人。我们那里的人说，有时在森林里会遇见白熊……"

"很可能。因为熊的皮色很浅，会被误认为白熊。需要特别指出一件有趣的事：一窝黄鼠狼偷偷住在一位集体农庄女庄员家的门廊下。母鸡和公鸡在院子里悠闲地散步，黄鼠狼并没有去碰它们。就像狼从不叼临近村子里的小羊羔，黄鼠狼总是偷吃远方的鸡。因此，女主人一直不知道，在她家里住着这样一窝强盗，她甚至从来没有怀疑过。

"廖列琪的小宝贝——小貒特别有意思，非常有教养，比我们大家都棒！好吧，等会儿廖列琪自己展示给你们看。"

弗拉基米尔还讲述了他在漂浮的"美洲"上发现的"美洲"居民——漂浮植物层上的麝鼠。他的发言到此结束。

巴甫洛沙开始做树木学考察总结。可他总是拖着长音说"唉唉唉""这个……""那个……"，大伙急得朝他直摆手："闭嘴！要是口吃倒也罢了，可还这么装腔作势！请多拉说吧！"

与巴甫洛沙相反，急性子的多拉一上来就像爆豆子似的说，大伙只好中途拦住她，再次追问她。

"在'未知之地'上，高大的本地部落——大树——很少，非常少，比鸟类学的哺乳动物还少，屈指可数。"多拉像放连珠炮似的说，"特别是那些成群生长的大树，总共只有松树、枞树和白桦——它们茂盛多瘤——以及含胶的灰赤杨和山杨。在大树丛里还分别长着一些小树：花楸、稠李、橡树、野苹果树和榆树。榆树有光滑的，也有不光滑的。还有杨树。紧挨着杨树生长着枫树、白蜡树。在河边，在沼泽旁，生长着高大的柳树。柳树是最有趣的树，有各种各样的叫法：爆竹柳、褐色柳、河柳。柳树的品种众多：有俄罗斯柳、拉普柳、白柳、黑柳、蓝灰柳、浅灰柳和大耳朵柳。说真的，是大耳朵柳！"看到伙伴们笑了，多拉住了嘴。她连"说真的"都没说完，觉得太长了，只说了"真的"两个字。她又接着说道："还有三蕊柳、五蕊柳、迷迭香柳和六百嫩芽柳，这还没有包括全部：在我们这儿生长着20种各种各样的柳树！还有各种各样的灌木！有这些灌木，如刺柏，村里人把它叫作桧，以及野蔷薇、悬沟子、鼠李、荚蒾、榛树、黄冬忍、岩高兰、金银花、多疣卫矛、红穗醋栗、黑穗醋栗、杜香、帚石楠、熊果、水越橘……"

"停，停，停！"尼古拉恳求道，"瞧你扯到哪里去了！我想，熊果终归是浆果，而不是灌木吧？"

"根本不是这么回事！"多拉得意扬扬地说，"虽然它们属于浆果，但也是灌木。还有半灌木的：鹿蹄草、山茱萸、百里香、苦茄……还有小灌木：越橘、黑果、红莓苔子、小石楠！"

"哎呀呀呀！"尼古拉简直不相信自己的耳朵，叫了起来，"在我们的'未知之地'上，竟然长出了这么多天赐美物吗？"

"如果你不相信我的话，可以去问巴甫洛沙。"多拉不高兴了，"这些都是我为他的植物标本采集的。"

植物的茎和叶被细细的白纸条粘贴在大纸上，每页纸上分别用俄语和拉丁语工整地写着植物名称。大家花了很长时间，来观看这些植物标本。他们纷纷表扬巴甫洛沙：

"你是位真正的办公室学者！"

"我还没说完呢。"多拉叫道，"还有外来的灌木和乔木，还记得那棵来自澳大利亚的著名大树'阿来'吗？它从上到下都散发着蜜香味。"

大家都饶有兴趣地重新坐下来。

"在'未知之地'上住着许多外来居民，就像尼古拉发现的麝鼠那样。"多拉竭力控制住语速，郑重其事地说，"例如，普通的土豆即来自美洲，现在是我们这儿最家常的蔬菜。在我们的花园里，生长着丁香、锦鸡儿、山楂、伏牛花、醋栗、接骨木、侧柏、银白杨，它们都是从南方或东方引进来的。它们逐渐适应了这里，也不怕冬天了，无所谓！还有我们最著名的来自澳大利亚的大树'阿来'！只要抬头看树枝，帽子就会从头上掉下来！巴甫洛沙在'未知之地'附近发现了它。请说说看，它还可以叫作什么树？"

"啊？！"大家喧哗起来，"快说吧，快说吧！"只有巴甫洛沙一个人把脸转了过去。

"你为什么不说话？"多拉用一种很无辜的声音问道，"难道你不感兴趣吗？我和女伴们特意走了30千米，想弄清楚，为什么蜜蜂围着阿来树嗡嗡叫。我高兴坏了，阿来树从天涯海角带来这么多玉液琼浆，而且还在这里种活了。巴甫洛沙，是这样吗？"

"既然搞明白了，那就……就……一口气说出来吧。"巴甫洛沙沉下脸来。

"我是搞明白了，你凭空捏造了这个神奇故事。压根就没有什么地主从澳大利亚运来什么阿来树！在这里，的确很少见到这种树。可是，在俄罗斯中部，要多少有多少，随处可见！这种树叫椴树！办公室学者，你听说过椴树吗？给你根晾干的椴树枝，拿去做标本吧！本地的蜜源乔木——椴树，就是这么回事。"

"那……"由于出其不意，巴甫洛沙现在是真的口吃了，"那……为……为什么……这种……为什么在这里叫作……阿来树？"

多拉解释道：

"本地人把它叫阿来树，是因为这里的农民不认识椴树。在这里，它的叶很小，又很少见，而在地主庄园的林荫道上种着成排的椴树……于是，农民们就用不认识的词'林荫道'来命名不认识的树，就叫成了阿来树（在俄语中，阿来与林荫道的发音很像）。"

"太棒了！"塔金说，"如果这算不上树木学发现，那么，无论如何，也是项语文学发现。可爱的北方的诺夫戈诺德人，给普通的椴树取了一个当地的名字。"

然后莱姆琪卡、米露琪卡和廖列琪给大家看各自饲养的小动物。

莱姆琪卡饲养的小渡鸦，依次给大家鞠了躬，并做了自我介绍：

"卡尔·卡尔奇克·克劳克！"

它允许大伙摸它的头，同时幸福地微微垂下眼睑。莱姆琪卡说："它这是在练眼神。"

米露琪卡饲养的煤山雀通体乌黑，它一直在编辑部里飞来飞去，然后又蹲在窗台上，不时地往书架上的小缝里窥视，小爪抵在微微外凸的天花板下的墙纸上，从那里飞快地打量着大家。但只要米露琪卡轻轻地吹声山雀的哨音："茨维！"同时伸出一只手，手掌朝上，煤山雀立刻就会飞到她的手指上。

大家都非常喜欢耐心细致的廖列琪饲养的动物——名唤"库克"的棕黄色的北噪鸦和"小宝贝"小獾。廖列琪把它们一起装在一只箱子里带过来，箱子的两头用金色丝网拉紧。她把箱子放在地上，放出了库克。小獾蜷曲成一团躺在那里，当廖列琪柔声唤它"小宝贝，小宝贝"时，它才抬起头来。

"最近它总有点儿犯困。"廖列琪说，"大概，它已快进入冬眠期了。"

"嗬，小宝贝，嗬，亲爱的，"她又轻声唤它，"把小盆子给我拿来。"

懒洋洋的小胖子很不情愿地站了起来，用嘴叼起放在箱子里的小盆子，从箱子里走了出来。

"喂，捡起来，捡起来！"廖列琪轻轻地说道。

小獾已经把小盆子扔到了地上，这时又把它捡起来，蹲坐在后爪上，像狗一样听话。

当它举着小盆子的时候，廖列琪捣碎随身带来的白面包和几小块烤熟的甘蓝，把它们放进盆子里。又从小獾那儿拿走盆子，放到地上，打了声呼哨，叫库克过来。库克正在书架上跳来跳去。

北噪鸦一点儿也不怕小獾，立刻飞到盘子边，吃了起来。它把头歪向一边，吧嗒一声，就咬下了一小块面包。

"库克！"廖列琪严肃地说，"应该说点儿什么？"

"请吧！"北噪鸦突然清楚地发出了人的声音，只是稍微有点儿鼻后音不分。大家惊叹不已。

"库克也属于鸦类。"廖列琪解释道，"渡鸦呀，白嘴鸦呀，喜鹊呀，松鸦呀，北噪鸦呀，它们都可能干了。椋鸟也很能干。在列宁格勒的普列汉诺夫街上，我的一个朋友家里养着两只椋鸟。其中一只九岁，个子不高，微黑，名叫萨沙。它一生一共学会了42个单词！真是个天才！

"女主人说，这么有才能的椋鸟很少见。小的那只叫米沙，才三岁，它不太用心。萨沙则常常用眼睛盯着女主人，竭力模仿她嘴唇的动作。它真是个非常勤奋的学生，从不分散注意力，从不像米沙那样，发出椋鸟的哨音。它甚至自学了好几个单词。当孩子们来家里玩的时候，女主人经常对他们说：'安静点儿，安静点儿！'笼子里的椋鸟竟然也会对他们说：'安静点儿，安静点儿！'我的库克则花了好长时间，不断地重复'请吧！请吧！'才终于学会了。"

孩子们让黑色的渡鸦多次重复它的名字、父称和姓，让快乐的库克重复说"请吧！请吧！"他们请求莱姆琪卡和廖列琪教会它们更多的单词。

打靶场

一箭射中目标！

一语击中答案！

第八场比赛

1. 兔子奔跑时，往山上跑容易，还是往山下跑容易？

2. 落叶向我们揭示鸟的什么秘密？

3. 哪种森林动物在树上给自己晾蘑菇？

4. 哪种野兽夏天住在水里，冬天住在地下？

5. 鸟儿给自己准备过冬的食物吗？

6. 蚂蚁如何准备过冬？

7. 鸟骨头里面有什么？

8. 秋天，猎人最好穿什么颜色的衣服？

9. 鸟儿什么时候不容易受到伤害：夏天还是秋天？

10. 下面画着哪种动物的可怕脑袋？

11. 可以把蜘蛛称为昆虫吗？

12. 冬天，青蛙躲到了哪里？

13. 下面画着三种不同鸟的脚：一种住在树上，一种住在地上，还有一种住在水上。你能分辨它们吗？

14. 哪种野兽的脚掌往外翻？

15. 这是森林中长耳猫头鹰的头。请用铅笔尖指出它的耳朵。

16. 掉啊掉，掉到水里了；自个不下沉，水也没弄混。（打一物）

17. 走啊走，总也走不到；捞啊捞，捞也捞不完。（打两物）

18. 一岁的草，就比院墙高。（打一植物）

19. 跑啊跑，总也跑不到；飞啊飞，老是飞不到。（打一物）

20. 乌鸦长到三岁后，会怎么样？（脑筋急转弯）

21. 跳进池塘洗个澡，出水之后挺干燥。（打两种动物）

22. 穿它的皮，扔它的骨，吃它的头。（打一植物）

23. 不是国王，头上戴着王冠；不是骑士，靴子上扎着马刺；自个儿早上起得早，也不许他人睡懒觉。（打一动物）

24. 长着尾巴不是兽，长着羽翎不是鸟。（打一动物）

通　告

第七场测验　"锐眼"称号竞赛

哪种动物干的好事？

1. 哪种动物在这里动过枞树球果，又把它们扔到了地上？

2. 哪种动物在树墩上把球果啃得只剩下核？

3. 哪种动物把林子里的榛子凿了个小洞，把里面的核仁吃掉了？

4. 哪种动物把蘑菇搬到树上，挂在树枝上？

图1

图2中，在这棵老桦树上，绕着树干一圈有些形状相同的小洞。这是哪个动物干的？为什么这么做？

图3中，哪种动物处理过牛蒡？

图2

图3

图4中，在幽暗的森林里，哪种动物用大脚爪抓破树干，扯下枞树皮，据为己有？它用枞树皮干什么？

图5中，哪种动物在这儿干的好事：损坏这么多树木，啃掉这么多树皮，咬断这么多树枝？

图4

图5

你行我也行

只要学会寻找和挖掘田鼠洞的方法，就可以把啮齿动物从田里偷走的粮食夺回来。本期《森林报》已经报道过，这些有害的小兽从我们田里偷走许多优质粮，搬到它们的粮仓里。

请别惊扰我们

我们给自己建好了温暖的冬季住房，准备一直睡到春天。我们不来打扰你们，也请你们让我们睡个安稳觉吧！

——熊、獾、蝙蝠

森 林 报

第 9 期

冬客降临月

（秋季第三月）

11 月 21 日到 12 月 20 日

太阳转入人马宫

太阳史诗——11月

　　11月是冬天的前奏。11月是9月的孙子，10月的儿子，12月的亲兄弟。11月大地上布满钉子；12月大地上铺了桥。11月骑着带花斑的马出行：一会儿下雪，一会儿泥泞；一会儿泥泞，一会儿下雪。11月的铁匠铺虽不大，铸造的铁链却已锁住了全俄罗斯——池塘与湖泊已经给冰封住了。

　　秋开始干第三件活儿——脱尽森林的衣裳，给水戴上镣铐，用雪做盖被把大地罩起来。在森林里你会觉得很难受，黑黝黝、光秃秃的树木被雨水打得湿透了。河上的冰闪着亮光，但是如果你在冰面上东奔西跑，脚下就会咔嚓一声，掉进冰水里。所有被大雪覆盖的秋耕田，都停止了生长。

　　但是，现在还不是冬天，只不过是冬天的前奏。阴天过后，还会出个大晴天。所有的生物看到太阳时，是多么兴高采烈啊！看吧，这边，黑色的蚊子从树根下钻出，飞上了天空；那边，金黄色的蒲公英、款冬花在脚下盛开，这些还都是春天的花呢！雪融化了……不过树木已经沉沉地入睡了，要不知不觉地一直睡到明年春天。

　　现在，该开始伐木了。

森林中的大事

不可理解的行为

今天，我刨开雪，检查了我的一年生草本植物。这是一些只能活过一个春天、一个夏天和一个秋天的草。

可是，今年秋天我发现，它们并没有全部死掉。即使现在已经12月份了，可许多草还泛着绿色。雀稗还活着。这是乡村里长在房前屋后的一种小草。它的小茎纵横交错地铺在地上（人们常常毫不怜惜地用它来擦脚），长着长长的小叶子，开着不太明显的粉红色小花。

低矮灼人的荨麻也活着。夏天，人们无法容忍它，当你给田垄除草的时候，手会被它灼出水泡来。可是现在，在12月份，你看见它也会觉得很高兴。

蓝堇也活着。你还记得蓝堇吗？这是一种美丽的小植物，小叶子稍稍分开，细长的小花呈粉红色，花尖呈暗色。你常常会在菜地里看见它。

这些一年生的草本植物，都还活着。可是，我知道，一到春天，它们就都枯萎了。那么它们现在何必艰难地在雪下活着呢？该如何解释这种行为呢？我不知道，还得去打听打听。

■发自尼·芭芙洛娃

森林里从来都不是一片死寂

冰冷的寒风在森林里作威作福。光秃秃的白桦树、白杨树和赤杨树摇摇晃晃，吱吱作响。最后一批候鸟急匆匆地飞离故乡。

在我们这里度夏的鸟还没有完全飞走，冬客就已经临门了。

鸟儿各有各的爱好和习惯：有的飞到高加索、外高加索、意大利、埃及和印度去过冬；有的鸟儿宁愿留在列宁格勒州过冬。冬天，在我们这里，它们住得暖和、吃得饱。

飞 花

赤杨的黑色树枝孤零零地兀立在那里。树枝上没有一片树叶，大地上没有一棵青草。倦怠的太阳勉强从灰色的乌云后露出点儿脸。

可是，突然，在阳光的照耀下，许多快乐的五彩缤纷的花儿在黑色的赤杨枝上飞舞起来。花儿奇大无比，有白色的，有红色的，有绿色的，有金黄色的。有的落在赤杨树枝上，有的落在桦树枝上，鸟身上鲜艳夺目的斑点把白色的桦树皮映衬得五光十色；有的落在地上，有的在空中扇动着艳丽的翅膀。

它们用一种双管芦笛似的声音互相呼应着，从地面飞向树枝，从一棵树飞向另一棵树，从一片小树林飞进另一片小树林。它们是谁？从哪儿来？

从北方飞来的鸟

这是我们冬天的客人，是从遥远的北方飞来的小鸣禽。其中有红胸脯红脑袋的朱顶雀；有烟灰色的凤头太平鸟，翅膀上长着五道像五个小手指头似的红羽毛；有深红色的松雀；有绿色的雌交嘴鸟和红色的雄交嘴鸟；还有金绿色的黄雀，黄羽毛的小金翅雀，肥嘟嘟、胸部丰满鲜红的灰雀。我们本地的黄雀、金翅鸟和灰雀，早就飞到较暖的南方去了。上面讲到的这些鸟，都是在北方筑巢的鸟。北方现在寒冷刺骨，所以它们觉得我们这儿还挺暖和的。

黄雀和朱顶雀吃赤杨籽和白桦籽。太平鸟和灰雀吃花楸果和其他浆果。交嘴鸟吃松子和枞树籽。它们的肚子都填得饱饱的。

从东方飞来的鸟

低矮的柳树上，突然开出了茂盛的白玫瑰花。这些白玫瑰在灌木丛间飞舞，在树枝上盘旋，有力的黑色细脚爪飞速移动。花瓣似的小白翅膀，在空中颤动。空中回荡着轻柔悦耳的啁啾声。

这是山雀，白山雀。

它们不是来自北方，而是来自东方，从风雪交加的严寒的西伯利亚，穿越乌拉尔高山，飞到我们这儿来。那里早已是冬天，深雪早已把低矮的河柳埋起来了。

该冬眠了

大片的乌云挡住了太阳。空中落下了湿漉漉的灰色雪花。

一只肥硕的獾气哼哼地、一瘸一拐地朝洞口走去。它很不满意，森林里既潮湿又泥泞。该钻到地底深处，钻到干燥、整洁的沙土洞里去了。该躺下来冬眠了。

羽毛蓬松的林中小乌鸦北噪鸦在树丛里打起了架。湿漉漉的咖啡色羽毛闪着光。它们大声鼓噪着。

一只老乌鸦在树顶低沉地"哇哇"叫了一声。原来它看见远处有一具动物的尸体。它飞了过去，蓝黑色的翅膀闪着漆亮的光。

林中沉寂无声。灰色的雪花沉甸甸地飘洒在发黑的树木和褐色的大地上。地上的落叶渐渐腐烂。

雪越下越大，变成了鹅毛大雪。大雪覆盖了黑色的树枝，也覆盖了大地……

我们列宁格勒州的伏尔霍夫河、斯维尔河和涅瓦河受到严寒的侵袭，相继封冻了。最后，芬兰湾也结冰了。

最后的飞行

（选自少年自然科学家日记）

11月的最后几天，风把雪刮成一堆堆的。突然，天气变暖和了。可是，雪依旧没有融化。

清晨，我在散步时看见黑色的小蚊子在雪地上到处飞舞，这种小蚊子在灌木从里或者树木间的大路上随处可见。它们虚弱无助地飞着，从下面升起来，好像被风推着飞成了一个弧形（虽然不见一丝风），然后侧着身子落在雪地上。

午后，雪开始融化，渐渐从树上往下掉。你一抬头，雪水就会滴进你的眼睛里，要不就是湿冷的雪尘洒在你的脸上。这时，不计其数的黑色小蝇子不知从哪儿飞了出来。夏天我从未见过这种小蚊子和小蝇子。小蝇子无比快乐地飞舞着，只是飞得很低，紧挨着雪地。

到傍晚，天气又变冷了，小蝇子和小蚊子不知躲到哪里去了。

■发自森林记者　维利卡

貂追松鼠

许多松鼠迁移到我们这儿的森林里来了。

在它们居住的北方，松果不够吃了。那里的收成不好。

松鼠四散在松树上。它们用后爪抓住树枝，用前爪捧着松果啃。

一只松鼠正捧着松果啃，一不小心，松果从脚爪滑落到雪地上去了。松鼠很可惜这只松果，气呼呼地叫着，从一根树枝蹦到另一根树枝，跳到下面去找。

它在地上蹿着蹦着，蹦着蹿着，后脚一撑，前腿一托，向前跳去。

突然，它看见一团黑乎乎的毛皮和一双机敏的小眼睛从枯枝堆里露出来……松鼠吓得把松果都忘了。它慌忙往眼前的树上蹿，顺着树干往上爬。一只貂从枯枝里跳出来，追了上来，也飞快地顺着树干往上爬。松鼠已经爬到了树梢上。

貂沿着树枝爬上来。松鼠一跳，跳到了另一棵树上。

貂把蛇一般细长的身子缩成一团，背脊弓成弧形，也纵身一跳。

松鼠顺着树干飞跑。貂紧跟在后面，也顺着树干飞跑。松鼠的动作很灵敏，可是貂的动作更灵敏。

松鼠跑到树顶，没办法再往上跑了，周围也没有别的树。

貂眼看要追上它了……

松鼠从一根树枝跳上另一根树枝，然后向下一蹦。貂紧追不舍。

松鼠在树梢上跳，貂在粗一些的树干上追。松鼠跳呀跳，跳呀跳，跳到了最后一根树枝上。

下面是地，上面是貂。

没有选择的余地了，它一蹦蹦到地上，赶紧朝另一棵树跑。

不过，在地上，松鼠根本不是貂的对手。貂三蹦两跳就追上了松鼠，把它扑倒在地。于是松鼠就一命呜呼了……

兔子的花招

一天夜里，一只灰兔偷偷钻进了果园。小苹果树的皮甜极了，快到天亮的时候，它已经啃坏了两棵小苹果树。灰兔丝毫不理会落在头上的雪，只是不停地啃着嚼着，嚼着啃着。

村里的公鸡叫了三遍。狗也狂吠起来。

这时，兔子才如梦方醒：应该趁人们还没起来，跑回森林里去。周围白茫茫的。隔老远就可以看见它那身棕红色的皮毛。它真羡慕雪兔，现在雪兔浑身雪白。

这夜新下的雪很柔软，可以印上脚印。灰兔一路跑着，一路在雪地上留下脚印。长长的后腿留下的是伸直的脚跟印；短短的前腿留下的是小圆点。在这温暖的新雪上，每一个脚印、每一个爪痕，都看得一清二楚。

灰兔穿过田野，往森林里跑，在身后留下一串串脚印。灰兔刚刚美美地吃过一顿，现在它多想躲在灌木丛下打个盹啊。可不幸的是，无论它往哪儿躲，脚印都会出卖它。

于是灰兔只好耍花招了，弄乱脚印。

村子里的人醒来了。主人走到果园一看：我的老天爷！

两棵最好的小苹果树都被剥光了皮！他往雪地上看了看，明白了一切：小树下有兔子的脚印。他举起拳头威胁道：走着瞧吧！你必须用你的皮来赔偿损失。

他回到屋里，往枪里装好弹药，带上枪踏着雪出发了。

瞧，灰兔就是在这儿跳过栅栏，然后往田野里跑。一进森林，脚印就围着灌木打转转了。你这一招可救不了你！我会搞明白的！

瞧，这是第一个圈套：灰兔绕灌木跑了一圈，然后穿过自己的脚印。

瞧，这是第二个圈套。

果园主人跟着脚印追踪，把两个圈套都解开了。他随时准备着开枪。

忽然，他站住了。这是怎么一回事呀？脚印中断了，周围全是干净的白雪。即使兔子跳过去，也应该看得出来啊！

果园主人弯下腰仔细查看脚印。哈哈！原来这是一个新花招：兔子顺着自己的脚印跑回去了。它每一步都准确无误地踩在原来的脚印上。乍一看，还真分辨不出"双重"脚印呢。

果园主人顺着脚印往回走。他走着，走着，又走到田野里来了。也就是说，他看走了眼；也就是说，还有一个花招没有识破。

他回转身，又顺着"双重"脚印走去。哈哈，原来如此！

"双重"脚印很快就中断了，再往前，脚印又是单层的了。

这么说，奥妙就在这里：兔子就是在这儿跳到旁边去的。

果真如此。兔子顺着脚印的方向，一直穿过灌木，然后又跳向一旁。现在脚印又均匀起来了。突然又中断了。又是一行新的"双重脚印"越过灌木丛。接着，就是跳着走了。

现在看看路两旁……又往旁边跳了一次。兔子准是躺在灌木丛下。

你布下迷魂阵，但是骗不了人！

兔子确实就躺在附近。不过，不是像猎人所猜测的那样躺在灌木下，而是躺在一大堆枯树枝下。

灰兔在睡梦中听见沙沙的脚步声。声音越来越近，越来越近……

它抬起头，看见两只穿着毡靴的脚在走路。黑色的枪杆垂到了地。

灰兔悄悄地从藏身地钻出来，如离弦之箭蹿到枯树枝堆后面去了。

只见短短的小白尾巴在灌木丛里一闪，兔子就无影无踪啦。

果园主人两手空空地回了家。

不速之客——隐身鸟

又有一个夜强盗闯进了我们的森林。很难看见它，因为夜里漆黑一片，白天又不能把它跟雪区分开。它是北极区域的居民，因此它的皮毛跟北方经年不化的白雪一个颜色。我说的是北极的雪地猫头鹰。

它的个头几乎跟普通猫头鹰一般高，只是力气稍差一些。它捕食大小不一的飞鸟、老鼠、松鼠和兔子。

在它的故乡冻原带，天寒地冻，小野兽几乎全躲到兽洞里去了，鸟儿也都飞走了。

饥饿迫使雪地猫头鹰出来旅行，暂居在我们这儿。它打算明年春天再回家。

啄木鸟的劳动车间

在我们的菜园子后面，长着许多老白杨树和老白桦树，还有一棵很老很老的枞树。枞树上挂着几个球果。一只五彩啄木鸟，飞来采这些球果。啄木鸟落在树枝上，用长嘴啄下一个球果，顺着树干往上跳。它把球果塞进树缝里，开始用嘴啄。它把球果里的子都啄出来后，就把球果往地上一扔，接着采第二个球果。它把第二个球果照旧塞进那条树缝里，把第三个球果也照旧塞进那条树缝里，就这样一直忙碌到天黑。

■发自森林记者　勒·库波列尔

请教熊

为了躲避刺骨的寒风，熊喜欢把冬季住房熊窝设在地势低的地方，甚至设在沼泽地上，设在茂密的小枞树林里。但是，令人惊讶的是，如果这年冬天不冷，经常有冰雪消融的天气，那所有的熊一定会睡在地势高的地方——小丘上，小山冈上。好几代猎人查验过这件事。

道理显而易见，熊害怕冰雪消融的天气。的确，假如冬天有一股融化的雪水流到熊的肚皮底下，天气又忽然变冷，冰水就会把熊毛蓬蓬的"皮外套"冻成铁板，如果这样，该怎么办呢？那就顾不上睡觉了，只得跳起来满森林里乱窜，哪怕稍微暖和点儿也好！

假如不睡觉，而是不停地活动，就会把身上贮存的热量消耗殆尽，也就是说，必须靠吃东西来增强体力。但是冬天，熊在森林里没有东西可吃。因此，如果它预见到这年冬天暖和，它就给自己选个高一些的地方做窝，免得在冰雪消融的天气里，被融化的雪水浸湿。我们很容易明白这个道理。

可是，熊究竟根据什么样的特异功能预知，这年冬天是暖和还是寒冷呢？为什么早在秋天，它就能准确无误地为自己在沼泽地上，或者丘冈上，选择一个合适的地方做窝呢？这一点我们还不清楚。

请你钻到熊洞里去，请教一下熊吧！

按照严格的计划

古时候，俄罗斯人说："森林是魔鬼，在森林里干活，死亡近在咫尺。"

在古代，伐木工人（樵夫）干活很危险。人们只有斧头做武器，攻击绿色的朋友，就像攻击凶猛的敌人。要知道，直到不久以前，直到18世纪，我们才有了锯。

一个人必须有勇士般的体力，才能从早到晚用斧头砍树；必须有钢铁般的强健体魄，才能在严寒与暴风雪降临的时候，白天只穿一件衬衫干活，夜里只盖件外套，睡在没有烟囱的小屋里，或者简陋的小草棚里。

春天，森林里的活就更难干了。

必须把冬天伐倒的树木运到河边去，等河水开冻后，把沉重的圆木推到水里，请河妈妈把木材运走。大家知道河水的流向。

河水把木材带到哪里，哪里就应该感谢它……沿着河岸建起了一座座城市。

现在又怎么样呢？

现在，"伐木工人"这几个字的含义早就彻底改变了。我们不再需要用斧头来砍倒大树和削去树枝。由机器替我们干这些活。连森林里的道路，都由机器来开辟、铺平，然后沿着这条路把木材运出去。

瞧，森林里的履带式拖拉机威力无穷！

这个沉重的钢铁怪物，服从创造它的人的指挥，冲进无路可走的密林，像割草一样，放倒百年大树。它毫不费力地把老树连根拔起，放在两旁，然后扒开躺倒的树，铲平地面，道路就平整如新了。

载有移动发电站的汽车，沿着这条道路开过去。工人们手里拿着电锯，走到大树前。包着橡皮的电线像蛇似的跟在后面。

电锯的锋利的钢齿，像刀子切黄油一样，轻而易举地锯入坚硬的木头。只不过半分钟，也就是三十秒的时间，电锯就把直径达半米的粗树干啃断了。这棵巨树已有一百岁了！

在锯倒附近一百米以内的树之后，汽车又把发电站运到前面去。在它原来的地方，开来一辆强大的运树机。运树机一把抓起几十棵尚未削去树枝的大树，拉到木材运输大道上去了。

巨大的运树牵引机，沿着运输大道，把木材运往窄轨铁路。在窄轨铁路上，司机把长长一列载有几千立方米木材的敞车，开到铁路车站或河岸边的木材场。在木材场，人们把木材加工成圆木、木板和纸浆木料。

在现代，用机器采伐的木材，被运到最遥远的草原上的村庄、城市和工厂，被运到一切需要木材的地方。

大家都清楚，在这样强大的技术支持下，只能够按照非常严格的全国性计划来砍伐木材，不然的话，我们这个最富裕的林业大国，会突然变成一片荒漠。借助现代技术，可以轻而易举地消灭森林。

但是森林的成长还是跟以前一样缓慢，要经过漫长的几十年才能成林。

在森林被砍伐的地方，我们立刻栽上珍稀的树苗，植上新林。

集体农庄纪事

我们集体农庄庄员们，今年活干得真棒。我们州的许多集体农庄，每平方千米收获十五万千克粮食，已经成了稀松平常的事。每平方千米收获二十万千克粮食，也不是稀奇事了。一些优秀生产队的粮食产量惊人，这些先进工作者们有权利获得社会主义劳动英雄的光荣称号。

政府很尊重光荣的田间劳动者们的忘我劳动，用社会主义劳动英雄的光荣称号，用各种勋章和奖章来表彰集体农庄庄员们取得的成就。

冬天来了。

集体农庄农田里的活都干完了。

妇女们在牛栏里劳动，男人们运送牲畜吃的饲料。家有猎狗的人出去打灰鼠。另外有许多人去砍伐木材。

灰山鹑群越来越靠近农家小院了。

孩子们上学去了。白天，他们布下捕鸟网，在小山上滑雪，或者滑小雪橇。晚上预习功课、看书。

我们比它们有智慧

下了一场鹅毛大雪。我们发现，老鼠在雪下面挖了一条地道，一直通到苗圃的小树前。可是，我们比它们有智慧。我们把每棵小树四周的雪，踩得结结实实。这样，老鼠就不能钻到小树跟前来了。那些钻到雪外面的老鼠，不一会儿就冻死了。

害人精小兔子也常常跑到果园里来。我们也想出了保护果园的办法：用稻草和多刺的枞树枝把所有的小树包裹起来。

■发自吉玛·布罗多夫

集体农庄新闻

（发自尼·芭芙洛娃）

挂在细蛛丝上的房子

可以在这种小房子里过冬吗？小房子挂在细蛛丝上，风一吹，直摇晃。这种房子的墙厚度超不过一张纸，房间里更没有取暖设备。

你不敢相信吧，在这种小房子里也是可以过冬的！我们看见过不少这种设备简陋的小房子。它们低垂在苹果树枝的蜘蛛网上，用枯树叶做成。集体农庄庄员们把它们取下来烧毁。原来在小房子里住着一些心怀鬼胎的坏蛋——苹果粉蝶的幼虫。要是它们留下来过冬，到了春天，准会咬坏苹果树的芽和花。

森林里有坏蛋，森林里也有救星。

昨天夜里，光明之路集体农庄发生了一桩盗窃未遂案。将近半夜的时候，一只大兔子钻进了果园。它企图啃食小苹果树的皮，可是那些苹果树干，像枞树干一样多刺。这个兔贼尝试了很多次，都失败了，只好悻悻地离开光明之路集体农庄的果园，回到附近的森林里去了。

集体农庄庄员们预料到会有林中强盗来侵犯果园，所以砍下许多枞树枝，预先把苹果树干包裹起来。

黑棕色的狐狸

一个养兽场建造在市郊的红旗集体农庄里。昨天，一批黑棕色的狐狸运到了。人们纷纷跑出来欢迎这批集体农庄的新居民。连刚会走路的孩子，也都过来了。

狐狸用怀疑的眼光，胆怯地打量着欢迎的人群。只有一只狐狸，忽然从容不迫地打了个呵欠。

"妈妈！"一个白头巾上戴着一顶便帽的小孩子叫道，"千万别把这只狐狸围在脖子上，它会咬人啊！"

在温室里

在劳动者集体农庄，大伙正在挑选小葱和小芹菜根。

生产队队长的孙女问道：

"爷爷，这是在给牲口准备饲料吗？"

生产队队长笑了起来．

"不是的，孙女儿，你没猜中。我们现在要把这些小葱和芹菜种在温室里。"

"种在温室里干什么？让它们长高、长大吗？"

"不是的，孙女儿。想让它们经常提供绿色蔬菜给我们吃。让我们在冬天也能往马铃薯上撒葱花，在汤里能吃到绿油油的芹菜。"

不需要盖厚被子

上个礼拜天，一个外号叫米克的九年级学生，来到曙光集体农庄。在马林果树旁，他遇见了生产队队长费多谢其。

"老爷爷！你这里的马林果不会冻坏吧？"米克问，仿佛是个大行家似的。

"不会。"费多谢其回答，"它可以在雪底下安全过冬。"

"在雪底下过冬？老爷爷，你没有发疯吧？"米克接着说，"要知道，马林果树长得比我还高。难道您估计会下这么深的雪？"

"我估计会下普通的雪。"老爷爷回答，"大学问家，请你告诉我，你冬天盖的被子会比你的身高还厚吗？"

"这跟我的身高有关系吗？"米克笑了起来，"我是躺着盖被子的。老爷爷，你清楚吗？我是躺着盖被子的！"

"我的马林果树也是躺着盖雪被的。只不过，大学问家，你是自己躺到床上，而马林果树是由我这个老爷爷把它们弯到地上。我让一棵棵马林果树稍稍弯下腰，把它们绑起来，这样它们就躺在地上了。"

"老爷爷，你比我想象的要聪明得多。"米克充满敬意地说。

"可惜，你没有我想象的聪明。"费多谢其回答。

■发自尼·芭芙洛娃

助　手

现在，在集体农庄的谷仓里，每天可以碰到孩子们。他们有的帮助挑选预备用于春播的种子；有的在菜窖里干活，精选最好的马铃薯留做种子。

男孩子们也在马厩和铁工厂里帮忙。

许多孩子经常在牛棚、猪圈、养兔场和家禽棚里，担任助手。

我们既在学校里上学，也有功夫在家里帮忙干农活。

■大队委员会主席　尼古拉·利华诺夫

城市新闻

华西里岛区的乌鸦和慈乌大聚会

涅瓦河结冰了。现在每天下午四点，华西里岛区的乌鸦和寒鸦都飞到斯密特中尉桥（第八条街对面）下游的冰上。

在激烈地争论之后，鸟儿们分成好几群，回到华西里岛上的花园里过夜。每一群鸟都住在它们最喜爱的花园里。

侦察员

城市果园和公墓里的灌木和乔木需要受到保护，但是人类对付不了它们的敌人。这些敌人细小狡诈，不容易发现。园丁们看不住它们，必须找专门的侦察员帮忙。

在公墓和大果园里，可以看见这支侦察员的队伍在干活。

领头的是"帽子"上带着红帽圈的五彩啄木鸟。它的嘴像一支长枪。它用嘴啄透树皮，断断续续地大声发出指令："唧克！唧克！"

各种山雀跟着它飞来，有头戴尖顶高帽的凤头山雀，也有厚帽子上仿佛插着根短钉的胖山雀，还有淡黑色的莫斯科山雀。旋木雀也在这支队伍里，它穿着浅褐色的外套，嘴巴像把锥子。䴓（shī）也是其中的一员，它穿着蔚蓝色制服，胸脯白白的，嘴巴像短剑一样锋利。

啄木鸟命令道："唧克！"鸸跟着重复一遍："特勿启！"山雀们回答："茨克！茨克！茨克！"于是整支队伍就忙活起来。

侦察员们飞速占领树干和树枝。啄木鸟啄着树皮，用像针一样锋利坚硬的舌头，从树皮里拖出小蠹虫。鸸脑袋朝下，围着树干转圈圈，只要发现哪道树皮隙缝里藏着昆虫或毛虫，就用锋利的"小短剑"刺进去。旋木雀在树干的下部奔跑，用弯弯的小锥子刺树干。一大群青山雀欢天喜地地在树枝上转来转去。

它们仔细查看每一个小洞和每一道小缝隙，没有一只小害虫能逃脱它们那双敏锐的眼睛和麻利的小嘴。

小屋：美食陷阱

寒冷与饥饿的时候来临了。请大家多关心一下我们那些神奇的小朋友——鸣禽吧！

假如你家有花园或者小院子，你就能轻而易举地招引鸟儿。在它们断粮的时候喂喂它们；在天寒地冻和刮大风的时候保护它们，给它们提供筑巢的地方。假如你想活捉几只鸟儿，你必须提前造一间小房子。

你可以在小房子露台上请它们吃大麻籽、大麦、小米、面包屑、碎肉、生猪油、奶酪和葵花籽。即使你住在大都市，也会有最有趣的小客人，应你的邀请飞到小房子里来定居。

你可以用一根细金属丝或者细绳子，一头系在小房子露台上能开合的小门上，一头经过小窗户，通到你的房间里。需要的时候，你只要拉一下金属丝或细绳，那扇小门就砰地关上了。

　　还有一个办法——把捕鸟房通上电。

　　不过，夏天你可千万别抓鸟——抓走了大鸟，雏鸟会饿死的。

打 猎

秋天，开始打小毛皮兽。11 月，小毛皮兽的毛已长齐，脱下了薄薄的夏装，换上了蓬松的、暖和的冬皮袄。

打灰鼠

一只灰鼠能有多大呢？

可是，在我们苏联的狩猎事业中，灰鼠比任何野兽都重要。全国每年光灰鼠尾巴就要消耗掉几千捆。可以用蓬松的灰鼠尾巴做帽子、衣领、耳套和其他保暖用品。

除了尾巴，还有毛皮。人们用灰鼠皮做大衣和披肩，做美丽的浅蓝色女大衣，既轻便又保暖。

刚刚下完第一场雪，猎人们就动身去打灰鼠。在灰鼠多而且容易打到的地方，连老人和十二三岁的孩子也来打灰鼠了。

猎人们三五成群，或者独自一人，在森林里住上好几个礼拜。

　　他们乘着又短又宽的滑雪板，从早到晚在雪地上巡视，开枪打灰鼠，放置和检查捕鼠机和捕鼠陷阱。

　　他们在土窑里，或者在低矮的、连腰都伸不直的小房子里过夜，小房子上落满了雪。他们在一种类似壁炉的炉子上做饭。

　　北极犬是猎人打灰鼠的第一合作伙伴。猎人没有北极犬，就像失去了眼睛。

　　北极犬是一种奇特的猎狗，是我们北方的猎狗。就冬季在森林、密林里打猎的本事而言，世界上没有其他猎狗可以跟它相提并论。

北极犬会帮你找到白鼬、鸡貂和水獭的洞，会替你咬死这些小野兽。夏天，北极犬会帮你从芦苇丛里赶出野鸭，从密林里赶出琴鸡。它不怕水，连冰冷刺骨的河水也不怕。即使河里结了薄冰，它也会游过去，把打死的野鸭叼回来。秋天和冬天，北极犬会帮助主人打松鸡和黑琴鸡。在这一时期，靠普通猎狗的伫立凝视已不能猎获这两种野禽。但是北极犬会蹲在树下，对着它们汪汪叫，把它们的注意力转移过来。

在道路泥泞的初寒时节，或者在大雪纷飞的冬季，北极犬可以帮你找到麋鹿和熊。

假如有可怕的野兽进攻你，你的忠实的朋友——北极犬绝不会背叛你。它会死死咬住野兽，将它拖住，让主人有时间重新装上弹药，击毙野兽；不过这种危险的举动也可能导致它丧命。最令人惊叹的是，北极犬能帮助猎人找到灰鼠、貂、黑貂、猞猁等住在树上的野兽。其他猎狗都找不到树上的灰鼠。

冬天，或者晚秋，你走在枞树林、松树林或者混合林里，四周静悄悄的。任何地方都没有动静，也没有东西掠过或者发出啾啾的叫声。你会觉得，周围像一片荒漠，没有一只野兽，死一般的寂静。

但是，要是你带着一只北极犬走进森林，你绝不会感到寂寞。

北极犬会在树根下搜到白鼬，会从洞里赶出雪兔，会顺便一口咬住一只林䶄鼠。尽管灰鼠躲在茂密的松枝间不露面，它也能把它们找出来。

事实上，北极犬既不会飞，也不会爬树，灰鼠更不会掉到地上来，北极犬又是如何找到它的呢？

专捕野禽的波形长毛猎狗和追踪兽迹的兔犬，需要有灵敏的嗅觉。鼻子是这两种猎狗主要的和基本的"工作仪器"。这两种猎狗，即使眼睛半瞎，或者耳朵全聋，活照样干得很漂亮。

可是北极犬同时需要三样"工作仪器"：灵敏的嗅觉、敏锐的眼睛和机警的耳朵。北极犬同时使用这三样"工作仪器"。

与其说这是北极犬的工作仪器，不如说是它的三个仆人。

灰鼠刚用爪子在树上轻轻抓了一下树干，北极犬那竖起的、一直警惕着的耳朵，已经在跟主人耳语："小兽在这里！"灰鼠的小脚爪刚在针叶间闪动，北极犬的眼睛就告诉主人："灰鼠在这里！"只要微风一把灰鼠微弱的气味吹到树下，北极犬的鼻子就报告主人："灰鼠在那儿！"

北极犬借助于三个仆人的帮助，发现了树上的小兽，就吩咐它的第四个仆人（声音）为主人（猎人）忠诚服务了。

一只优秀的北极犬，绝不会向发现了飞禽走兽的树上扑，也不会用爪子抓树干，因为这样做，可能会吓跑隐藏在树上的小兽。这时，北极犬会坐在树下，目不转睛地盯着灰鼠躲藏的地方，竖起耳朵，不时地叫唤几声。直到主人过来，或者把它叫走，它才会离开树下。

猎杀灰鼠的方法很简单：被北极犬发现后，灰鼠的注意力完全集中在北极犬身上。猎人只要悄悄地走过去，动作不要过猛，认真地瞄准就行了。

用霰弹枪打灰鼠，并不太适合。最好用小铅弹打，并且一定要设法击中头部，免得损害灰鼠皮。冬天，灰鼠受伤后不太容易死，因此，一定要一枪毙命。要不然，它往浓密的针叶丛里一躲，就再也找不到了。

猎人们还用捕鼠机和其他捕兽器捉灰鼠。

捕鼠机这样安装：拿两块短的厚木板，固定在两棵树干之间。在下面的板上竖一根细棒，支住上面的板不让它掉下来，细棒上挂着香喷喷的诱饵——炸蘑菇，或者干鱼。灰鼠一拽诱饵，上面的木板就掉下来，夹住灰鼠。

只要雪积得不是太深，猎人整个冬天都打灰鼠。春天，灰鼠脱毛。在深秋以前，在它们重新穿上华丽的浅蓝色冬皮袄之前，猎人绝不会去碰它们。

带上斧头和铁棍打猎

猎人打凶猛的小毛皮兽，用斧头的机会比用枪的机会多。

北极犬凭嗅觉找到藏在洞里的鸡貂、白鼬、伶鼬、水貉（hé）或者水獭。至于把小兽赶出洞，那是猎人的事。这是项不容易完成的工作。

这些凶猛的小兽，把洞挖在地底下、乱石堆里和树根下。当它们感到危险的时候，不到最后关头，绝不会离开藏身之地。猎人不得不用探针或者铁棍，伸进洞里搅半天；甚至用手清理石块，用斧头劈开粗大的树根，敲碎冻得硬邦邦的泥土，或者用烟把小兽从洞里熏出来。

不过，只要它一跳出洞，那就无路可逃了。北极犬绝不会放过它，会把它活活咬死。

而且，就算北极犬不扑上去咬死它，猎人也会开枪打死它。

猎　貂

森林里的貂比较难猎取。要找到它捕食鸟兽的地方，并不太难。

那里的雪往往给踩得一塌糊涂，而且有血迹可循。可是，要想找到它饭后藏身的地方，就需要一双非常敏锐的眼睛。

貂像灰鼠那样在空中跑，从一棵树枝跳到另一棵树枝，从一棵树跳到另一棵树。不过，它还是在身后留下了踪迹：折断的小树枝、绒毛、球果、脚爪抓下来的小块树皮等，纷纷从树上掉到雪地上。

一个经验丰富的猎人，可以根据这些踪迹来判断貂的空中行走路线。

这条路线往往很长，有时长达好几千米。必须全神贯注，才能不跟错路，依据"线索"找到貂。

萨索伊其第一次找到貂的痕迹时，没有带北极犬。因此他亲自追踪那只貂。

他乘着滑雪板追了很久。一会儿信心满满地往前跑一二十米，因为在那里，貂曾经落到雪地上，留下了爪印；一会儿慢腾腾地往前走，机警地查看这位空中旅行家留下的依稀可辨的痕迹。那天，他不止一次地唉声叹气，后悔没有带上他的忠实朋友北极犬。

那天夜里，萨索伊其是在森林里度过的。

这个小胡子点燃一堆篝火，从怀里掏出一大块面包嚼，好歹对付过了这漫长的冬夜。

第二天早晨，萨索伊其追寻着貂的痕迹，来到一棵粗大的枯枞树前。真幸运！在枞树的树干上，他发现了一个树洞。貂一定是在这洞里过的夜，而且大概还没有离开。

猎人扣上扳机，右手拿着枪，左手拾起一根树枝，往树干上敲了一下，然后扔掉树枝，双手举起枪，预备貂一跳出来，立刻开火。

貂没有蹿出来。

萨索伊其又举起树枝，朝树干用力敲了一下，接着更用力地敲了一下。

貂还是没跳出来。

"唉，真贪睡！"萨索伊其沮丧地暗暗想道，"快醒来吧！小懒虫！"

他又举起树枝，狠命一敲，满树林里回荡着轰鸣声。

原来貂没有在树洞里。

这时，萨索伊其才想到查看枞树的周围。

这棵树是空心的，在树干的另外一面，在一根枯树枝下面，还有一个出口。树枝上的雪被碰掉了，貂从枞树的这一头溜出了树洞，逃到旁边的树上去了。粗树干挡住了猎人的眼睛，因此猎人没看见。

萨索伊其没有办法，只好继续向前跑，追赶貂。

他在那些依稀难辨的痕迹之间，又徘徊了一整天。

天已经黑下来了，萨索伊其才找到一丝踪迹。这踪迹清楚无误地表明，貂就在离追击者不远的前方。猎人找到一个松鼠洞，貂就是在那里赶走了松鼠。很容易看出，这个强盗追猎物追了很久，最后在地上追到了它。体力耗尽的松鼠，显然没有估算好跳跃距离，从树上摔了下来，于是貂就连蹿了几大步，追上了它。也就是在这里，在这块雪地上，貂把松鼠当作午餐吃掉了。

是的，萨索伊其追踪的路线没错。但是，他不能继续追了。从昨天开始，他就没有吃饭。他身边连一点儿面包屑都没有了，况且气温又急剧下降了。在森林里过夜，非冻死不可。

萨索伊其懊丧不已地痛骂着，只得沿着自己的足迹往回走。

"只要追上这只小兽，"他暗想，"只要放上一枪，它就完蛋了。"

当萨索伊其再一次走过那个松鼠洞的时候，他气愤地摘下肩头的枪，瞄也不瞄，就往松鼠洞开了一枪。他只不过想发泄一下心头的怒气。

从树上掉下一些树枝和苔藓。让萨索伊其大吃一惊的是，与此同时，竟然有一只细长多毛的貂落到他的脚旁，它正佝偻着身子垂死挣扎。

后来萨索伊其才知道，这种事情并不少见：貂抓住松鼠，美餐一顿后，就钻到被它吃掉的松鼠的温暖的窝里，蜷缩成一团，安心地睡上一大觉。

白天和夜晚

12月中旬，松软的白雪已经有膝盖那么深了。

夕阳西下时，黑琴鸡一动不动地落在光秃秃的白桦树上，给玫瑰色的天空抹上了一丝暗影。后来，它们突然一只接一只地向下面扑去，飞到雪地里不见了。

夜降临了，这是一个没有月亮的夜，黑沉沉的。

在黑琴鸡消失的林中空地上，出现了萨索伊其。他手里拿着捕鸟网和火把。浸过树脂的亚麻秆，熊熊燃烧着，漆黑的夜幕被推到了一旁。

萨索伊其一边朝前走，一边凝神静听。

忽然，在离他只有两步远的前方，一只黑琴鸡从雪下钻了出来。

明亮的火焰晃得它睁不开眼睛，它像只巨大的黑甲虫似的，无助地在原地打转转。猎人手脚麻利地用网罩住了它。

就这样，萨索伊其在夜里活捉了不少黑琴鸡。

白天，他改乘雪橇射击琴鸡。

这真叫人无法理解：蹲在树枝上的黑琴鸡，绝不会被任何步行的人用枪打到。可是，哪怕是同一个人，乘雪橇飞驰过来，即使车上载着集体农庄的大批货物，那些黑琴鸡也休想从他手里逃命！

■发自本报特派记者

哥伦布俱乐部

第九月

10月份，在俱乐部的例行会议上，廖列琪和老水手弗拉基米尔做了题为《我们的新野兽》的报告。

弗拉基米尔开始发言：

"在当今这个时代，老年居民常常感到困惑不解。不久前发生了这么件事。一位本地老爷爷坐在土台上晒太阳。他早就住在我们这里了，那时列宁格勒州还被叫作圣彼得堡省。当时他还打猎，很了解我们这儿住着哪些野兽。

"突然，一大群孩子喧闹着从林子里跑了出来。

"'老爷爷！'他们大叫道，'快来看看，我们抓到了一只什么野兽！'他们给他看一只完全不熟悉的野兽，毛皮呈杂色，尖尖的下巴上留着胡须。

"老爷爷看了看，说：

"'这是条小狗，是谁家的小狗崽。去打听一下，谁有这种狗。可能是别墅里的人养的吧，还给他们去。'

"可是孩子们发誓，是在森林里、在树根旁的洞里找到的。那里本来还有十来只这样的小崽子，但都跑掉了。它们肯定是野的。

"老爷爷很生气：

"'怎么，难道我连野兽也不认识了吗？照我看，这是母狗逃到森林里，生下了一窝狗崽子。就是这么回事！既然不是狐狸崽，不是獾崽，也不是狼崽，那么就是狗崽子！我们这里从来就没有过野狗。'

"老爷爷说得对，我们这里从来就没有过野狗，可是现在繁殖起来了。野狗生养在离我们这儿一万千米以外的地方，在我国的另一端——在远东，在乌苏里斯克边疆区。质量上乘的野狗，跟美洲的小熊——浣熊一样，是毛皮非常珍贵的野兽。因此它们也被叫作浣熊狗或者乌苏里斯克浣熊。1929年，我们的狩猎专家首次尝试把二十只野狗从东部运到西部。试验成功了，小兽们习惯了在新地方的生活。因此，1934年，开始大规模地迁移浣熊狗，现在它们在我国七十多个地区生活得很好。它们居住在光线充足的森林里、灌木丛里、高高的草丛里和芦苇荡里。每年每对浣熊狗夫妇生下十五只小浣熊狗。在天寒地冻的冬天，它们钻进地洞里睡大觉。在浣熊狗繁殖得多的地方，已经允许猎杀它们了。

"浣熊狗不仅皮毛很有用，可以用来做皮大衣，而且还大量吞食家鼠、田鼠和其他啮齿动物。浣熊狗只有一个缺点：只要一找到琴鸡窝、松鸡窝和鸭窝，立刻彻底捣毁。猎人很不喜欢它们……

"我一开始讲的是老爷爷，接着发生了令他更加困惑的事。

"老爷爷现在知道了，不仅我们这儿自古以来就有的动物在逐渐消亡，就像我国已经灭绝的野公牛原牛和欧洲野牛那样，而且还迁移来新的野兽。瞧，孩子们从黑河边跑过来，讲述了一种从未听说过的野兽。一对野兽迁移到森林里的小河边，在岸边挖了个窑洞，把高凸处做屋顶，屋顶非常硬，根本挖不动，出口设在水下。它们在那里繁殖后代，现在已经是一大家子一起干活儿了。它们在森林里砍树，用牙齿把原木锯成两段，把木头拖到河边，把小河水拦住，建成了堤坝。嗬，真抵得上工程师了！它的外形像只肥胖的狗，皮毛像钻头一样硬，尾巴像皮革，又宽又大！尾巴击打在水面上，一千米以外都能听见溅水声！

"老爷爷忍不住了，说道：

"喂，孩子们，你们是在跟我讲童话故事吧？你们以为，爷爷老糊涂了吧？你们以为，老爷爷不知道，在远古时代我们有过这样的野兽。那时，弗拉基米尔·莫诺马赫大公打死了原牛和野猪，在河边捕获了海狸。但我们森林里的海狸早就灭绝了。怎么着，你们想让我相信，海狸跟你们远东的大狗一样，移居到了这里？

"老爷爷不知道，海狸在我国并没有彻底灭绝，十月革命前，在我国的一些地方保留着不到一千头海狸。十月革命后，我们在自然保护区里繁殖海狸，把它们分别迁入五十个州和区。

"我在普拉瓦湖上发现的麝鼠——北美的大水鼠，最早于1929年在我国放养。现在它们快速繁殖，在各处定居。1937

年麝鼠皮已列入国家毛皮加工计划，占全苏毛皮供应量的40%。猎人们吃麝鼠肉，对肉的鲜味赞不绝口。

"另一个美洲居民河狸鼠是大型的啮齿动物，跟麝鼠一样，其生活方式也是水陆两栖。它们从南美洲来到我们这儿，居住在我们的亚热带地区。从河狸鼠皮上可拔下长长的、带刺的硬毛，所以我们这里也把河狸鼠皮叫作猴皮。最近我们成功地把河狸鼠向北方推进，已经到了雅罗斯拉夫尔州、鄂木斯克州和库尔干州。

"可笑的浣熊寄生在树上，与我们乌苏里斯克的狗非常相似。它们已顺利地在高加索北部和吉尔吉斯南部安家落户。如果你在森林里看见一只不大的怪物，灰棕色，毛茸茸的，抓到老鼠后，并不急着吃，而是来到河边，先把老鼠放到清水里好好地涮洗一番，这才开始吃早饭，吃好后又爬到树上，钻进树洞里睡觉，那么你可以断定，这是只真正的美洲浣熊。因为它吃饭前总要把肉放到水里清洗，所以叫作浣熊。

"最近几年，在静静的小河边，在废弃的河床上，您可以看见一种非常滑稽可笑的野兽。它的眼睛小小的，尾巴中间扁扁的，鼻子长长的，灵活好动。请看看它是如何进食的。它把长鼻子从一边转向另一边，卷起蜗牛和水蛭，送进嘴里。这种小兽几乎被人们消灭光了，可是我们及时救下了它最后的子孙，于是它们又兴旺起来。它叫作俄罗斯麝鼹，是水上大鼩鼱。它的皮可以当作海狗皮用。

"以前在克里米亚没有松鼠，不过到处可见长着坚果和松球的树木。于是我们把西伯利亚的松鼠迁移到克里米亚，它们在那里过得快活极了，吃球果、针叶树籽、橡实和蘑菇。

"古时候，在西伯利亚没有灰兔。可现在，你们瞧瞧，不仅在西伯利亚的西部，甚至在西伯利亚的东部——在克拉斯诺亚尔斯克州、克麦罗沃州和伊尔库茨克州都可以猎杀灰兔了！现在那里的新时尚是吃烤灰兔肉，穿灰兔皮大衣！

"但不能总想着吃的和穿的，还应该关心一下美貌。"

"弗拉基米尔，停一下。"廖列琪突然打断了他，"我来讲这一点。

"你们见过梅花鹿吗？在我们的远东有梅花鹿。它真是太漂亮了！眼睛长得很像拉斐尔（1483-1520，意大利杰出画家，和达·芬奇、米开朗基罗并称文艺复兴时期艺坛三杰。拉斐尔一生创作了大量的圣母像）圣母像中圣母的眼睛，一双耳朵长得像两朵花，纤细的长腿，皮毛泛着七彩阳光。另外，雄鹿头上还长着神奇的鹿角。嗬，难道不神奇吗？

"在遥远的滨海地区，这种神奇的动物差点儿被灭绝。幸亏它们被转运到了自然保护区。在保护区里，不仅禁止猎杀梅花鹿，而且保护它们不受天敌狼的威胁。前不久，它们被迁到了莫斯科郊外的森林和公园里。为了美化环境！它们在各处繁殖起来。这很棒吧？"

俱乐部的全体成员都表示，这很棒。大家开始考虑，当他们大学毕业、成为科学家之后，将迁移什么样的野兽。这通常被称为让野兽适应我们的新环境。

安德烈提出，将从科曼多尔群岛迁移一种神奇的野兽，即堪察加海狸，或者更准确地说，叫作海獭。全世界只剩下几十头海獭，分布在洛帕特卡海角和梅德诺伊岛。海獭以海猬为食，在白海上，海猬可多了。就让海獭们从海上探出上半身，照料、玩耍哺乳动物的幼崽海猬吧。

女孩们一起提出，在我们的草原上繁殖美丽的红额羚，画家希格利特则发誓要让长颈鹿适应我们这里的气候。

尼古拉沉默着，在冥思苦想着什么。当大伙喊他的时候，他精神一振，脱口而出：

"我要去南极，把那里的企鹅迁移到我们北极来。"

听到他出乎意料的发言，大家都友好地哈哈大笑起来：

"想必你知道，企鹅属于禽类，而我们现在谈论的是野兽。"

尼古拉脸涨得通红，气呼呼地说：

"什么禽类！企鹅比任何野兽都强。它不会飞，绒毛厚厚的。为什么不能在我们的北冰洋繁殖企鹅？也许，它们在这儿会过得很好！应该考虑一下禽类，让它们也开始适应我们的环境。"

哥伦布们同意，应该尝试把企鹅迁移到北方的岛屿上。

会议到此结束。

打靶场

一箭射中目标！

一语击中答案！

第九场比赛

1. 虾在什么地方过冬？

2. 冬天，鸟儿最怕什么：饥饿还是寒冷？

3. 假如兔子的皮毛颜色很晚才变白，那么这年是早冬还是晚冬？

4. "啄木鸟的打铁铺"指的是什么？

5. 在我们这里，哪种夜强盗只在冬天出现？

6. "兔子旁跳"指的是什么？

7. 秋天和冬天，乌鸦在哪里睡觉？

8. 最后一批鸥和野鸭，何时飞离我们？

9. 秋天和冬天，啄木鸟加入谁的队伍中？

10. 追踪兽迹的猎人所说的"拖脚印"指什么？

11. 猫的眼睛在白天和黑夜有什么不同？

12. 追踪兽迹的猎人所说的"双重脚印"指什么？

13. 追踪兽迹的猎人所说的"雪地兔踪"指什么？

14. 冬天，哪种野兽除尾巴尖外，全身变白？

15. 这里分别画着食草兽和食肉兽的头骨。如何根据牙齿辨别它们？

16. 无手无脚却会跑，敲打房门要进屋。（打一物）

17. 两盏灯亮着，四条棍放着；一个身子躺着，呼呼大睡。（打一动物）

18. 生在水里最怕水。（打一物）

19. 比煤更黑，比雪更白；有时比房子高，有时比青草矮。（打一动物）

20. 有个庄稼汉，背着靴子走；靴子越重，他越开心。（打一种人）

21. 壮汉院子中间站，前面插把叉,后面拖扫把。（打一动物）

22. 成天地上走，两眼不看天；哪儿都不痛，整天哼唧唧。（打一动物）

23. 没有门儿没有窗，却有小人儿住满堂。（打一植物）

24. 长啊长，钻出了叶子；放在手心来回滚，放在嘴里咔吧响。（打一植物）

通　告

第八场测验　"锐眼"称号竞赛

这是哪种动物干的？

1. 这是哪种动物的脚印？

图1

2. 有种动物老在屋顶上打转转。它是什么动物？为什么这么做？

图2

3. 雪地上的小圆洞是什么？哪种动物在这里过夜并留下了脚印和羽毛？

图3

4. 这里发生过什么事？为什么留下这么多脚印？树枝上挂着哪种动物的犄角？

图4

请给鸟儿建个免费食堂

可以把一块小木板直接用绳子吊在窗外，在木板上撒上饲料：面包屑、干蚁卵、死虫子、死蟑螂、熟蛋屑、奶渣、麻籽、花楸果、蔓越橘、白球花果、小米、燕麦和牛蒡籽。

不过，最好在树上倒挂一只饲料瓶，在瓶口下面装一块小木板。

要是能在花园里放一张饲料小桌，上面搭个顶，以免雪落到小桌上，那就更好了。

请帮助饥肠辘辘的小鸟

请记住：我们的小朋友鸟儿的艰难时刻就要来到了。这是它们的忍饥挨冻期。请不要等到春天，现在就给它们搭建一些温暖的住房：树洞、人造椋鸟房或者小棚子。这样，可以帮助它们摆脱恶劣的天气。为了逃避寒风和冰雪，许多小鸟都钻到我们的屋檐下、门洞里过夜。一只小鹡鸰甚至钻进村里一个钉在柱子上的邮箱里过夜。

请把羽毛、绒毛和破布等铺在椋鸟房和树洞里（参阅本报第一期和第二期的通告）。这样，鸟儿们就有暖和的羽毛垫子和被子了。

答案与解释

打靶场答案

第七场比赛

1. 从 9 月 21 日开始，这一天是秋分。

2. 雌兔。因此最后出生的一批小兔叫"落叶兔"。

3. 花楸树、白杨树和槭树。

4. 并非如此。一些小鸟离开我们，经过乌拉尔山脉往东飞，例如小鸣禽雪篱莺、朱雀和鳍足鹬。

5. 因为老麋鹿的角很像木犁，所以叫作"犁角兽"。

6. 为了防备兔子和牡鹿。

7. 雄黑琴鸡。春秋两季，它们这样叫唤。

8. 生活在地面的鸟，为了适应走路，脚趾张得很开。这种鸟走路时双脚轮换，所以脚印成一条线。而生活在树上的鸟，为了适应抓树枝，脚趾并得很拢。它们在地上不走路，而是双脚一起跳跃，所以脚印就印成两行。

9. 当鸟儿逃走的时候，射鸟更有把握，因为枪弹可以射进鸟的羽毛里。当鸟儿俯冲过来的时候射击（打头部），枪弹可能从绷得很紧的羽毛上滑落，射不伤它们。

10. 这意味着在森林的这个地方有动物尸体，或受伤的动物。

11. 因为在这个地方，明年雌鸟将孵出整窝的雏鸟。如果打死它们，鸟儿就要搬家了。

12. 蝙蝠。它的长脚趾上长着蹼膜。

13. 它们中的大多数在第一次寒流来袭时就死掉了。还剩下一小部分，钻到树木、木栅栏或木屋的缝隙里，或者树皮里过冬。

14. 脸朝太阳落下的西面。在晚霞中，可以把飞过的野鸡看得一清二楚。

15. 当猎人没有射中它时。

16. 秋播作物。今年种，明年收。

17. 金腰燕。

18. 树叶。

19. 雨。

20. 狼。

21. 麻雀。

22. 白蘑菇。

23. 夏天的桑悬钩子，秋天的榛子。

24. 稻草人。

第八场比赛

1. 往山上跑容易。兔子的前腿短，后腿长。假如从很陡的山上往下跑，就会翻跟头。

2. 树叶落光后，可以清楚地看见夏天被树叶遮住的鸟巢。

3. 松鼠。它把蘑菇拖到树上，穿在短树枝上晾干。等冬天没有东西吃时，就去找这些蘑菇吃。

4. 水老鼠。

5. 鸟儿很少给自己准备过冬的食物。只有猫头鹰把死鼠藏在树洞里，松鸦把橡实、硬壳果储存到树洞里。

6. 蚂蚁把蚁穴的所有进出口封死，然后挤挤挨挨地过冬。

7. 空气。

8. 黄色或褐色，模仿发黄的乔木、灌木或草的颜色。

9. 秋天。因为秋天鸟儿会发胖，长了一层厚厚的脂肪，且羽毛浓密，这有助于它们防御枪弹。

10. 蝴蝶的（放在放大镜下看到的）。

11. 昆虫有六条腿，而蜘蛛有八条腿，所以蜘蛛不是昆虫。

12. 躲到水里、石头下、坑里、淤泥里或者青苔下，有的甚至钻进地窖里。

13. 每一种鸟的脚，都要适应它的生活环境。生活在地上的鸟，需要适应在地上行走，所以它的脚趾是直的，张得很开，脚趾骨长得很高；生活在树上的鸟，需要站在树枝上，所以它的脚趾弯曲，并得很拢，有很强的攀缘能力，脚比较短；水禽的脚要能游水，起到桨一样的作用，所以鸭子的脚趾之间蹼膜相连，鹏鹛的脚趾上有帮助划水的硬瓣膜。

14. 田鼠的脚掌。它的脚要适合挖土，就像鱼鳍适合划水一样。

15. 长耳猫头鹰竖起的"耳朵"，只不过是两撮羽毛（角羽）。真正的耳朵藏在角羽下面。

16. 树的落叶。

17. 河，河水泡沫。

18. 莎草。

19. 地平线。

20. 四岁。

21. 鸭、鹅。

22. 亚麻。

23. 公鸡。

24. 鱼。

第九场比赛

1. 在江河湖泊沿岸的洞穴里。

2. 鸟最怕饥饿。如果还有些水面没有被冰封住，野鸭、天鹅和鸥鸟还能吃到食物，那么它们也会留在我们这儿过冬。

3. 晚冬。

4. 啄木鸟把球果塞进树或树墩的细缝里，用嘴巴啄它，这种树或树墩就被称作"啄木鸟的打铁铺"。在这种"打铁铺"下面，会大量堆积起被啄木鸟啄过的球果。

5. 北极大猫头鹰。

6. 指兔子从一行连续的脚印中向旁边跳开。

7. 在果园里、丛林里和树上。大群的乌鸦从黄昏时分起，就聚集在这些地方。

8. 当最后一批湖泊、池塘和江河被冰封冻的时候。

9. 秋天和整个冬天，啄木鸟加入山雀、旋木雀和鸸的队伍中。

10. 野兽从雪中拔出腿时，会从雪坑里带出一些雪，在雪地上留下爪印。这种爪印被叫作"拖脚印"。

11. 有不同。白天，猫的瞳孔在阳光下变得很小，晚上又变得很大。

12. 兔子来回跑两趟留下的脚印。

13. 兔子留在雪地上的足迹。

14. 貂。

15. 食肉动物的腭骨上长着特别突出的长犬齿，凭这一点很容易把它认出来。长犬齿是用来撕肉的。食草动物牙齿的作用，是把植物扯下来咬碎，它们的犬齿并不突出，但门牙比较有力。

16. 风。

17. 狗。狗睡觉时眼睛睁着，四条腿伸开。

18. 盐。

19. 喜鹊。

20. 背着猎枪和猎物的猎人。

21. 公牛。

22. 猪。

23. 黄瓜。

24. 榛子。

"锐眼" 称号竞赛答案及解释

第六场测验

图1：野鸭来过这个池塘。请注意，水面上沾着露水的蒲草和浮萍间，有一道道的痕迹，这是野鸭聚集在这里闲逛和游水时留下的。

图2：离地面近的那段白杨树皮，是被小个子的兔子啃掉的。兔子不可能够到高处的树皮，那是被高个子的麋鹿啃掉的。麋鹿也把嫩树枝折断了吃。

图3：勾嘴鹬来过。小十字是它们的脚印，小斑点是它们的长嘴巴在松软的地上留下的痕迹。下雨时，勾嘴鹬跑到林中道路上，沿着水洼的泥泞岸边寻找蚯蚓、软体动物等食物。

图4：这是狐狸的杰作。狐狸抓到刺猬后，先咬死它，然后从没针刺的肚子吃起，吃完后只留下刺猬的整张外皮。

第七场测验

图1：1.这是交嘴鸟干的好事。交嘴鸟是一种嘴巴上下呈十字形交叉的弯嘴鸟。它用脚攀住树枝，啄下枞树球果后，啄出里面的一些籽，然后就把球果扔掉。

2.松鼠把交嘴鸟丢到地上的没吃完的球果捡起来，跳到树墩上，把它吃干净，只剩下球果的核。

3.林鼹鼠吃榛子时，先在壳上啃个洞，掏出里面的仁吃。而松鼠吃榛子时，连皮一起吃完。

4.松鼠在树上晾蘑菇。它把蘑菇晾干后储存起来，到了忍饥挨饿的时节，它就有储备的食物了。

图2：这是啄木鸟干的好事。它像医生给病人听诊一样，把藏在树里的害虫幼虫捉出来。这时它就围着树干转，在树干上敲，用它那坚硬的尖嘴在树干上凿出一圈小洞。

图3：是金翅雀。它非常喜欢牛蒡的头状花。

图4：这是熊干的好事。它用脚爪把枞树皮一条条扯下来，拖进洞里做垫子，冬天可以睡在软一些的垫子上。

图5：这是麋鹿干的好事。它在这里待了很久，你看它糟蹋了多少东西！这周围的东西都是它的食物，它推倒了小白杨树、小赤杨树和小花楸树，把它们啃掉。有些大树只被啃去了一些嫩枝头，而且它啃掉的也只是被它折断的树枝的一部分。

第八场测验

图1：这是狗追兔子留下的脚印。兔子的脚印是跳跃式的，后面偏斜的脚印是狗的脚印。

图2：这是林鸮的脚印。夜里，它在屋顶侦察：有没有老鼠跑过。它停留了很久，不停地向四周转动，走来走去，于是就留下了这种小星星般的脚印。

图3：黑琴鸡在雪底过夜。它们在雪房子里留下了痕迹和羽毛；飞走时，在雪地上留下了一个个小坑。

图4：没发生要紧的事。只不过一只麋鹿在这里逗留了会儿。它该换犄角了，所以老在一个地方转来转去，用犄角在树干上摩擦。后来终于磨断了一只犄角，这只犄角就卡在树枝上了。开春前，麋鹿会长出新的犄角来。